Max Leppmeier

Kugelpackungen von Kepler bis heute

Aus dem Programm Mathematik

Bartholomé/Rung/Kern
Zahlentheorie für Einsteiger

Henze
Stochastik für Einsteiger

Livingston
Knotentheorie für Einsteiger

Knörrer
Geometrie

Beutelspacher
Lineare Algebra

Beutelspacher
Kryptologie

Schulz
Codierungstheorie

Vieweg

Max Leppmeier

Kugelpackungen von Kepler bis heute

Eine Einführung für Schüler,
Studenten und Lehrer

Mit einem Geleitwort
von Jörg M. Wills

Max Leppmeier unterrichtet am Schyren-Gymnasium in Pfaffenhofen/Ilm
Anschrift: Niederscheyerer Straße 4, 85276 Pfaffenhofen

ISBN-13:978-3-528-06792-2   e-ISBN-13:978-3-322-80299-6
DOI: 10.1007/978-3-322-80299-6

Geleitwort

Kugelpackungen sind uns allen vertraut. Die gestapelten Orangen und Äpfel an Obstständen, Kanonenkugeln vor Burgruinen, verpackte Tennis- und Tischtennisbälle, Erbsen, Kirschen oder Oliven in Gläsern oder Dosen, aber auch Atome in Kristallen sind Beispiele für Kugelpackungen.

Obwohl diese Beispiele wie alle Kugelpackungen der realen Welt endlich sind, ist die Geschichte der Kugelpackungen überwiegend die der unendlichen Kugelpackungen. Sie beginnt Anfang des 17. Jahrhunderts mit dem wohl bekanntesten Problem der Geometrie: Johannes Kepler stellte 1611 die Frage nach der dichtesten Kugelpackung im Raum, und diese Frage ist bis heute trotz vieler Versuche noch nicht endgültig beantwortet.

Nach Kepler haben etliche der größten Mathematiker sich für diverse Kugelpackungen, insbesondere gitterförmige und in hochdimensionalen Räumen interessiert; darunter Newton, Lagrange, Gauß, Hilbert und Minkowski, um nur einige zu nennen.

Woher kommt das Interesse der ganz Großen an Kugelpackungen? Es sind die engen und zum Teil sehr tiefen Beziehungen zur Zahlentheorie, Algebra, Gruppentheorie, Kristallographie, dem Aufbau der Materie und neuerdings auch der Kodierungstheorie.

Spätestens hier könnte auch ein wohlwollender Leser in Versuchung kommen, die Lektüre abzubrechen, überzeugt davon, daß das Thema wohl doch zu schwer sei, wenn nicht ...

... ja, wenn nicht der Autor Max Leppmeier dieses Buch mit ebensoviel Engagement wie didaktischem Gespür für das Machbare geschrieben hätte. Grundlagen und Anfänge der klassischen Theorie sind geschickt verbunden mit Beispielen, Motivationen, einfachen Aufgaben sowie anregenden und hilfreichen Figuren und sehr guten Computer-Bildern. Zwischen den unvermeidlichen Definitionen und Beweisen, die nun einmal zum Verständnis notwendig sind, und die sich im Rahmen des für den Leserkreis Zumutbaren halten, sind immer wieder Hinweise auf Natur, Symmetrie, Schönheit etc. eingestreut.

Der Autor wendet sich vor allem an interessierte Oberstufen–Schüler sowie mathematisch interessierte Lehrer und Studenten, aber natürlich auch an alle anderen Interessenten, die allerdings ein paar mathematische Grundkenntnisse mitbringen sollten.

Dabei ist das Buch nicht allein am Schreibtisch entstanden, sondern vor allem in Kursen und Arbeitsgemeinschaften am Gymnasium, und man spürt den Hauch von Frische und praktischer Lehrtätigkeit, der für die Leser hilfreich sein dürfte.

Die Thematik ist mit den klassischen infiniten Kugelpackungen keineswegs erschöpft, denn der Autor greift ebenso mutig wie geschickt auch neue und neueste wissenschaftliche Entwicklungen bei finiten (endlichen) Kugelpackungen auf, über die bisher nur Spezialliteratur, aber weder Fach- noch Lehrbücher existieren.

Gerade bei finiten Packungen treten überraschende geometrische Phänomene auf, die mitunter aber nicht ganz einfach zu beweisen sind. Die dichteste Packung gleichgroßer Münzen ist offenbar die von Banken und Sparkassen vertraute Geldrolle. Aber wie ist

es bei Kugeln? Sind 4 Tennisbälle dichter gepackt in der linearen Hülle oder im Tetra-
ederpack? Und 6 oder 60 Tennisbälle? Und wie ist es in höheren Dimensionen? Und hat
die vielfältige Gestalt von Kristallen, Micro–Clustern und deren Oberflächenstruktur
etwas mit Kugelpackungsdichten zu tun?
All diese Fragen greift der Autor in den letzten Kapiteln auf, erläutert die Zusammenhänge sowie schwierige offene Probleme und gibt, soweit möglich, auch Antworten.
Für jeden, der Spaß an anschaulicher, zeitloser und zugleich kraftvoller Geometrie hat,
sei dieses schöne und unterhaltsame Buch zur Lektüre empfohlen.

Jörg M. Wills

Konkrete Schönheit — Abstrakte Schönheit

"I have a friend who's an artist, and he sometimes takes a view which I don't agree with. He'll hold up a flower and say, 'Look how beautiful it is,' and I'll agree. But then he'll say, 'I, as an artist, can see how beautiful a flower is. But you, as a scientist, take it all apart and it becomes dull.' I think he's kind of nutty." [Fey88]

Sei es die hexagonale Anordnung der Blütenblätter einer Blume um das Blütenzentrum, seien es die ebenfalls hexagonal angeordneten Goldatome der Au(111)-Fläche oder sei es das fcc-Gitter des Goldkristalls — in jedem Fall ist es das Ziel dieses Buches über Kugelpackungen, die Natur zunächst zu zerpflücken, sich von den konkreten Schönheiten zu lösen, abstrakte Begriffe herauszuschälen und logische Zusammenhänge zu ergründen, die von der höheren Warte der Mathematik aus ein tieferes Verständnis für die Ästhetik der uns umgebenden Welt zulassen. Dabei wird der Blick auch über den Horizont der zwei- und dreidimensionalen, sinnlich faßbaren Welt hinausschweifen in höhere Dimensionen.

In diesem Sinne möchte ich Sie, liebe Leserin, lieber Leser, einladen, die Ebene der Etüden des Pflichtunterrichts und der Anfängervorlesungen zu verlassen, um sie hie und da zu einem wohlklingenden Kugelpackungs-Akkord zusammenzufügen, ohne jedoch dem Anspruch eines universitären concerto grosso in den leisesten Gedanken Genüge leisten zu wollen.

Das Thema des vorliegenden Buches „Kugelpackungen von Kepler bis heute" begründet dabei weniger eine historische Verpflichtung, sondern mehr eine didaktische Leitschnur. Nicht zuletzt entfaltet sich der Charme so skurriler Fachbegriffe wie „Wurstvermutung" und „Wurstkatastrophe" erst in ihrer Entstehungsgeschichte.

Als ideale Leser hatte ich zwei Gruppen vor Augen. Da waren zum einen die Oberstufenschüler, die ihr erstes Mathematik-Buch außerhalb der Schule in Händen halten könnten und mit den Kugelpackungen langsam mitwachsen. Sie sollten die wesentlichen Ideen, auch ohne Anleitung durch einen Lehrer, verstehen können. So habe ich jedesmal, wenn ich zögerte, eine weitere Abbildung und ein weiteres erläuterndes Beispiel in den Text aufgenommen. Sie sollen die spontane Freude an der Schönheit mathematischer Blumen katalysieren. Dem gleichen Zweck dienen die Aufgaben und Anregungen am Ende eines Kapitels.

Daneben richtet sich das Buch gleichermaßen an mathematisch vorgebildete Studenten und Lehrer, die sich einen Überblick über Kugelpackungen verschaffen wollen. Insbesondere ihnen sind die Abschnitte gewidmet, die Kenntnisse in Analysis und linearer Algebra voraussetzen, wie man sie im Grundstudium der Mathematik und verwandter Naturwissenschaften erwirbt.
Ein kurzer Leitfaden zu Beginn eines jeden Kapitels soll Ihnen, liebe Leserin, lieber Leser, die Orientierung erleichtern.

Die mathematischen Blumen, die es zu entdecken gibt, wuchsen in mehreren Pluskursen bzw. Arbeitsgemeinschaften zum Thema „Kugelpackungen — Wurstkatastrophe — Katalysatoren", die ich in den Jahren 1994 bis 1995 und 1996 am Gymnasium Schrobenhausen, am Willibald-Gymnasium Eichstätt und am Schyren-Gymnasium Pfaffenhofen abhielt. So möchte ich an erster Stelle allen Schülern danken, die sich unerwartet interessiert und kritisch mit den Kugelpackungen auseinandersetzten. Viele tiefschürfende Fragen und gewitzte Antworten kamen aus ihrem staunenden Mund. Dank gebührt aber auch Herrn Prof. Dr. Jörg M. Wills, Herrn Studiendirektor Josef Rung, Herrn Dipl.-Math. Eric Müller, Herrn Bernhard Emmer und Herrn Martin Schweiger für ihre engagierten und hilfreichen Anregungen. Sie haben große Teile des Manuskripts korrekturgelesen. Mein besonderer Dank gilt Herrn Christian Ludwig, einem Schüler der ersten Stunde; er hat während seiner Zivildienstzeit die Last der Tipparbeit und die Tücken von LaTeX auf sich genommen. Danken möchte ich ferner Herrn Manuel Huber, der jedem Kapitel ein Titelbild stiftete, stellvertretend für alle, die in irgendeiner Weise etwas zum Gedeihen dieses Buches beitrugen. Last but not least danke ich dem Verlag Vieweg, namentlich Frau Schmickler-Hirzebruch für ein jederzeit offenes Ohr und für die verlegerische Verwirklichung der „Kugelpackungen von Kepler bis heute".

Geisenfeld, Ostern 1997

Max Leppmeier

Inhaltsverzeichnis

1 Einführung — Packungen in der Natur

Bei dem Wort „Packung" mag der eine vielleicht eine Packung Chips assoziieren, die er vor dem wirklichen Verzehr bereits in Gedanken genüßlich, laut krachend zwischen den Zähnen zermalmt; ein anderer mag eher an ein Päckchen Gummibärchen denken, die ihm den Feierabend versüßen; wieder ein anderer mag an diverse Packungsprobleme vor einer Urlaubsreise denken, wohingegen dem Manager eines Elektronikkonzerns schon eher möglichst dichte Chip-Packungen auf Silizium-Wafern in den Sinn kommen mögen.

Blickt man sich etwas näher im Reich der alltäglichen Packungen um, so lassen sich bereits hier einige für unsere nachfolgenden Betrachtungen typische Packungen ausmachen: Orangen kauft man meist netzförmig verpackt. Eine solche Packung kann als einfaches Modell einer *clusterförmigen* Packung dienen. Andere Beispiele dieser Art wären Netze mit Zitronen oder Zwiebeln; auch kunstvoll aufgerichtete Stapel von Äpfeln, Orangen oder Melonen beim Gemüsehändler am Marktplatz zählen eher zum clusterförmigen Verpackungstyp.

Bild 1.1 Orangen werden in clusterförmigen Packungen verkauft.

Tennisbälle dagegen erwirbt man in der Regel im 6er Pack, stangenförmig angeordnet; sie stellen ein Modell einer *wurstförmigen* Packung von dreidimensionalen Kugeln dar. Gleichen Verpackungstyp besitzen Tischtennisbälle, aber auch Stangen von zylinderförmig verpackter Dosenwurst.

Welcher Packungstyp ist der bessere? — Eine pauschale Antwort auf diese Frage läßt sich bestimmt nicht finden. Im Gegenteil: Eine fundierte Antwort verlangt die Berücksichtigung vielfältiger Aspekte.

In diesem Buch werden wir das Problem auf die Frage nach der dichtesten Packung reduzieren. Kennzeichen einer dichtesten Packung ist die bestmögliche Ausnutzung des von der Verpackungshülle zur Verfügung gestellten Volumens durch die Einzelvolumina

Bild 1.2 Tennisbälle werden wurstförmig verpackt.

der verpackten Körper, so daß möglichst wenig „ungenütztes" Volumen mitverpackt wird. Dies wird uns zum Begriff der Packungsdichte führen.

Ferner erweist es sich als günstig, das Packungsproblem hinsichtlich der Stückzahl der gepackten Körper unter zwei Aspekten zu betrachten: Packungen von endlicher Stückzahl — dazu zählen cluster- und wurstförmige Packungen gleichermaßen — subsumieren wir unter dem Begriff der *finiten* Packungen. Demgegenüber beschreiben *infinite* Packungen eine unendliche Anzahl von gepackten Körpern; streng genommen gibt es dafür natürlich keine realen Modelle.

Dennoch begegnen wir in der Welt der Naturwissenschaften sehr guten Näherungen von infiniten Packungen. Zu nennen wären hier die Kugelpackungen eines fcc-Gitters als Modell für Kristalle von Gold oder von tiefgefrorenen Edelgasen (vgl. Abbildung 1.3) oder mit modifizierter Basis als Modelle für Kochsalz (NaCl) und Diamant. Die in jüngster Zeit entwickelte Rastertunnelmikroskopie zeigt eindrucksvoll die regelmäßige, hexagonale Anordnung von Goldatomen an einer Goldoberfläche (vgl. Abbildung 1.4).

Sowohl die hexagonale Anordnung von Kugeln in der Ebene als auch die fcc-Anordnung von Kugeln im Raum stellen jeweils Konfigurationen mit maximaler Packungsdichte dar. Auch in dieser Hinsicht verdient Gold die Bezeichnung als Edelmetall.

Der Suche nach den jeweils dichtesten infiniten Kugelpackungen ist das zweite Kapitel gewidmet. Dabei kommen die historisch bedeutsamen Beweise der dichtesten Kreisgitterpackung und der dichtesten Kugelgitterpackung, die auf Lagrange bzw. Gauß zurückgehen, ebenso zur Sprache wie das fast schon zeitlose „Kepler"-Problem. Aber auch moderne Anwendungen von höherdimensionalen Kugelpackungen in der Kodierungstheorie werden angesprochen.

Im dritten Kapitel beschäftigen wir uns mit den deutlich „jüngeren" finiten Packungen: Wir werden insbesondere cluster- und wurstförmige Packungen hinsichtlich

Bild 1.3 Goldatome sind in einer fcc-Gitterstruktur angeordnet. (aus [Kit86])

Bild 1.4 Eine Rastertunnelmikroskopie-Aufnahme von hexagonal angeordneten Goldatomen (aus [Mag93])

der maximal erreichbaren Packungsdichte miteinander vergleichen. Dabei stößt man
auf überraschende, dimensionsabhängige Phänomene, die so merkwürdige Namen wie
Wurstkatastrophe und Wurstvermutung tragen. Aber auch das kissing-number-Problem, ein historisches Kuriosum, werden wir in die Theorie der finiten Packungen
einbetten ebenso wie eine Aufgabenstellung aus den VDI-Nachrichten für Wälzlager
im Maschinenbau.

Das vierte Kapitel behandelt mit der Dichtefunktion ein sehr junges Konzept zur
Untersuchung von Randeinflüssen auf das Packungsverhalten von dichtesten finiten
Packungen. Es vermag Wurstkatastrophe und Wurstvermutung zu erklären und stellt
damit das dritte Kapitel auf ein neues Fundament.

Darüber hinaus läßt sich das Konzept der Dichtefunktion auch anwenden, um die Oberflächenrekonstruktion von Gold (stellvertretend für andere Metalloberflächen) als eine Art mikroskopischer Wurstkatastrophe zu erklären. Dies geschieht im fünften Kapitel. Der dabei ebenfalls unentbehrliche Begriff der Packungsdichte spielt neben der Oberflächenrauhigkeit eine zentrale Rolle in der Katalyseforschung.

In allen Kapiteln des Buches beschränken wir uns stillschweigend — dem Titel des Buches entsprechend — auf *Packungen von Kugeln*, allenfalls von kugelähnlichen, konvexen, Körpern. Die Kugel selbst kann dabei, je nach Dimensionalität des zugrundeliegenden Raumes, eine Kreisscheibe in der Ebene, eine Kugel im Raum, eine vierdimensionale Kugel im vierdimensionalen Raum etc. repräsentieren.

Zusammenfassend sollten Sie, liebe Leserin, lieber Leser, in Kapitel 2 die dichteste Kreis- sowie Kugelpackung (einschließlich des Begriffs der infiniten Packungsdichte), in Kapitel 3 Wurstkatastrophe und Wurstvermutung (einschließlich des Begriffs der finiten Packungsdichte) lesen und in Kapitel 4 die Dichtefunktion zur Beschreibung einer randparameterinduzierten Wurstkatastrophe verstehen. So können Sie sich einen Überblick über die Theorie der infiniten und finiten Kugelpackungen aneignen. Den persönlichen Vorlieben entsprechend läßt sich dieses Fundamentum durch ein mehr innermathematisch oder mehr anwendungsorientiertes Additum ergänzen. Dazu soll unter anderem der Überblick jeweils am Beginn eines neuen Kapitels dienen.

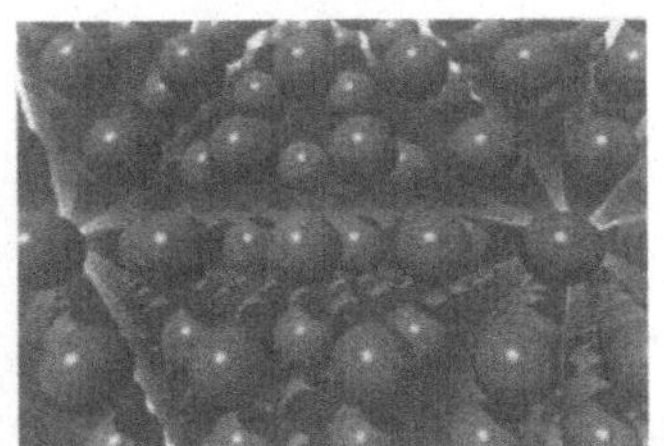

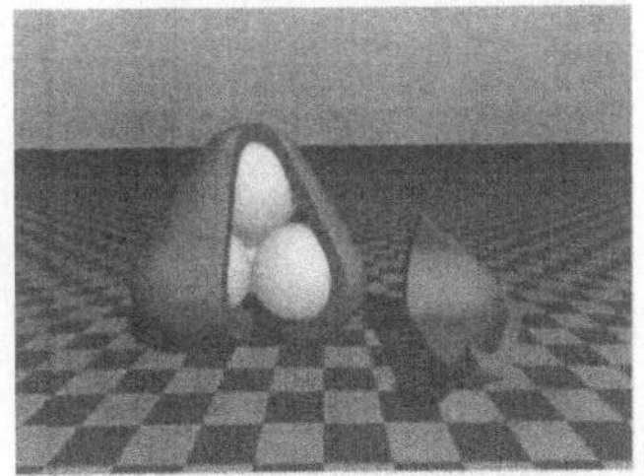

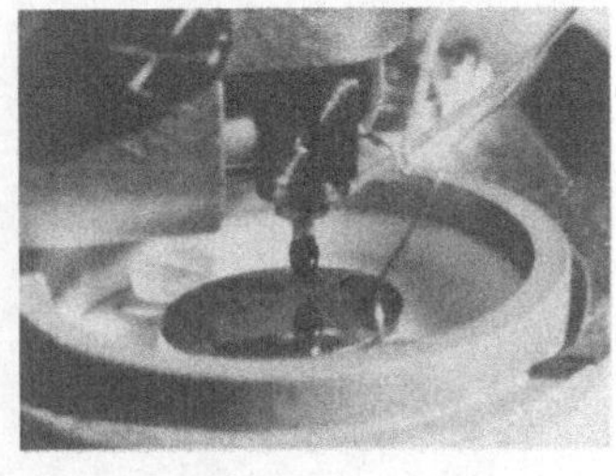

Kapitel 2

2 Infinite Gitterpackungen — ein Klassiker

Wie lassen sich möglichst viele 1-Pfennig-Münzen nebeneinander auf einer Tischfläche anordnen?
Auf der Suche nach einer Antwort experimentieren bereits Kinder intuitiv mit *regelmäßigen* Anordnungen. Ihnen gilt unser Interesse im vorliegenden Kapitel.

Als zentrale Begriffe dienen das *n-dimensionale Gitter* (2.1) mit einem *Fundamentalparallelotop* (2.2.1) und die infinite *Gitterpackungsdichte* (2.3.2, 2.4) einer Kugelgitterpackung. Mit ihrer Hilfe lassen sich die auf Lagrange bzw. Gauß zurückgehenden Beweise für die *dichteste Kreisgitterpackung* (2.5.1) bzw. *dichteste Kugelgitterpackung* (2.5.2) verstehen, die den Kern dieses Kapitels bilden.

Daneben haben Sie, liebe Leserin, lieber Leser, die Gelegenheit, sich mit Symmetrieaspekten (2.2.2) besonders schöner Anordnungen auseinanderzusetzen oder das Volumen der n-dimensionalen Kugel (2.3.2) zu berechnen. Vielleicht interessiert es Sie auch, wie sich Kristallgitter (2.5.4) im Rahmen der infiniten Gitterpackungen beschreiben lassen, oder welchen Nutzen sie in der Codierungstheorie (2.6) besitzen. Alle diese Abschnitte sind in einer möglichst elementaren Sprache verfaßt.

Für Leser, die das Grundstudium in Mathematik absolvierten, hält der Paragraph 2.5.3 zwei Alternativbeweise für die dichteste Kreisgitterpackung und dichteste Kugelgitterpackung bereit, die recht eindrucksvoll die formal-abstrakte Ästhetik moderner Mathematik zeigen. Ebenso in 2.2.1 findet sich ein komprimierter Beweis, der die in 2.1 möglicherweise strapazierte Geduld und Neugier wieder regenerieren sollte.

Der Abschnitt über höherdimensionale Packungen und Historie (2.5.5) ist als Pflichtlektüre für jeden Leser gedacht, wenn auch der Zeitpunkt flexibler gewählt werden kann als bei den eingangs genannten fundamentalen Definitionen und Sätzen.

2.1 Gitter

In diesem Kapitel werden wir Kugelgitterpackungen, d. h. regelmäßige Anordnungen von Kreisen in der Ebene, Kugeln im Raum, höherdimensionalen Sphären in entsprechend höherdimensionalen Räumen untersuchen. Dazu benötigen wir zunächst eine exakte Schreibweise für das, was wir unter einer „regelmäßigen[1] Anordnung" verstehen wollen. Die Gegenstände selbst interessieren uns vorübergehend nicht so sehr.

Wir betrachten zunächst eine „regelmäßige Anordnung" von Punkten in der Ebene (Bild 2.1). Bei zwei vorgegebenen Punkten [0] und [1] wissen wir sofort, daß dann auch die Punkte [2], [3] usw., aber auch [-1], [-2], [-3] dazugehören müssen. Anders ausgedrückt: Mit dem Vektor $\vec{a}$, der von [0] nach [1] zeigt, gehören dann auch die Vektoren $2\vec{a}$, $3\vec{a}$ usw., aber auch die Vektoren $-\vec{a}$, $-2\vec{a}$, $-3\vec{a}$ usw. einschließlich des Nullvektors $0 \cdot \vec{a}$ dazu.

Diese Anordnung besitzt jedoch erst eine lineare Ausdehnung; für eine ebene, zweidimensionale Ausdehnung benötigen wir noch einen weiteren Vektor, der in eine andere Richtung als $\vec{a}$ zeigt. Wir nennen ihn $\vec{b}$. Die von $\vec{a}$ und $\vec{b}$ erzeugte regelmäßige Anordnung nennen wir ein zweidimensionales Punktgitter oder kurz Gitter (vgl. Bild 2.2). Dies alles lassen wir in die nachfolgende Definition einfließen, wobei wir ab jetzt der Einfachheit halber die Vektorpfeile weglassen.

---

[1]Stillschweigend setzen wir auch eine diskrete Anordnung voraus (vgl. Notiz 2.2).

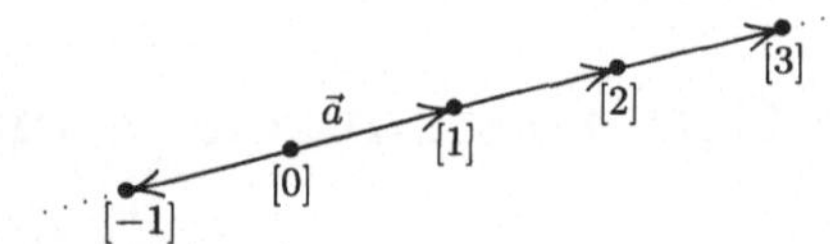

Bild 2.1 Regelmäßige Anordnung

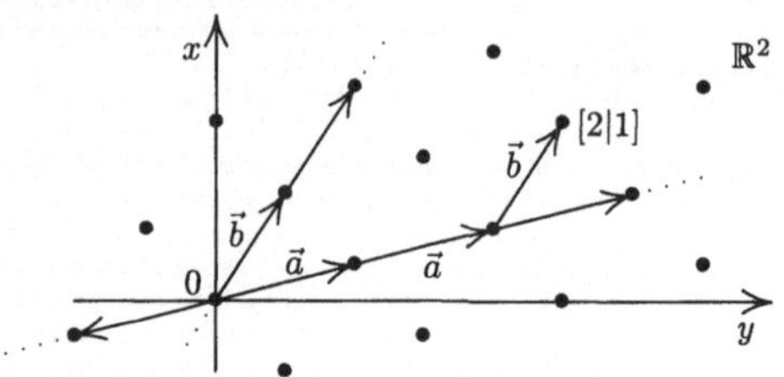

Bild 2.2 Zweidimensionales Gitter

Definition 2.1　Seien[2] a und b Vektoren in der Ebene $\mathbb{R}^2$; $a \neq 0$, $b \neq 0$, $a \nparallel b$. Dann heißt die Menge

$$G = \{\, ma + nb \mid m, n \in \mathbb{Z} \,\}$$

ein *zweidimensionales Gitter* und $\{a, b\}$ eine *Basis*.

Wir vergewissern uns nochmals, ob die Definition 2.1 auch unsere Anschauung richtig wiedergibt: Den in der Abb. 2.2 mit den „Klammer"-Koordinaten[3] [2|1] bezeichneten Punkt erreichen wir über die Vektorsumme $2 \cdot a + 1 \cdot b = 2a + b$. Zusammenfassend ist also ein Gitter die Menge aller Summen aus ganzzahligen Vielfachen der beiden Basisvektoren oder kurz: aller ganzzahligen *Linearkombinationen* der beiden Basisvektoren.

Umgangssprachlich könnte man resümieren: In einem Gitter stehen alle Punkte „in Reih und (innerhalb der Reih in) Glied." Dabei ist es völlig belanglos, welcher der beiden Basisvektoren die Reihe angibt und welcher das Glied (vgl. Abbildung 2.3).

Nach diesem umgangssprachlichen Exkurs kehren wir wieder zurück zur Mathematik: Nachdem wir nun mit dem zweidimensionalen Gitter vertraut sind (Vielleicht haben Sie, liebe Leserin, lieber Leser[4], sogar schon einige Übungsaufgaben am Ende des Abschnitts mit Papier und Bleistift gelöst?), erarbeiten wir die Definition für das dreidimensionale Gitter. Zu den bereits bekannten Vektoren a und b benötigen wir noch einen dritten Vektor c, der jedoch nicht in der von a und b aufgespannten Ebene liegen darf. Dies ist gerade dann der Fall, wenn c keine Linearkombination von a und b ist, also für $c \neq a + 3b$, $c \neq \frac{1}{2}a + 0{,}3756b$, usw., allgemein für $c \neq \lambda a + \mu b$, wobei λ, μ

---

[2]Dieser antiquiert klingende Konjunktiv gibt in der Mathematiker-Sprache die Voraussetzung einer Definition oder eines (Lehr-)Satzes an.

[3]Dies sind in der Regel **nicht** die kartesischen Koordinaten.

[4]Der Einfachheit halber faßt der Autor ab jetzt diese doppelte Anrede zu „lieber Leser" zusammen. Natürlich sind ihm sowohl Leserinnen wie Leser gleichermaßen willkommen.

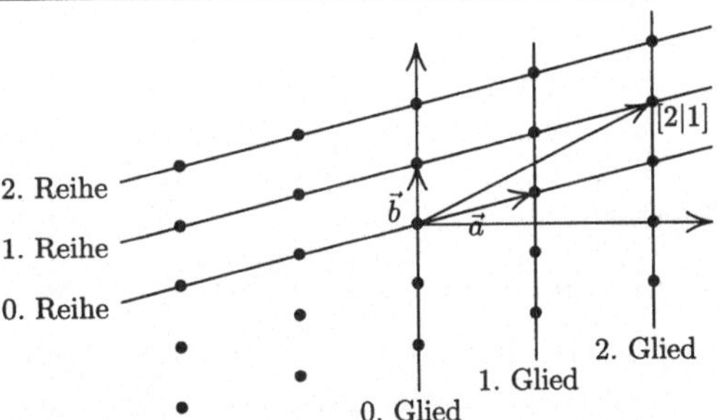

Bild 2.3 Punkte in Reih und Glied

beliebige reelle Zahlen sein dürfen. Und was für c gilt, muß natürlich bei veränderter Perspektive auch für a und b gelten. Man sagt dafür: a, b und c dürfen nicht *komplanar* sein, was in den Ohren eines Lateiners ganz anschaulich klingen mag. Wir notieren die Definition:

Definition 2.2 Seien a, b und c Vektoren im Raum $\mathbb{R}^3$; $c \neq \lambda a + \mu b$ ($\lambda, \mu \in \mathbb{R}$), analog für a und b. Dann heißt die Menge

$$G = \{\, la + mb + nc \mid l, m, n \in \mathbb{Z} \,\}$$

ein *dreidimensionales Gitter* und $\{a, b, c\}$ eine *Basis*.

Wie könnte man die Definition 2.2 für ein 4-dimensionales bzw. n-dimensionales Gitter verallgemeinern?

Die unmittelbare Vorstellung läßt uns hier natürlich im Stich; dennoch haben wir eine Idee, wie man ein 4-dimensionales Gitter aus einem 3-dimensionalen Gitter entstehen lassen könnte: Wir nehmen die altbekannten Vektoren a, b und c und gesellen dazu einen Vektor d, der in die 4. Dimenison hineinzeigt. Der Vektor d liegt dann gerade nicht in dem von a, b und c aufgespannten Raum. Da man sich diesen dreidimensionalen Teilraum (fälschlicherweise) anschaulich als Ebene mit Erweiterungsoption vorstellt, spricht man (richtigerweise) auch von der von a, b und c aufgespannten 3-*dimensionalen Hyperebene*, die durch d zum 4-dimensionalen Raum erweitert wird.
Die präzise formale Schreibweise

$$d \neq \lambda a + \mu b + \nu c \quad (\lambda, \mu, \nu \in \mathbb{R})$$

läßt eine babylonische Sprachverwirrung gar nicht erst aufkommen.

Im 26-dimensionalen Gitter liegt dann z nicht im von a, b, ..., y aufgespannten Raum usw. Da dieses „usw." Probleme macht, verwenden wir Indizes und das Summenzeichen: Dann sieht das ganze so aus: Statt

$$z \neq \lambda a + \mu b + \nu c + \cdots + ? \cdot y$$

schreiben wir

$$a_{26} \neq \lambda_1 a_1 + \lambda_2 a_2 + \cdots + \lambda_{25} a_{25}$$

oder kurz

$$a_{26} \neq \sum_{i=1}^{25} \lambda_i a_i$$

und statt beispielsweise

$$a_{13} \neq \lambda_1 a_1 + \cdots + \lambda_{12} a_{12} + \lambda_{14} a_{14} + \cdots + \lambda_{26} a_{26}$$

schreiben wir

$$a_{13} = \sum_{\substack{i=1 \\ i \neq 13}}^{26} \lambda_i a_i$$

Damit formulieren wir die versprochene Definition für das n-dimensionale Gitter.

Definition 2.3   Seien a_1, a_2, ..., a_n Vektoren im $\mathbb{R}^n$. Für jedes $j = 1$, ..., n gelte:

$$a_j \neq \sum_{\substack{i=1 \\ i \neq j}}^{n} \lambda_i a_i \quad (\lambda_i \in \mathbb{R})$$

Dann heißt

$$G = \left\{ \sum_{i=1}^{n} n_i a_i \ \middle| \ n_i \in \mathbb{Z} \right\}$$

ein *n-dimensionales Gitter* und $\{a_1, a_2, \ldots, a_n\}$ eine *Basis*.

Wir verweilen noch ein klein wenig bei dieser Definition. Sie ist, betrachtet man ihre Entstehungsgeschichte, ein Gedicht in vielen, ja abzählbar unendlich vielen Strophen. In der ersten Strophe wird das von uns bislang noch nicht explizit betrachtete 1-dimensionale Gitter, in der sechsundzwanzigsten Strophe, beispielsweise, das 26-dimensionale Gitter usw. besungen. Die Schönheit der Definition 2.3 liegt gewiß nicht in einer verbalen Ästhetik, sondern in ihrer formalen Prägnanz.

Wie ein Gedicht, so können wir diese Definition auch variieren. Anders als bei einem Gedicht können wir jedoch die objektive Aussage völlig gleich lassen und nur die mitschwingende Vorstellung ein klein wenig ändern:

So erzählen die folgenden beiden Definitionen von gleichen Gittern:

Variation a: Der Vollständigkeit halber notieren wir noch einmal die obige Definition
                       (das „Thema"):

Definition 2.3 Seien a_1, a_2, ..., a_n Vektoren im $\mathbb{R}^n$. Für jedes $j = 1$, ..., n gelte:

$$a_j \neq \sum_{\substack{i=1 \\ i \neq j}}^{n} \lambda_i a_i \quad (\lambda_i \in \mathbb{R})$$

Dann heißt

$$G = \left\{ \sum_{i=1}^{n} n_i a_i \;\middle|\; n_i \in \mathbb{Z} \right\}$$

ein *n-dimensionales Gitter* und $\{a_1, a_2, \ldots, a_n\}$ eine *Basis*.

Variation b:
Definition 2.3 Seien a_1, a_2, $\ldots$, a_n Vektoren im $\mathbb{R}^n$. Für jedes $j = 1, \ldots, n$ gelte:

$$a_j \neq \sum_{i=1}^{j-1} \lambda_i a_i \quad (\lambda_i \in \mathbb{R})$$

Dann heißt

$$G = \left\{ \sum_{i=1}^{n} n_i a_i \;\middle|\; n_i \in \mathbb{Z} \right\}$$

ein *n-dimensionales Gitter* und $\{a_1, a_2, \ldots, a_n\}$ eine *Basis*.

Variation c:
Definition 2.3 Seien a_1, a_2, $\ldots$, a_n Vektoren im $\mathbb{R}^n$. Es gelte

$$\sum_{i=1}^{n} \lambda_i a_i = 0 \quad \text{nur für} \quad \lambda_1 = \lambda_2 = \cdots = \lambda_n = 0$$

Dann heißt

$$G = \left\{ \sum_{i=1}^{n} n_i a_i \;\middle|\; n_i \in \mathbb{Z} \right\}$$

ein *n-dimensionales Gitter* und $\{a_1, a_2, \ldots, a_n\}$ eine *Basis*.

Die Variation b liegt noch enger an unserem sukzessiven Aufbau des n-dimensionalen Gitters: Man hat einen Vektor a_1, dann einen zweiten Vektor a_2, der nicht kollinear zum ersten ist, dann einen dritten Vektor a_3, der nicht komplanar zu den beiden ersten ist usw. Die Variation b ist gewissermaßen hierarchisch oder monarchisch aufgebaut. Die Variation a dagegen gewährleistet, daß jeder Vektor nicht in der von den anderen aufgespannten Hyperebene liegt: Die Variation a ist daher gewissermaßen demokratisch. Dies gilt auch für die Variation c. Die Basisvektoren nehmen sich alle an der Hand und bilden eine sogenannte geschlossene Vektorkette. Diese Variante ist zweifelsohne zwar weniger anschaulich, dafür aber formal am brillantesten.
Sind alle drei Varianten tatsächlich inhaltlich „gleichwertig"? Wir beweisen die Äquivalenz von Variation a und Variation c:

Beweis der Äquivalenz von Variation a und Variation c

Wir zeigen zunächst mit Hilfe eines Widerspruches, daß aus der Variation a die Variation c folgt. Dazu setzen wir die Variation a voraus.
Seien a_1, a_2, $\ldots$, a_n Vektoren im $\mathbb{R}^n$. Für jedes $j = 1, \ldots, n$ gelte

$$a_j \neq \sum_{\substack{i=1 \\ i\neq j}}^{n} \lambda_i a_i \quad (\lambda_i \in \mathbb{R}).$$

Wir nehmen an, die Variation c gelte nicht. Dann gibt es also mindestens ein $\lambda_j^* \neq 0$ und weitere $\lambda_i^* \in \mathbb{R}$ $(i \neq j)$, mit denen gilt:

$$\sum_{i=1}^{n} \lambda_i^* a_i = 0.$$

Dann ist

$$\sum_{\substack{i=1 \\ i\neq j}}^{n} \lambda_i^* a_i + \lambda_j^* a_j = 0,$$

also

$$a_j = -\frac{1}{\lambda_j^*} \cdot \sum_{\substack{i=1 \\ i\neq j}}^{n} \lambda_i^* a_i$$

$$a_j = \sum_{\substack{i=1 \\ i\neq j}}^{n} \frac{-\lambda_i^*}{\lambda_j^*} a_i.$$

Schreiben wir $-\dfrac{\lambda_i^*}{\lambda_j^*} =: \lambda_i$, für alle i, also auch $i = j$, so darf das aber nach Variation a nicht sein; somit kann nur die Annahme, daß Variation c unter der Voraussetzung von Variation a nicht gelte, falsch sein. Es ist also gezeigt, daß aus Variation a Variation c folgt. $\qquad\qquad\Box$

Ähnlich (vgl. Aufgabe 7a) zeigt man, daß aus Variation c auch Variation a folgt. Daher sind Variation a und Variation c gleichwertig.

Variation b folgt trivialerweise aus Variation a; das sieht man unmittelbar. Nun zeigt man noch, daß Variation c (das ist beweistechnisch einfacher) aus Variation b folgt. Dann hat man die logische Gleichwertigkeit aller drei Variationen nachgewiesen (Bild 2.4).

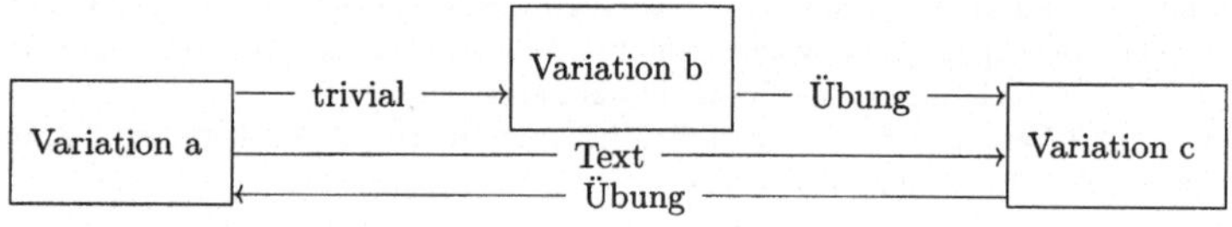

Bild 2.4 Alle drei Variationen sind gleichwertig.

Das Ergebnis notieren wir als Notiz:

Notiz 2.1 Variation a, Variation b und Variation c sind äquivalent.

Der gemeinsame Tenor dieser drei Variationen liegt in einer besonderen Eigenschaft der Vektoren $a_1, a_2, \ldots, a_n$: Sie sind *linear unabhängig*, und da es keinen weiteren, dazu linear unabhängigen Vektor mehr gibt, bilden sie eine sogenannte *Basis* des $\mathbb{R}^n$.

Der Profi, der bereits einige Wochen lineare Algebra studiert hat, hat dies wohl bereits erkannt und mag sich müde lächelnd in seinem Schaukelstuhl zurücklehnen. Für ihn sei noch schnell die (nun wirklich letzte) Definition dieses Abschnitts notiert.

Definition 2.4 Sei $\{a_1, a_2, \ldots, a_n\}$ eine Basis des $\mathbb{R}^n$. Dann heißt

$$G = \left\{ \sum_{i=1}^{n} \lambda_i a_i \;\middle|\; \lambda_i \in \mathbb{Z} \right\}$$

ein (n-dimensionales) *Gitter* und $\{a_1, a_2, \ldots, a_n\}$ heißt eine *Basis* von G.

Die Mathematiker sagen auch kurz:

Notiz 2.2 Ein Gitter ist eine diskrete abelsche Gruppe.

und meinen damit, daß man zum einen alle Punkte des Gitters durch fortgesetzte Addition und Subtraktion aus den Basisvektoren erhält (abelsche Gruppe) und daß zum anderen die Punkte diskret liegen, also sich nirgendwo häufen.

Im nächsten Abschnitt untersuchen wir einige ausgewählte Eigenschaften von Gittern, die wir für das Verständnis von infiniten Kugelgitterpackungen benötigen.

Aufgaben und Anregungen

Zweidimensionale Gitter

$\boxed{1}$ (a) Zeichne[5] selbst einige Gitter! Welcher Punkt ist allen Gittern gemeinsam?

     (b) Wie muß man die Basis wählen, daß „Klammer"-Koordinaten und kartesische Koordinaten übereinstimmen?

$\boxed{2}$ Zeichne das Gitter G zur Basis $\left\{ \begin{pmatrix} 3 \\ 1 \end{pmatrix}, \begin{pmatrix} -1 \\ 2 \end{pmatrix} \right\}$.

     (a) Finde andere Basen!

     (b) Gib Vektorpaare an, die keine Basen sind!

     (c) Wodurch zeichnen sich Basisvektoren aus? (schwer)
        (Lösung: Bemerkung 1 in 2.2.1 auf Seite 21)

$\boxed{3}$ Gegeben ist ein zweidimensionales Gitter mit Basis $\left\{ \begin{pmatrix} a_x \\ a_y \end{pmatrix}, \begin{pmatrix} b_x \\ b_y \end{pmatrix} \right\}$. Untersuche den Zusammenhang zwischen den kartesischen Koordinaten $(x|y)$ eines Punktes und seinen „Klammer"-Koordinaten $[\bar{x}|\bar{y}]$!

     (a) Drücke $\bar{x}$, $\bar{y}$ durch x, y und a_x, a_y, b_x, b_y aus!

     (b) Drücke x, y durch $\bar{x}$, $\bar{y}$ und a_x, a_y, b_x, b_y aus!

$\boxed{4}$ Gegeben sind zwei Basisvektoren $a, b \in \mathbb{R}^2$ eines Gitters. Der gemeinsame Fußpunkt und die beiden Spitzen bilden die Eckpunkte eines Dreiecks. Gib die Menge M der Punkte im Inneren des Dreiecks in „Klammer"-Koordinaten an!
(Hinweis: Berechne die Summe der „Klammer"-Koordinaten der Punkte auf der Verbindungsstrecke der beiden Spitzen!)

n-dimensionale Gitter

$\boxed{5}$ Formuliere die Definition 2.1 des zweidimensionalen Gitters so um, daß anstelle „$a \nparallel b$" die Nicht-Kollinearität im Geiste des n-dimensionalen Gitters zum Ausdruck kommt!

$\boxed{6}$ (a) Gegeben sind drei Basisvektoren $a, b, c \in \mathbb{R}^3$ eines Gitters. Der gemeinsame Fußpunkt und die Spitzen bilden die Eckpunkte eines Tetraeders. Gib die Menge M der Punkte im Inneren dieses Tetraeders in „Klammer"-Koordinaten an!

     (b) Gegeben sind die n Basisvektoren $a_1, a_2, \ldots, a_n \in \mathbb{R}^n$ eines Gitters. Der gemeinsame Fußpunkt und die Spitzen bilden die Eckpunkte eines n-$Simplex$. Zeige, daß für die Menge M der Punkte im Inneren des Simplex gilt:

$$M = \left\{ [\lambda_1|\lambda_2|\cdots|\lambda_n] \;\middle|\; \lambda_1, \lambda_2, \ldots, \lambda_n \in \,]0; 1[; \; \sum_{i=1}^{n} \lambda_i = 1 \right\}$$

     Wie muß das Ergebnis lauten, damit die Randpunkte miteingeschlossen sind?

---

[5] Aus Gründen einer prägnanteren Formulierung, nicht jedoch aus Unhöflichkeit, sind alle Aufgaben im „knappen" Imperativ formuliert.

$\boxed{7}$ (a) Beweise, daß aus Variation c auch Variation a der Definition 2.3 des n-dimensionalen Gitters folgt!

  (b) Beweise, daß aus Variation b die Variation c der Definition 2.3 des n-dimensionalen Gitters folgt!

  (c) Beweise trainingshalber andere Implikationen!

$\boxed{8}$ Zeige durch Nachweis der Gruppenaxiome, daß ein Gitter eine abelsche Gruppe ist!

Anregungen

Der experimentell veranlagte Leser sei hingewiesen auf eine sehr günstige Vielecksschablone von R&S Kleitsch, Postfach 2553, 84008 Landshut. Mit ihr lassen sich Gitter und Parkettierungen erforschen.

Der theoretisch interessierte Leser möge sich bei überschüssiger Energie dem reziproken Gitter widmen, das auch in der Festkörperphysik angewandt wird. Als Einführungsliteratur sei empfohlen ein Klassiker aus dem Bereich der Geometrie, [Cox61] H. S. M. Coxeter: Introduction to Geometry; New York 1961, Kap. 18.

2.2 Ausgewählte Eigenschaften von Gittern

Wir haben in Aufgabe 2 des letzten Abschnitts gesehen, daß ein und dasselbe Gitter von verschiedenen Basisvektoren erzeugt werden kann. Zu einem Gitter lassen sich verschiedene Basen auswählen. Gibt es dennoch eine Gittereigenschaft, die unabhängig von der gewählten Basis ist? Eine Antwort auf diese Frage wird in 2.2.1 gegeben. Sie ist von fundamentaler Bedeutung für die Definition einer Packungsdichte für Kugelgitterpackungen im nächsten Abschnitt.

Bestimmte Gitter, zum Beispiel ein zweidimensionales, quadratisches Gitter, wird man als schön empfinden. Die Symmetrie als tieferliegende Ursache dafür sprechen wir in 2.2.2 an. Sie steht in lockerer Beziehung zur Frage nach der größten Kugelpackungsdichte, die im folgenden Abschnitt intensiver behandelt wird.

2.2.1 Das Fundamentalparallelotop

Wir betrachten das zweidimensionale Gitter G zur Basis

$$\left\{ a_1 = \begin{pmatrix} 3 \\ 1 \end{pmatrix}, \; a_2 = \begin{pmatrix} -1 \\ 2 \end{pmatrix} \right\}.$$

Wir nennen es $G(a_1, a_2)$. Das gleiche Gitter wird auch von anderen Basen erzeugt, z. B. von

$$\{b_1 = -a_2, \; b_2 = a_1 + 2a_2\}.$$

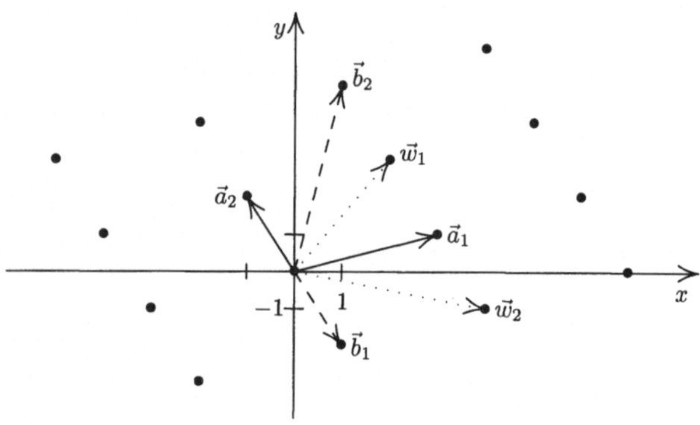

Bild 2.5 Verschiedene Basen des gleichen Gitters

Davon überzeugt man sich leicht: $G(b_1, b_2)$ muß in $G(a_1, a_2)$ enthalten sein; das ist offensichtlich. Umgekehrt ist aber wegen $a_1 = 2b_1 + b_2$ und $a_2 = -b_1$ auch $G(a_1, a_2)$ in $G(b_1, b_2)$ enthalten. Somit sind $G(a_1, a_2)$ und $G(b_1, b_2)$ identisch.
Eine andere Basis, die das gleiche leistet, wäre

$$\{c_1 = -a_1, \ c_2 = a_1 + a_2\}.$$

Demgegenüber ist $\{v_1 = 2a_1, \ v_2 = 2a_2\}$ offensichtlich keine Basis von G.

Auch $\{w_1 = a_1 + a_2, \ w_2 = a_1 - a_2\}$ ist keine Basis von G. Denn sonst gäbe es ganzzahlige Koordinaten $l, m \in \mathbb{Z}$ von a bezüglich der neuen Basis $\{w_1, w_2\}$, so daß gilt: $a_1 = lw_1 + mw_2$. Also $a_1 = l(a_1 + a_2) + m(a_1 - a_2) = (l + m)a_1 + (l - m)a_2$, woraus wegen der Eindeutigkeit der Koeffizienten in Basisdarstellung folgt: $l + m = 1$ und $l - m = 0$. Das jedoch steht im Widerspruch zur Ganzzahligkeit von l und m.

An dieser Stelle wäre es interessant, der Frage nachzugehen, wie man aus einer gegebenen Basis alle möglichen Basen erhalten kann. Dies führt jedoch relativ weit von der inhaltlichen Zielsetzung dieses Abschnitts weg, wenn auch Methodik und Ergebnis dem Nachfolgenden sehr verwandt sind.
Vielleicht haben Sie, lieber Leser, sich ja bereits an Aufgabe 2c des letzten Abschnitts erfolgreich versucht?

Wodurch unterscheiden sich nun Basen von Nichtbasen? Gibt es ein auffälliges Merkmal für Basen?

Ein solches läßt sich nach dem Betrachten des einen oder anderen Beispiels schließlich auffinden und vermuten: Die von Basen aufgespannten Parallelogramme besitzen gleichen Flächeninhalt, wohingegen die von Nichtbasen aufgespannten Parallelogramme „echte" Vielfache dieses Flächeninhalts aufweisen. In diesem Sinne sind die Basisparallelogramme fundamental für das Gitter. Das führt uns zur nächsten Definition, die wir sofort für ein n-dimensionales Gitter notieren.

Definition 2.5 Sei G ein n-dimensionales Gitter und $\{a_1, a_2, \ldots, a_n\}$ eine Basis. Dann heißt $\mathcal{F}(G) = \left\{ \sum_{i=1}^{n} \lambda_i a_i \ \middle| \ \lambda_i \in [0; 1] \right\}$ *Fundamentalparallelotop* (in der Ebene auch *Fundamentalparallelogramm*, im Raum *Fundamentalparallelepiped*).

In der Physik nennt man das Fundamentalparallelotop in den Dimensionen zwei und drei auch *primitive Einheitszelle*.

Satz 2.6 (Wohldefiniertheit): *Alle Fundamentalparallelotope eines Gitters haben das gleiche Volumen.*

Bild 2.6 illustriert die Aussage des Satzes 2.6. Es zeigt zwei verschiedene Basen eines zweidimensionalen Gitters G mit den jeweils zugehörigen Fundamentalparallelotopen.

Nachfolgend wird der Satz 2.6 in zwei Varianten bewiesen: Die erste ist eine elementare, gemächliche Version für die Ebene $\mathbb{R}^2$; die zweite ist die Turbo-Version für $\mathbb{R}^n$ und erfordert Sicherheit im Umgang mit der linearen Algebra.

Elementarer Beweis des Satzes 2.6 für ein zweidimensionales Gitter

Für einen Beweis des Satzes 2.6 im zweidimensionalen ist es sinnvoll, zunächst einmal das Volumen eines Fundamentalparallelogramms für eine konkrete Basis auszurechnen.

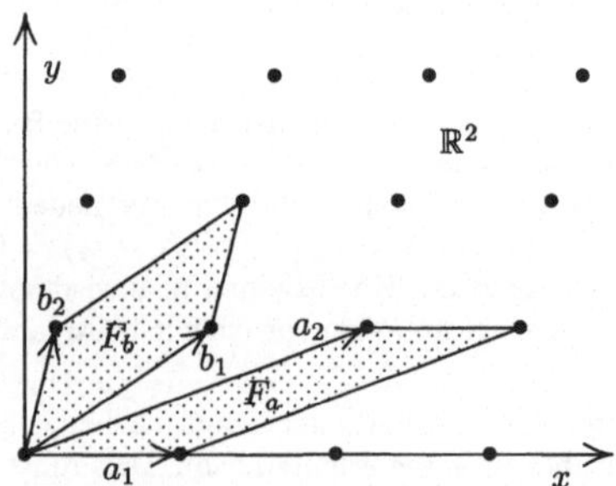

Bild 2.6 Alle Fundamentalparallelotope haben das gleiche Volumen.

Sei $\left\{ \begin{pmatrix} a \\ b \end{pmatrix}, \begin{pmatrix} c \\ d \end{pmatrix} \right\}$ eine Basis des zweidimensionalen Gitters. O. E.[6] seien $a > c > 0$, $d > b > 0$.

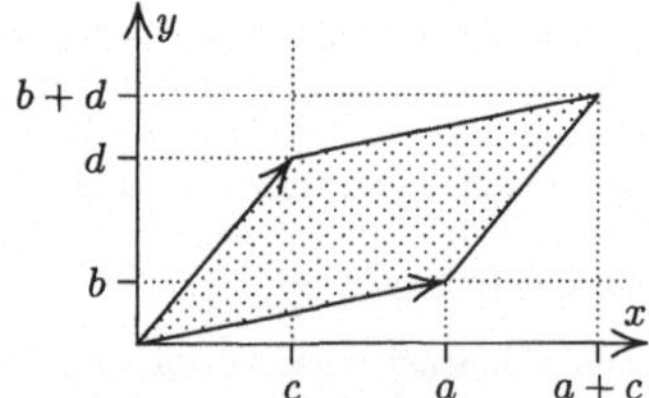

Bild 2.7 Die Fläche eines Fundamentalparallelogramms

Dann errechnet man für die Fläche des Fundamentalparallelogramms:

$$\mathrm{Vol}\big(\mathcal{F}(G)\big) = (b+d)(a+c) - bc - cb - 2 \cdot \frac{1}{2} \cdot cd - 2 \cdot \frac{1}{2} \cdot ab = ad - bc$$

Den Term $ad - bc$ identifizieren wir (oder falls noch unbekannt, definieren wir) als *Determinante* $\det\left(\begin{pmatrix} a \\ b \end{pmatrix}, \begin{pmatrix} c \\ d \end{pmatrix} \right)$ zu den Vektoren $\begin{pmatrix} a \\ b \end{pmatrix}$ und $\begin{pmatrix} c \\ d \end{pmatrix}$ (vgl. Aufgabenteil).

Da eine Vertauschung der beiden Basisvektoren das Vorzeichen der Determinante umkehrt (vgl. Aufgabe 2), während die Fläche des Fundamentalparallelogramms positiv bleibt, bedienen wir uns für eine in jedem Fall korrekte Formulierung des Zwischenergebnisses der Hilfe des absoluten Betrags.

---

[6]O. E. (Ohne Einschränkung) bzw. O. B. d. A. (Ohne Beschränkung der Allgemeinheit) ist Mathematikersprache und drückt aus, daß man sich auf einen charakteristischen Fall beschränken darf, da die anderen logisch nötigen Fälle genauso durchzurechnen sind oder sich leicht auf diesen Fall zurückführen lassen.

Lemma 2.1 *Sei G ein zweidimensionales Gitter und*

$$\left\{ a_1 = \begin{pmatrix} a \\ b \end{pmatrix},\ a_2 = \begin{pmatrix} c \\ d \end{pmatrix} \right\}$$

eine Basis. Dann gilt für das Volumen des zugehörigen Fundamentalparallelotops:

$$\mathrm{Vol}\big(\mathcal{F}(G)\big) = |ad - bc| = |\det(a_1, a_2)|$$

Wiederum verallgemeinern wir, wie bei der Definition des Gitters, ohne jedoch die einzelnen Schritte im Detail nachzuvollziehen. Dabei leistet gerade der Begriff der Determinante wertvolle Dienste. Leider läßt sich die Determinante für höhere Dimensionen nicht mehr derart elementar aufschreiben und wird mit zunehmender Dimension sehr schnell sehr komplex. (Sie erfaßt $n!$[7] Summanden aus jeweils n Faktoren.)

Lemma 2.2 *Sei G ein dreidimensionales Gitter und*

$$\left\{ a = \begin{pmatrix} a_x \\ a_y \\ a_z \end{pmatrix},\ b = \begin{pmatrix} b_x \\ b_y \\ b_z \end{pmatrix},\ c = \begin{pmatrix} c_x \\ c_y \\ c_z \end{pmatrix} \right\}$$

eine Basis. Dann gilt

$$\begin{aligned}
\mathrm{Vol}\big(\mathcal{F}(G)\big) &= |\det(a, b, c)| = \\
&= |a_x b_y c_z + b_x c_y a_z + c_x a_y b_z - a_x c_y b_z - b_x a_y c_z - c_x b_y a_z|.
\end{aligned}$$

Analog gilt für ein n-dimensionales Gitter

$$\mathrm{Vol}\big(\mathcal{F}(G)\big) = |\det(a_1, a_2, \ldots, a_n)|$$

Nach dieser Vorarbeit wollen wir uns wieder dem Beweis des Satzes 2.6 zuwenden. Zeichnet sich die Formulierung des Satzes eher durch verbale Prägnanz aus, so soll nun eine Formulierung gefunden werden, die für den nachfolgenden Beweis nützlicherweise formal prägnant ist.

1. Es ist zu zeigen, daß

   $$|\det(a, b)| = |\det(u, v)| \tag{$*$}$$

   für zwei beliebige Basen $\{a, b\}$ und $\{u, v\}$ des gleichen Gitters gilt. Dazu geben wir uns ein Gitter G und zwei Basen vor:

2. Seien $\{a, b\}$ und $\{u, v\}$ zwei Basen zum Gitter G. Sei

   $$\begin{aligned}
   u &= ma + nb \\
   v &= sa + tb \quad \text{mit } m, n, s, t \in \mathbb{Z}
   \end{aligned}$$

   Eine solche Darstellung findet man bestimmt, denn nach Voraussetzung und Definition eines Gitters ist $G = \{\, ka + lb \mid k, l \in \mathbb{Z} \,\} = \{\, mu + nv \mid m, n \in \mathbb{Z} \,\}$,

---

[7] $n!$ (n Fakultät) ist eine Kurzschreibweise für $1 \cdot 2 \cdot 3 \cdot \ldots \cdot n$.

und wegen $u, v \in G$ (u, v sind sogar Basisvektoren) gibt es obige Darstellung mit Hilfe der Basis $\{a, b\}$. Dann gilt

$$\det(u, v) = \det(ma + nb, sa + tb)$$

Hier wurde lediglich in die rechte Seite von (*) eingesetzt. Diese Umformulierung ist der erste Schritt der Rechnung; der letzte Schritt wird sein: $\cdots = \pm \det(a, b)$, womit dann (*) und der Satz gezeigt sein werden. Für die Rechnung selbst ist es der Übersichtlichkeit halber nützlich, einige Rechenregeln für das Rechnen mit (zweireihigen) Determinanten auszukoppeln. Das geschieht in einem weiteren Lemma.

3. **Lemma 2.3** *Seien $m \in \mathbb{R}$, $a = \begin{pmatrix} a_1 \\ a_2 \end{pmatrix}$, $b = \begin{pmatrix} b_1 \\ b_2 \end{pmatrix}$, $c = \begin{pmatrix} c_1 \\ c_2 \end{pmatrix} \in \mathbb{R}^2$. Dann gilt:*

   (a) $\det(a, a) = 0$

   (b) $\det(a, b) = -\det(b, a)$

   (c) $\det(ma, b) = m \det(a, b)$

   (d) $\det(a + b, c) = \det(a, c) + \det(b, c)$

Der Beweis des Lemmas besteht im „Einsetzen" und „Ausrechnen":

   (a) $\det(a, a) = a_1 a_2 - a_2 a_1 = 0$

   (b), (c) und (d) erledigt man analog!

Mit Hilfe des Lemmas ist die noch ausstehende Rechnung nun ganz flott zu erledigen. Um den Wert des Lemmas schätzen zu lernen, möge der Leser die Rechnung als „Hausaufgabe" ohne dessen Zuhilfenahme, gewissermaßen „straight-forward", versuchen.

4. $\det(u, v) =$
$$\begin{aligned}
&= \det(ma + nb, sa + tb) = & &[(d)] \\
&= \det(ma, sa + tb) + \det(nb, sa + tb) = & &[(b),(d),(b)] \\
&= \det(ma, sa) + \det(ma, tb) + \det(nb, sa) + \det(nb, tb) = & &[(b),(c),(b)] \\
&= ms \det(a, a) + mt \det(a, b) + ns \det(b, a) + nt \det(b, b) = & &[(a),(b)] \\
&= (mt - ns) \det(a, b)
\end{aligned}$$

Das ist jetzt (leider) noch nicht das gewünschte Ergebnis. Und da sich auch beim x-ten Mal Nachrechnen der erhoffte Rechenfehler nicht auffinden läßt, sollte man schließlich die Richtigkeit der Rechnung nicht mehr anzweifeln. Weiter hilft ein Blick nach oben zu 2. Was dort u und v recht ist, sollte a und b billig sein, also...

5. Sei $a = m'u + n'v$
$ b = s'u + t'v$ mit $m', n', s', t' \in \mathbb{Z}$

An dieser Stelle ist nun die Versuchung groß, die beiden Gleichungen aus 2 nach den beiden „Unbekannten" a und b aufzulösen und mit den hier gegebenen zu vergleichen (oder umgekehrt). Das ergäbe

$$a = t/(mt - ns)u + (-n)/(mt - ns)v \quad \text{und}$$
$$b = (-s)/(mt - ns)u + m/(mt - ns)v \quad \text{und somit}$$
$$m' = t/(mt - ns) \quad \text{usw.}$$

Mit diesen konkreten Koordinaten von a und b bezüglich der Basis u und v könnte man weiterrechnen; doch eine solche Genauigkeit ist unnötig. Und so entledigt man sich dieses Ballastes mit Hilfe eines Tricks, nachdem man zunächst lapidar feststellt:

Dann gilt analog zu 4: $\det(a, b) = (m't' - n's') \det(u, v)$

Hier ist nun der „Trick" oder besser die Pointe des Beweises:

6. Dieses Ergebnis von 5, eingesetzt in 4, ergibt

$$\det(u, v) = (mt - ns)(m't' - n's') \det(u, v).$$

Da $\{u, v\}$ eine Basis ist und somit $\det(u, v)$ nicht verschwindet, folgt hieraus $(mt - ns)(m't' - n's') = 1$. Wegen $m, n, \ldots, t' \in \mathbb{Z}$ sind auch $(mt - ns)$ und $(m't' - n's')$ ganzzahlig, also muß speziell $(mt - ns) = 1$ oder $(mt - ns) = -1$ gelten.[8]

Dieses Ergebnis kommt nun so unerwartet und verblüffend knapp, daß man sich erst die Augen reiben muß, um nicht ahnungslos über die Ziellinie zu stolpern.

7. Also gilt nach 4

$$\det(u, v) = + \det(a, b) \quad \text{oder}$$
$$\det(u, v) = - \det(a, b), \quad \text{in jedem Fall gilt jedoch}$$
$$|\det(u, v)| = |\det(a, b)|. \qquad \qquad \square$$

Als Abrundung dieses Beweises und gleichzeitig als Hinführung auf den nächsten Beweis wollen wir noch einige Bemerkungen festhalten.

Bemerkung:

1. Der Beweis enthält implizit eine Antwort auf die eingangs erwähnte Fragestellung, wie man ausgehend von einer Basis alle anderen Basen eines Gitters findet: Neue Basen entstehen gerade für $mt - ns \in \{\pm 1\}$.

   Damit ist der Bogen zum Beginn dieses Abschnitts geschlossen.

2. In der Sprache der linearen Algebra stellt der Term $mt - ns$ auch eine Determinante dar; sie ist die Determinante des Basiswechsels. Im allgemeinen, d. h. bei beliebigen linearen Abbildungen der Ebene in sich, gibt ihr Betrag gerade den Volumenverzerrungsfaktor an. Es ist also konsistent, daß dieser im Falle der Abbildung eines Gitters in sich genau 1 (oder -1) beträgt.

---

[8]Man sagt auch: „$mt - ns$" muß in $(\mathbb{Z}\backslash\{0\}, \cdot)$ invertierbar oder eine Einheit sein.

3. In der Theorie der linearen Algebra beruht die angewandte, elementare Beweistechnik auf je einem Basiswechsel vorwärts und rückwärts; die wesentliche Beweisidee ist gerade die Verträglichkeit der Determinante mit der Inversenbildung. Dies kommt in der oben angekündigten Turbo-Version klar zum Ausdruck:

Beweis des Satzes 2.6 für beliebige Gitter mit Hilfe der linearen Algebra:

Sei G ein Gitter, seien $\{a_1, a_2, \ldots, a_n\}$ und $\{b_1, b_2, \ldots, b_n\}$ zwei Basen von G; die zugehörigen Fundamentalparallelotope seien F_a und F_b.
Wir müssen zeigen, daß $\mathrm{Vol}(F_a) = \mathrm{Vol}(F_b)$ gilt.
Zunächst halten wir fest

$$\mathrm{Vol}(F_a) = |\det(a_1, a_2, \ldots, a_n)| \quad \text{und} \quad \mathrm{Vol}(F_b) = |\det(b_1, b_2, \ldots, b_n)|.$$

Dabei fassen wir $(a_1, a_2, \ldots, a_n)$ und $(b_1, b_2, \ldots, b_n)$ als reelle $n \times n$-Matrizen mit den Spalten a_1, a_2, $\ldots$, a_n bzw. b_1, b_2, $\ldots$, b_n auf.
Sei $M \in \mathbb{R}^{n \times n}$ eine $n \times n$-Matrix, welche den Basiswechsel von $(a_1, a_2, \ldots, a_n)$ auf $(b_1, b_2, \ldots, b_n)$ beschreibt; das heißt

$$(b_1, b_2, \ldots, b_n) = M \cdot (a_1, a_2, \ldots, a_n).$$

Also ist nach dem Determinantenmultiplikationssatz

$$\det(b_1, b_2, \ldots, b_n) = \det(M) \cdot \det(a_1, a_2, \ldots, a_n).$$

Da jeder Vektor b_j ein Gittervektor, also eine ganzzahlige Linearkombination von a_1, a_2, $\ldots$, a_n ist, hat M nur ganzzahlige Einträge.
Da M invertierbar ist, gilt

$$(a_1, a_2, \ldots, a_n) = M^{-1} \cdot (b_1, b_2, \ldots, b_n),$$

und wie oben folgt, daß M^{-1} nur ganzzahlige Einträge hat.
Ferner gilt

$$\det(a_1, a_2, \ldots, a_n) = \det\big(M^{-1} \cdot (b_1, b_2, \ldots, b_n)\big) = \det(M^{-1}) \cdot \det(b_1, b_2, \ldots, b_n).$$

Zusammen ergibt sich

$$\det(M) \cdot \det(M^{-1}) = 1.$$

Da Matrizen mit ganzzahligen Einträgen auch ganzzahlige Determinanten besitzen, ist somit $\det(M)$ eine Einheit in $(\mathbb{Z}\setminus\{0\}, \cdot)$, also $\det(M) = \pm 1$.
Daraus folgt, daß $\det(a_1, a_2, \ldots, a_n)$ und $\det(b_1, b_2, \ldots, b_n)$ sich höchstens im Vorzeichen unterscheiden. Das ist die Behauptung. $\qquad\square$

Der zweite Beweis dieses Satzes demonstriert im Vergleich zur elementaren Version eindrucksvoll die Macht des Matrizenkalküls. Daß dabei in Gestalt von $\det(M) = \pm 1$ abermals eine Antwort auf die eingangs erwähnte Frage, wie man ausgehend von einer Basis alle anderen Basen eines Gitters findet, gegeben wird, verblüfft dann auch nicht mehr.

Nachdem wir eine Eigenschaft kennengelernt haben, die allen Gittern zuteil ist, wenden wir uns jetzt Eigenschaften von Gittern zu, die wir als besonders schön empfinden.

2.2.2 Symmetrieaspekte

Jedes Gitter ist punktsymmetrisch bezüglich des Ursprungs. Das folgt daraus, daß in der Definition 2.3 eines n-dimensionalen Gitters mit den Basisvektoren a_1, a_2, $\ldots$, a_n auch $-a_1$, $-a_2$, $\ldots$, $-a_n$ eine Basis ist.

Punktsymmetrie bedeutet bei ebenen Gittern auch eine Rotationssymmetrie bezüglich einer Drehung um 180° (um das Punktsymmetriezentrum). Ein ebenes Gitter besitzt also immer auch eine Rotationsinvarianz bei Rotation um 180°.

Gibt es Gitter mit Rotationsinvarianz bereits bei kleineren Drehwinkeln?

Wie ist es um die Achsensymmetrie bestellt?

Bei der Untersuchung dieser Eigenschaften beschränken wir uns auf ebene und räumliche Gitter.

Bevor man damit beginnen kann, sind zunächst einmal die unendlich vielen Gitter in $\mathbb{R}^2$ und $\mathbb{R}^3$ unter den angesprochenen Symmetrieaspekten in Äquivalenzklassen[9] zu ordnen. Dies wäre zwar hochinteressant, nicht zuletzt deswegen, weil es in die Gruppentheorie hineinführt, würde aber den Rahmen des Buches sprengen. Daher übernehmen wir die Ergebnisse von Auguste Bravais (1811–1863), der im Jahre 1848 die Äquivalenzklassen von Raumgittern erstmals beschrieb. Ihm zu Ehren nennt man diese Äquivalenzklassen, auch in der Ebene, Bravais-Gitter.

Unter allen ebenen Gittern unterscheidet man 5 Bravais-Gitterklassen: *schiefes, flächenzentriert-rechteckiges, rechteckiges, quadratisches* und *hexagonales Gitter*. Sie sind in Abbildung 2.8 mit den dazugehörigen Fundamentalparallelogrammen bzw. primitiven Einheitszellen gezeichnet.

Die Bezeichnungen für schiefes, rechteckiges und quadratisches Gitter beruhen jeweils auf der zugrundeliegenden primitiven Einheitszelle, dem flächenmäßig kleinsten Gitterbaustein. Dagegen steht ein größerer Gitterbaustein, der die Symmetrie deutlicher zeigt, die sogenannte *konventionelle Einheitszelle* (konv. EZ), Pate für das flächenzentriert-rechteckige und für das hexagonale Gitter (vgl. Abbildung 2.8).

Wir vergleichen nun die beiden „schönsten" Bravais-Gitter untereinander, das quadratische und das hexagonale. (Die drei verbleibenden Gitter werden im Aufgabenteil behandelt.) Das quadratische Gitter ist rotationsinvariant bei Drehung um Vielfache eines 90°-Winkels. Da ein 450°-Winkel einem 90°-Winkel gleichwertig ist, zählen wir modulo[10] 360° und erhalten somit eine *4-zählige Rotationssymmetrie*. Demgegenüber besitzt das hexagonale Gitter sogar eine *6-zählige Rotationssymmetrie*.

Beide Gitter weisen darüber hinaus eine Achsensymmetrie auf. Wir zählen nur die Symmetrieachsen, die sich nicht durch eine Translation (Verschiebung) um einen Gittervektor ineinander überführen lassen. Dann besitzen beide Gitter sechs verschiedene Symmetrieachsen; sie weisen also eine *6-zählige Achsensymmetrie* auf.

Fazit: Unter dem Aspekt der Achsensymmetrie sind sowohl das quadratische als auch das hexagonale Gitter gleichermaßen schön; unter dem Aspekt der Rotationssymmetrie hat das hexagonale Gitter einen deutlichen Vorsprung. Eindeutiger Punktsieger ist also das hexagonale Gitter.

---

[9]Äquivalenzklassen sind eine Art mathematische „Schubladen".

[10]Der Audruck „modulo 360°" bedeutet, daß wir nur die Reste bei einer Division durch 360° berücksichtigen.

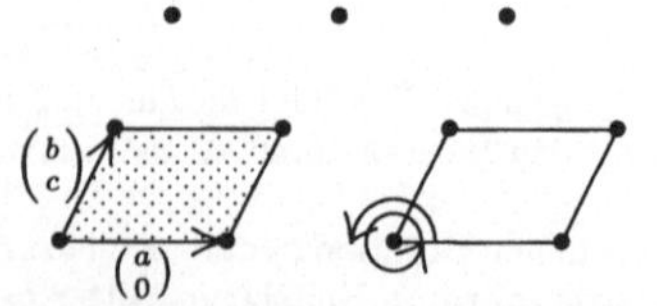

schiefes Gitter

$$G = \left\{ m \begin{pmatrix} a \\ 0 \end{pmatrix} + n \begin{pmatrix} b \\ c \end{pmatrix}; \; m, n \in \mathbb{Z}; \right.$$

$$\left. a, b, c \in \mathbb{R}^+, \text{ paarw. verschieden, } b \neq \frac{a}{2} \right\}$$

Achsensymmetrie: keine
Rotationsymmetrie: 2-zählig

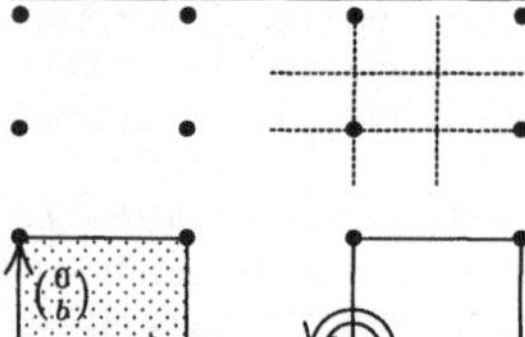

flächenzentriert-rechteckiges Gitter

$$G = \left\{ m \begin{pmatrix} a \\ 0 \end{pmatrix} + n \begin{pmatrix} \frac{a}{2} \\ b \end{pmatrix}; \; m, n \in \mathbb{Z}; \right.$$

$$\left. a, b \in \mathbb{R}^+, \text{ paarw. verschieden, } b \neq \frac{\sqrt{3}}{2} a \right\}$$

Achsensymmetrie: 2 Achsen
Rotationsymmetrie: 2-zählig

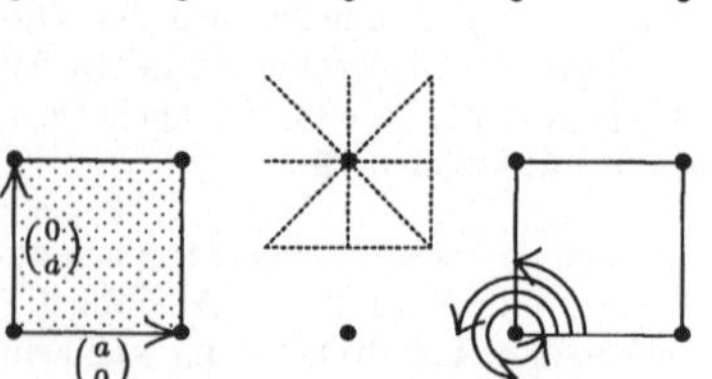

rechteckiges Gitter

$$G = \left\{ m \begin{pmatrix} a \\ 0 \end{pmatrix} + n \begin{pmatrix} 0 \\ b \end{pmatrix}; \; m, n \in \mathbb{Z}; \right.$$

$$\left. a, b \in \mathbb{R}^+, \text{ paarw. verschieden} \right\}$$

Achsensymmetrie: 4 Achsen
Rotationsymmetrie: 2-zählig

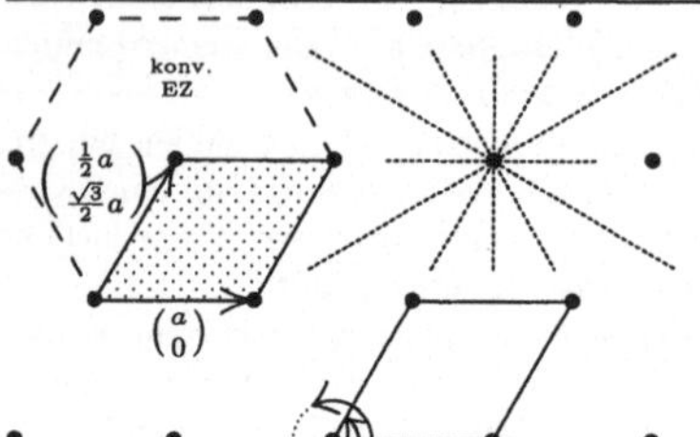

quadratisches Gitter

$$G = \left\{ m \begin{pmatrix} a \\ 0 \end{pmatrix} + n \begin{pmatrix} 0 \\ a \end{pmatrix}; \; m, n \in \mathbb{Z}; \right.$$

$$\left. a \in \mathbb{R}^+ \right\}$$

Achsensymmetrie: 6 Achsen
Rotationsymmetrie: 4-zählig

hexagonales Gitter

$$G = \left\{ m \begin{pmatrix} a \\ 0 \end{pmatrix} + n \begin{pmatrix} \frac{1}{2}a \\ \frac{\sqrt{3}}{2}a \end{pmatrix}; \right.$$

$$\left. m, n \in \mathbb{Z}; \; a \in \mathbb{R}^+ \right\}$$

Achsensymmetrie: 6 Achsen
Rotationsymmetrie: 6-zählig

Bild 2.8 Die 5 Bravais-Gitter in der Ebene

Ein naives Ästhetikempfinden hätte wohl die Fronten zwischen quadratischen und hexagonalen Gittern nicht so eindeutig klären können.

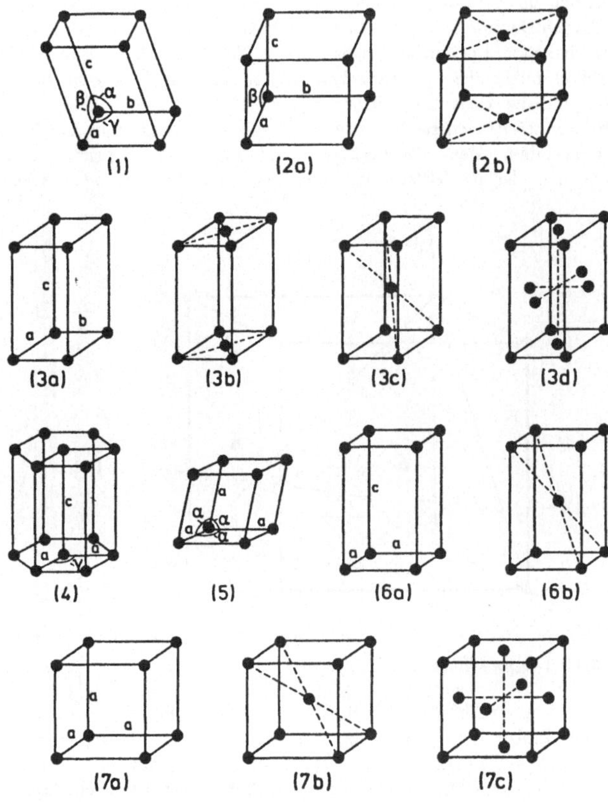

Die 14 Bravais-Gitter. (1) triklin primitives Gitter, (2a) monoklin primitives Gitter, (2b) monoklin basiszentriertes Gitter, (3a) rhombisch primitives Gitter, (3b) rhombisch basiszentriertes Gitter, (3c) rhombisch raumzentriertes Gitter, (3d) rhombisch flächenzentriertes Gitter, (4) hexagonal primitives Gitter, (5) rhomboedrisch primitives Gitter, (6a) tetragonal primitives Gitter, (6b) tetragonal raumzentriertes Gitter, (7a) kubisch primitives Gitter, (7b) kubisch raumzentriertes Gitter, (7c) kubisch flächenzentriertes Gitter

Bild 2.9 Die 14 Bravais-Gitter im Raum (aus [Kop89, S. 14], Teubner Verlag)

Im Raum ist die Situation wesentlich komplizierter. Hier werden 14 Bravais-Gitterklassen unterschieden, die man in 7 *Kristallsystemen* zusammenfaßt. Sie sind in Abbildung 2.9 schematisch dargestellt.

Wir erkennen als dreidimensionales Pendant zum schiefen Gitter das triklin primitive Gitter. Durch räumliche Verschiebung des hexagonalen bzw. quadratischen Gitters entsteht das hexagonal primitive Gitter (4) bzw. das tetragonal primitive Gitter (6a). Weitere Abkömmlinge des quadratischen Gitters sind das tetragonal raumzentrierte Gitter (6b), und die *kubischen Gitter* (7a, 7b, 7c). Bei näherem Hinsehen entpuppt sich das *kubisch-flächenzentrierte Gitter* (7c), gebräuchlicher ist in Anlehnung an die englische Bezeichnungsweise (*face-centered cubic lattice*) der Begriff *flächenzentriert-kubisches Gitter* oder *fcc-Gitter*, aber auch als räumliches Derivat des hexagonalen Gitters.

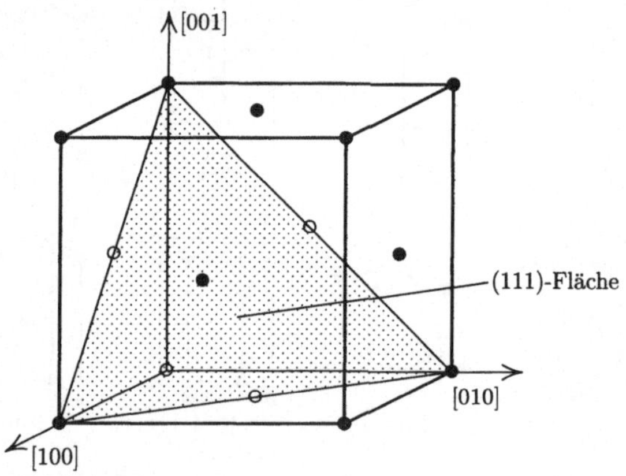

Bild 2.10 Das fcc-Gitter

Dazu betrachten wir Abbildung 2.10: Die schraffierte Fläche — sie ist in der Sprache der Millerschen Indizes die (111)-Fläche[11] — weist gerade eine hexagonale Gitterstruktur auf. Das trifft, stellt man sich das Gitter über die konventionelle Einheitszelle hinaus ausgedehnt vor, auch für die darunter- und darüberliegenden Schichten zu. Dieser Aspekt wird noch einmal wichtig beim Beweis der dichtesten Kugelgitterpackung (vgl. Abschnitt 2.5.2).

In Analogie zum zweidimensionalen Fall würde es auf der Hand liegen, wieder die „schönsten" Bravais-Gitter im Hinblick auf ihre Symmetrie miteinander zu vergleichen. In die engere Auswahl kämen das hexagonal primitive Gitter und die kubischen Gitter. Eine detaillierte Betrachtung umfaßt die Anzahl der Symmetrieebenen und die Anzahl der Rotationsachsen mit ihrer jeweiligen Zähligkeit. Allerdings tritt hier die Frage nach der Gewichtung der einzelnen Rotationsachsen auf; ebenso ist die Gewichtung von Rotations- und Achsensymmetrie ungelöst. Eine saubere Behandlung würde

---

[11]Die (111)-Fläche steht senkrecht auf dem [111]-Vektor, dem Raumdiagonalenvektor.

viel Gruppentheorie erfordern; darauf wollen wir im Hinblick auf das Thema des Buches verzichten. Lösbaren Teilproblemen dürfen Sie sich, lieber Leser, im Aufgabenteil widmen.

Es ist jedoch erwähnenswert, daß das fcc-Gitter im Vergleich zum hexagonal primitiven und den anderen beiden kubischen Gittern die höchste Symmetrie aufweist. Der Grund hierfür liegt wieder in der Rotationssymmetrie bezüglich der Raumdiagonalen. Wir wählen diejenige, welche auf der in Abbildung 2.10 schraffierten (111)-Fläche senkrecht steht — in der Sprache der Millerschen Indizes die [111]-Diagonale. Das fcc-Gitter weist diesbezüglich eine 6-zählige Rotationssymmetrie auf. Dagegen besitzt ein *einfach kubisches* oder *sc-Gitter* (*simple cubic lattice*) nur eine 3-zählige Rotationssymmetrie bezüglich jeder Raumdiagonalen, wie man sich leicht an einem Würfel überlegt.

Wir fassen zusammen:
Unter allen ebenen Gittern zeichnet sich das hexagonale Gitter und unter allen räumlichen Gittern zeichnet sich das fcc-Gitter durch maximale Symmetrie aus.
Beide Gitter werden im nächsten Abschnitt der dichtesten Kreispackung bzw. dichtesten Kugelpackung zugrundeliegen.

Aufgaben und Anregungen

Aufgaben zu 2.2.1

$\boxed{1}$ Betrachte das Gitter G zur Basis $\left\{ a = \begin{pmatrix} 3 \\ 1 \end{pmatrix}, b = \begin{pmatrix} -1 \\ 2 \end{pmatrix} \right\}$.

   (a) Zeige, daß auch $\{e = -b,\ f = a + 2b\}$ eine Basis ist!

   (b) Widerlege, daß $\{a + 2b,\ a - b\}$ eine Basis ist!

$\boxed{2}$ Seien a, b zwei Vektoren im $\mathbb{R}^2$.

   (a) Zeige, daß $\det(a, b) = 0$ genau dann gilt, wenn a und b keine Basis eines zweidimensionalen Gitters bilden!
Eine Determinante[12] ist also eine Entscheidungshilfe für das Vorliegen einer Basis (vgl. auch Text unmittelbar vor der Formulierung des Satzes 2.6 auf Seite 17).

   (b) Zeige, daß $\det(a, b) > 0$ genau dann, wenn gilt:

$$0 < \sphericalangle(a, b) < 180°$$

und $\det(a, b) < 0$ genau dann, wenn gilt:

$$180° < \sphericalangle(a, b) < 360°$$

$\boxed{3}$ Beweise das Lemma 2.3 auf Seite 20.
Wegen Teil (b) des Lemmas 2.3 und Aufgabe 2b hat die Determinante die Bedeutung einer orientierten Fläche.

Algebraische Bedeutung der Determinante

$\boxed{4}$ Beweise:
Das Gleichungssystem über $\mathbb{R}$ (d. h. $a, b, c, d \in \mathbb{R}$)

$$ax + cy = 0$$
$$bx + dy = 0$$

besitzt im $\mathbb{R} \times \mathbb{R} = \mathbb{R}^2$ unendlich viele Lösungen, falls $\det\left(\begin{pmatrix} a \\ b \end{pmatrix}, \begin{pmatrix} c \\ d \end{pmatrix} \right) = 0$.

Wie lautet die Lösungsmenge im Falle $\det\left(\begin{pmatrix} a \\ b \end{pmatrix}, \begin{pmatrix} c \\ d \end{pmatrix} \right) \neq 0$?

$\boxed{5}$ (a) Beweise das Lemma 2.1 auf Seite 19 für beliebiges a, b, c, d!

   (b) Beweise das Lemma 2.2 auf Seite 19 für ein dreidimensionales Gitter!

$\boxed{6}$ Rechne den Schritt 4 auf Seite 20 des elementaren Beweises des Satzes 2.6 ohne Zuhilfenahme des Lemmas in Schritt 3 nach! Benutze dazu lediglich die Koordinaten der Vektoren und die Definition der Determinante!

---

[12]von lat. determinare: entscheiden

$\boxed{7}$ Verifiziere die Bemerkung im Schritt 5 auf Seite 20 des elementaren Beweises des Satzes 2.6! Führe den Beweis mit Hilfe dieses Zwischenschrittes fort und vergleiche mit der Darstellung im Buch!

$\boxed{8}$ Die Turbo-Version des Beweises könnte man noch etwas tunen, wenn man die Bemerkung 3 auf Seite 22 konsequent anwendet und die Verträglichkeit der Determinanten mit der Inversenbildung $\det(M^{-1}) = \det(M)^{-1}$ voraussetzt: Schreibe den abermals gestrafften Beweis auf!

Aufgaben zu 2.2.2

$\boxed{1}$ Untersuche das schiefe, das rechteckige und das rechteckig-flächenzentrierte Gitter auf Symmetrie hin!

$\boxed{2}$ Begründe, daß ein flächenzentriert-quadratisches Gitter bereits in einem der fünf Bravais-Gitter enthalten ist!

$\boxed{3}$ Wenn man ein fcc-Gitter längs der (111)-Fläche „durchschneidet", erhält man ein hexagonales Gitter.
Welche weiteren ebenen Bravais-Gitter kommen als eine Schnittfläche des fcc-Gitters in Frage?

$\boxed{4}$ (a) Zum rechteckig-flächenzentrierten Gitter gibt es zwei Achsenspiegelungen, die das Gitter invariant lassen. Gib zu jeder der beiden Achsenspiegelungen eine Basis an, die ebenfalls invariant bleibt!
(Hinweis: Die einzelnen Basisvektoren bleiben nicht invariant; sie werden miteinander vertauscht.)

(b) Zeige, daß es beim rechteckigen Gitter keine Basis gibt, die bei einer Achsenspiegelung invariant bleibt!

$\boxed{5}$ Begründe, daß es kein Gitter mit einer 5-zähligen Rotationssymmetrie geben kann!
Es gibt jedoch Gitter mit 5-zähliger Quasisymmetrie (vgl. Anregungen).

$\boxed{6}$ Begründe folgende Aussagen:

(a) Das hexagonale Gitter besitzt eine Basis mit folgender Eigenschaft: Fußpunkt und Spitze der zwei Basisvektoren bilden ein gleichseitiges Dreieck.

(b) Das fcc-Gitter besitzt eine Basis mit folgender Eigenschaft: Fußpunkt und Spitze der drei Basisvektoren bilden ein reguläres Tetraeder.

$\boxed{7}$ (Analogon zu Aufgabe 2) Begründe, daß sich ein tetragonal-basiszentriertes Gitter auf ein tetragonal-primitives Gitter zurückführen läßt!

$\boxed{8}$ Vergleiche das hexagonal primitive Gitter und die drei kubischen Gitter hinsichtlich ihrer Symmetrieeigenschaften!

Anregungen

Die Frage nach der Klassifikation der Bravais-Gitter, die eine algebraische Behandlung der Symmetrie in der Sprache der Gruppentheorie einschließt, ist mathematisch hochinteressant. Dem interessierten Leser sei das erste Kapitel über Symmetriegruppen in dem Buch [Knö96] von H. Knörrer: Geometrie; Braunschweig/Wiesbaden 1996 empfohlen. Ein anderer möglicher Einstieg in diese Thematik kann über die Fußnote in [Big84] H.-G. Bigalke: Kugelgeometrie; Frankfurt am Main 1984, Seite 290 und die dort zitierte Literatur führen.

Man kann aber auch über die Kristallographie an die Thematik herangehen. Dazu bietet [Kit86] Ch. Kittel: Introduction to Solid State Physics; New York ^{6}1986 ein umfangreiches Literaturverzeichnis auf Seite 25.

Bei populärwissenschaftlichen Darstellungen ist Vorsicht geboten. Hier verschwimmen die Begriffe recht stark; man hat den Eindruck, daß jeder Autor sein eigenes Lieblingsklassifikationsschema hat. Wir behandelten im Text Punktgitter. Schwillt der Punkt an zu einem ausgedehnten Objekt ohne innere Symmetrie, so gelangt man schnell zu 17 (statt 5) Symmetrietypen in der Ebene und 230 (statt 14) Symmetrietypen im Raum.

Interessant und aktuell ist die Untersuchung von Penrose-Gittern mit 5-zähliger Quasisymmetrie (vgl. Aufgabe 5). Die physikalische Realisierung sind sog. Quasikristalle, die in neuerer Zeit entdeckt wurden. Als erster Zugang kann das Buch [Pen89] von R. Penrose: The Emperor's New Mind — Computers, Minds, and the Law of Physics; Oxford 1989, S. 434 ff[13] mit seiner reichhaltigen Bibliographie dienen. Auch der schöne Aufsatz von M. Stamer: Penrose-Parkette — ein faszinierendes Puzzle-Spiel in: Überblicke Mathematik 1996/97 (Hrsg. A. Beutelspacher u. a.); Wiesbaden 1997, S. 85 ff sei erwähnt.

---

[13]Das Buch gibt es auch in deutscher Sprache: R. Penrose: Computerdenken; Heidelberg 1991

2.3 Infinite Kugelgitterpackungen

Mehrdimensionale Gitter, mit denen wir uns in den letzten beiden Abschnitten eingehend beschäftigt haben, stellen lediglich ein Packungsschema dar, sie enthalten noch keinerlei Information über die Körper, die gepackt werden. Das sind, dem Thema des Buches entsprechend, Kugeln und kugelähnliche, konvexe Körper.

So beschäftigen wir uns in 2.3.1 mit der Verallgemeinerung von Kreis und Kugel auf höhere Dimensionen. In 2.3.2 vermählen wir die noch junge n-dimensionale Kugel mit dem n-dimensionalen Gitter zur n-dimensionalen infiniten Kugelgitterpackung; dieser Ehe bzw. diesem Tupel gilt in den folgenden Abschnitten unser Interesse.

2.3.1 Die n-dimensionale Kugel

Was ist eine n-dimensionale Kugel?

Im zweidimensionalen Fall handelt es sich dabei um Kreise, im dreidimensionalen Fall um Kugeln im herkömmlichen, naiven Sinn. Im n-dimensionalen Fall formal um eine n-dimensionale Kugel. Aber was ist eine n-dimensionale Kugel, welche Eigenschaften besitzt sie, wie kann man sich eine solche vorstellen?

Ein Mathematiker besitzt von n-dimensionalen ($n > 3$) Objekten ebensowenig eine Vorstellung wie ein Nichtmathematiker — wie beispielsweise ein katholischer Theologe von Gott, nimmt er das erste Gebot des Dekalogs ernst. Dennoch läßt sich das Fortschreiten in höhere Dimensionen ein klein wenig erahnen: Rotiert eine Kreisscheibe um ihren Durchmesser (nicht um ihren Mittelpunkt!), so resultiert daraus eine Kugel. Rotiert eine Kugel um ihren Durchmesser so, daß die Rotationsbewegung den dreidimensionalen Raum verläßt, resultiert daraus eine 4-dimensionale Kugel. Umgekehrt ist die Schnittfigur eines räumlichen Schnitts einer 4-dimensionalen Kugel durch den Mittelpunkt gerade eine 3-dimensionale Kugel, ebenso wie der Schnitt einer 3-dimensionalen Kugel durch den Mittelpunkt gerade einen Kreis, eine 2-dimensionale Kugel, ergibt.

Genauso, wie ein Lebewesen, das nur in einer 2-dimensionalen, ebenen Welt lebt, Probleme hätte, sich ein Hinausgreifen in die dritte Dimension vorzustellen, ist es jedem Menschen, der nur über sinnliche Erfahrungen in einer 3-dimensionalen Welt verfügt, verwehrt, ein Hinausgreifen in die vierte Dimension sinnlich oder in der Vorstellung, die ja wahrnehmungspsychologisch lediglich eine Projektion sinnlicher Erfahrungen darstellt, begreifen zu können (vgl. Anregungen).

Ein formal logisches Begreifen ist jedoch möglich: Wir beschränken uns dabei auf Kugeln vom Radius 1, also auf Einheitskugeln. So läßt sich eine 2-dimensionale Einheitskugel mit Hilfe des pythagoräischen Lehrsatzes beschreiben als

$$K^2 = \left\{ (x_1, x_2) \in \mathbb{R}^2 \mid x_1^2 + x_2^2 \leq 1 \right\}^{14},$$

eine 3-dimensionale Einheitskugel als $K^3 = \left\{ (x_1, x_2, x_3) \in \mathbb{R}^3 \mid x_1^2 + x_2^2 + x_3^2 \leq 1 \right\}$ und eine n-dimensionale Einheitskugel als

---

[14] Hier bezeichnet $\mathbb{R}^2$ die Punkte der Ebene, im Gegensatz zu den Ortsvektoren der Ebene. Diese Doppelbelegung ist jedoch wegen des kanonischen Isomorphismus der euklidischen Ebene als Punktmenge $\mathbb{R}^2$ auf die Ebene der Ortsvektoren $\mathbb{R}^2$ unproblematisch. Da auch $\mathbb{R}^n$ einen in jedem Falle endlich-dimensionalen Vektorraum darstellt, gilt dies auch für $n > 2$.

$$K^n = \left\{ (x_1, x_2, \ldots, x_n) \in \mathbb{R}^n \mid x_1^2 + x_2^2 + \cdots + x_n^2 \leq 1 \right\}.$$

Etwas problematischer ist die Übertragung des Kugelvolumens auf höhere Dimensionen. Wie kann man die Folge $\mathrm{Vol}(K^2) = \pi$, $\mathrm{Vol}(K^3) = \frac{4}{3}\pi$ konsistent fortführen?

Eine Antwort gibt die mehrdimensionale Integration nach Riemann oder Lebesgue, die krummlinig begrenzte Volumina mit Quadern ausschöpft. Deren Volumen läßt sich wieder leicht in höhere Dimensionen übertragen. Ein Rechteck mit den Seiten a_1 und a_2 besitzt als Fläche (2-dimensionales Volumen) das Produkt $a_1 \cdot a_2$, ein (3-dimensionaler) Quader mit den Seiten a_1, a_2 und a_3 als Volumen deren Produkt $a_1 \cdot a_2 \cdot a_3$, ein n-dimensionaler Quader mit den Seiten a_1, a_2, ..., a_n als n-dimensionales Volumen deren Produkt $a_1 \cdot a_2 \cdot \ldots \cdot a_n$. Das alles, garniert mit etwas höherer Analysis, läßt die Formeln für das Volumen der n-dimensionalen Einheitskugel purzeln. Wir halten sie als Notiz fest.

Notiz 2.3 Für das Volumen $\mathrm{Vol}(K^n)$ der n-dimensionalen Einheitskugel gilt:

$$\mathrm{Vol}(K^2) = \pi$$

$$\mathrm{Vol}(K^3) = \frac{4}{3}\pi$$

$$\mathrm{Vol}(K^n) = \frac{\pi^{n/2}}{(n/2)!} \qquad \text{für gerades } n \text{ und}$$

$$\mathrm{Vol}(K^n) = \frac{2^n \pi^{(n-1)/2} \big((n-1)/2\big)!}{n!} \qquad \text{für ungerades } n.$$

Mit Hilfe der Gamma-Funktion (vgl. Aufgabe 3), die eine Verallgemeinerung der Fakultät darstellt, lassen sich die beiden Fälle zusammenfassen:

$$\mathrm{Vol}(K^n) = \frac{\pi^{n/2}}{\Gamma\!\left(\frac{n}{2} + 1\right)}$$

Der Beweis der Notiz bedarf, wie oben angesprochen, einiger Kenntnisse aus dem Bereich der mehrdimensionalen Analysis. Zumindest rudimentäre Kenntnisse aus der Integralrechnung sind nötig, um die Beweisidee zu verstehen. Sollten Sie, lieber Leser, über beides nicht verfügen, dürfen Sie den Beweis ohne Schaden für ein Verständnis der Kugelpackungen getrost überblättern und vielleicht zu einem späteren Zeitpunkt an diesen Ort zurückkehren. Gleiches gilt für den eiligen, ungeduldigen Leser.

Der Beweis der Notiz beruht auf dem Prinzip der vollständigen Induktion. Um die Beweisidee zu verdeutlichen, rechnen wir zunächst das Volumen der 2-dimensionalen Einheitskugel, die Einheitskreisfläche aus.

2.3.1.1 Berechnung von $\mathrm{Vol}(K^2)$

Wir zerlegen nach der Idee von Cavalieri die Einheitskreisscheibe in infinitesimal dünne Streifen der Dicke dx_2, deren Flächen wir aufsummieren:
Die Fläche eines Streifens ist $2 \cdot \sqrt{1 - x_2^2} \cdot dx_2$. Ihre Summe ist

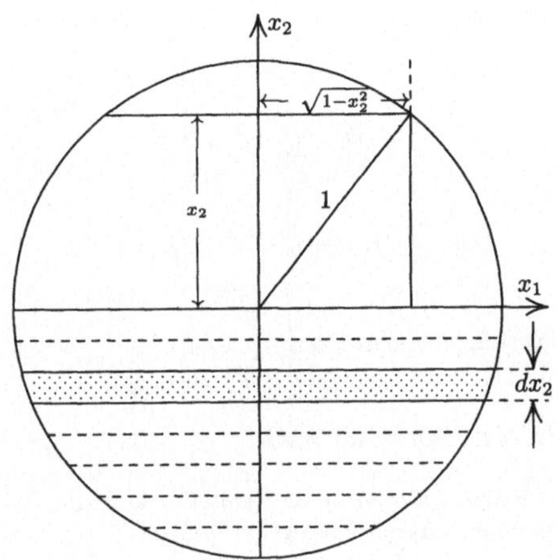

Bild 2.11 Einheitskreisscheibe, zerlegt in inifinitesimal dünne Streifen

$$\mathrm{Vol}(K^2) = \int_{-1}^{1} 2 \cdot \sqrt{1 - x_2^2}\, dx_2 = 2 \cdot \int_{-1}^{1} \sqrt{1 - x_2^2}\, dx_2.$$

Wir substituieren
$$x_2 = -\cos(t)$$
$$dx_2 = \sin(t)\, dt.$$

Unter der Berücksichtigung, daß $x_2(t)$ streng monoton steigt für $t \in [0; \pi]$, $x_2(0) = -1$, $x_2(\pi) = 1$, erhalten wir

$$\mathrm{Vol}(K^2) = 2 \cdot \int_{0}^{\pi} \sqrt{1 - \cos^2(t)}\, \sin(t)\, dt.$$

Der trigonometrische Pythagoras $\sin^2 x + \cos^2 x = 1$ gibt

$$\mathrm{Vol}(K^2) = 2 \cdot \int_{0}^{\pi} \sin^2(t)\, dt.$$

Die Substitutionsalternative mit $x_2 = \sin(t)$ hätte ergeben

$$\mathrm{Vol}(K^2) = 2 \cdot \int_{0}^{\pi} \cos^2(t)\, dt,$$

(was man auch durch partielle Integration schnell überprüft).
Damit und mit einer nochmaligen Anwendung des trigonometrischen Pythagoras erhalten wir etwas trickreich

$$2 \cdot \int_0^{\pi} \sin^2(t)\, dt =$$

$$= \int_0^{\pi} \sin^2(t)\, dt + \int_0^{\pi} \cos^2(t)\, dt =$$

$$= \int_0^{\pi} \left[\sin^2(t) + \cos^2(t)\right] dt = \int_0^{\pi} dt = \pi,$$

was mit unserer Erwartung übereinstimmt.

2.3.1.2 Berechnung von $\mathrm{Vol}(K^3)$ aus $\mathrm{Vol}(K^2)$

Wir tranchieren die Kugel, zerlegen sie in infinitesimale dünne Zylinderscheiben der Dicke dx_3, deren Volumina wir aufsummieren:

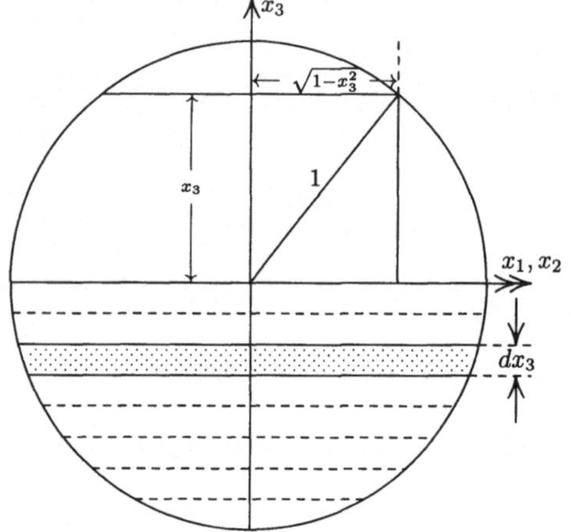

Bild 2.12 Einheitskugel, zerlegt in infinitesimal dünne Scheiben

Die Fläche einer Zylinderscheibe ist $\pi \cdot \left(\sqrt{1 - x_3^2}\right)^2 \cdot dx_3$. Ihre Summe ist wieder

$$\mathrm{Vol}(K^3) = \int_{-1}^{1} \pi \left(\sqrt{1 - x_3^2}\right)^2 dx_3.$$

Wir haben Glück; der Integrand vereinfacht sich von selbst:

$$= \pi \int\limits_{-1}^{1} \left(1 - x_3^2\right) dx_3 =$$

$$= \pi \left(2 - \frac{2}{3}\right) = \frac{4}{3}\pi,$$

was wieder mit unserer Erwartung übereinstimmt.

2.3.1.3   Berechnung von $\mathrm{Vol}\left(K^4\right)$ aus $\mathrm{Vol}\left(K^3\right)$

Wir skizzieren hier nur mehr die Idee, die Rechnungen sind eine Übungsaufgabe!

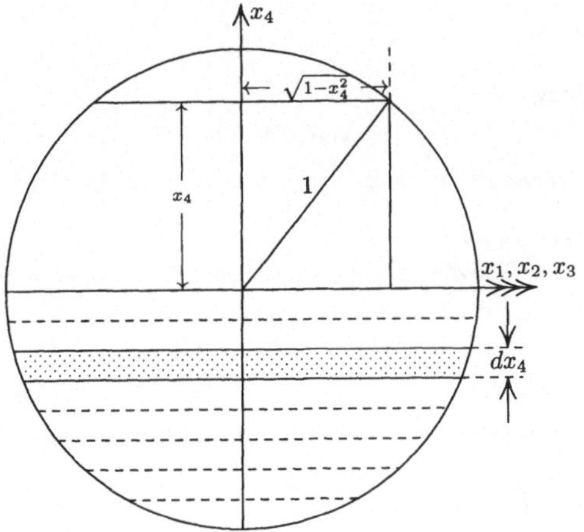

Bild 2.13 Vierdimensionale Einheitskugel, zerlegt in infinitesimal dünne Hyperzylinderscheiben

Wir tranchieren die Kugel längs der x_1, x_2, x_3-Hyperebene. Das vierdimensionale Volumen der so entstehenden, infinitesimal dünnen Hyperzylinderscheiben ist wieder das Produkt aus Grundhyperfläche (Kugel mit Radius $\sqrt{1 - x_4^2}$) und Dicke dx_4:

$$\frac{4}{3}\pi \cdot \left(\sqrt{1 - x_4^2}\right)^3 \cdot dx_4$$

Es folgt wiederum:

$$\mathrm{Vol}\left(K^4\right) = \int\limits_{-1}^{1} \frac{4}{3}\pi \left(\sqrt{1 - x_4^2}\right)^3 dx_4 =$$

$$= \frac{4}{3}\pi \int\limits_{-1}^{1} \left(\sqrt{1-x_4^2}\right)^3 dx_4 =$$

$$= \cdots = \frac{\pi^2}{2}.$$

Wir erkennen nun bereits die Beweisidee für Kugeln beliebiger Dimension:

$$\mathrm{Vol}(K^n) = \mathrm{Vol}\big(K^{n-1}\big) \cdot \int\limits_{-1}^{1} (1-x_n^2)^{\frac{n-1}{2}}\, dx_n$$

Außerdem lassen sich die technischen Schwierigkeiten bei der Berechnung des Integrals bereits erahnen.

Beweis der Notiz 2.3

Induktionsanfang $n = 1$

$$\mathrm{Vol}\big(K^1\big) = 2$$

Dies ist nichts anderes als die Länge einer Strecke mit halbem Durchmesser 1.

Induktionsschritt $n \mapsto n+1$

In der Lebesgueschen Theorie gilt per definitionem für das Volumen der $(n+1)$-dimensionalen Kugel

$$\mathrm{Vol}\big(K^{n+1}\big) \;=\; \int\limits_{\mathbb{R}^{n+1}} \chi_{K^{n+1}}\, d\lambda,$$

wobei $\chi_{K^{n+1}}$ die charakteristische Funktion von K^{n+1} bezeichnet. Dies ist gleichbedeutend mit

$$\mathrm{Vol}\big(K^{n+1}\big) \;=\; \int\limits_{K^{n+1}} 1\, d\lambda.$$

Wir zerlegen K^{n+1} geeignet:

$$K^{n+1} \;=\; \left\{ (x, x_{n+1}) \in \mathbb{R}^{n+1} \;\middle|\; x \in \mathbb{R}^n,\ x_{n+1} \in [-1;1],\ \sqrt{x_{n+1}^2 + \|x\|^2} \le 1 \right\}$$

Nach Fubini läßt sich das Integral dann wie folgt aufspalten:

$$\mathrm{Vol}\big(K^{n+1}\big) \;=\; \int\limits_{-1}^{1} \int\limits_{\{\, x \in \mathbb{R}^n \,\mid\, \|x\|^2 + x_{n+1}^2 \le 1 \,\}} 1\, dx \;\; dx_{n+1}$$

Wir formen den Integrationsbereich um

$$=\; \int\limits_{-1}^{1} \int\limits_{\{\, x \in \mathbb{R}^n \,\mid\, \|x\|^2 \le 1 - x_{n+1}^2 \,\}} 1\, dx \;\; dx_{n+1}$$

und können das innere Integral ausrechnen

$$= \int\limits_{-1}^{1} \mathrm{Vol}\left(\sqrt{1 - x_{n+1}^2} \cdot K^n \right) dx_{n+1},$$

wobei $\mathrm{Vol}\left(\sqrt{1 - x_{n+1}^2} \cdot K^n \right)$ das Volumen der n-dimensionalen Kugel mit Radius $r = \sqrt{1 - x_{n+1}^2}$ bezeichnet.

Mit dem untenstehenden Lemma gilt:

$$= \int\limits_{-1}^{1} \mathrm{Vol}(K^n) \cdot \left(\sqrt{1 - x_{n+1}^2} \right)^n dx_{n+1} =$$

$$= \mathrm{Vol}(K^n) \cdot \int\limits_{-1}^{1} \left(\sqrt{1 - x_{n+1}^2} \right)^n \cdot dx_{n+1} =$$

und unter Berücksichtigung der Übungsaufgabe 3 folgt:

$$= \frac{\pi^{\frac{n+1}{2}}}{\Gamma\left(\frac{n+1}{2} + 1\right)}$$

Nach dem Induktionsaxiom ist damit die Behauptung gezeigt. $\qquad \Box$

Im vorletzten Beweisschritt benutzten wir das Lemma:

Lemma 2.4 *Für das Volumen* $\mathrm{Vol}\left(K^n(r)\right)$ *der n-dimensionalen Kugel mit Radius r gilt:*

$$\mathrm{Vol}\left(K^n(r)\right) = r^n \cdot \mathrm{Vol}(K^n)$$

Beweis des Lemmas 2.4

Man wende die Transformationsformel auf die Homothetie $x \mapsto r \cdot x$ an und beachte, daß die Funktionaldeterminante gerade r^n ist. $\qquad \Box$

Die Rückschau auf das Volumen der n-dimensionalen Kugel gibt noch zu folgender Bemerkung Anlaß.

Bemerkung:
Vergleicht man den Beweis mit den vorgestellten Berechnungen von $\mathrm{Vol}\left(K^2\right)$, $\mathrm{Vol}\left(K^3\right)$ und $\mathrm{Vol}\left(K^4\right)$ mit dem Ziel einer weiteren Elementarisierung, so stellt man fest, daß der Integrand

$$\int\limits_{-1}^{1} \mathrm{Vol}(K^n) \cdot \left(\sqrt{1 - x_{n+1}^2} \right)^n dx_{n+1}$$

nur in einem Fall elementar auswertbar ist, nämlich für $n = 2$.[15]

---

[15] Für andere, gerade n geht dies nur unter der Voraussetzung, daß $\mathrm{Vol}(K^n)$ bekannt ist.

Die Zerlegung des Integrals gemäß

$$\pi \int\limits_{-1}^{1} (1 - x_3^2)\, dx_3 = \pi \int\limits_{-1}^{1} dx_3 - \pi \int\limits_{-1}^{1} x_3^2\, dx_3 = 2\pi - \frac{2}{3}\pi$$

spiegelt dann auch die Methode „*Kugelvolumen = Zylindervolumen des der Kugel umschriebenen Zylinders — Volumen des Doppelkegels*", die jeder Schüler in der 10. Jahrgangsstufe kennenlernt, wieder.

Für $n \geq 3$ ist eine elementare Auswertung dieses Integrals und in ihrem Gefolge eine sukzessive, elementare Berechnung des Volumens einer 4- und höherdimensionalen Kugel nicht möglich.

Nach der Verallgemeinerung des Kreises und der Kugel zur n-dimensionalen Kugel verallgemeinern wir diesen Begriff abermals, um möglichst viele Situationen zu erfassen. Verzichtet man auf die Symmetrieeigenschaften der Kugel und besteht nur noch auf der Abwesenheit von Aus- und Einbuchtungen, so führt dies zum Begriff des konvexen Körpers.

Definition 2.7   Ein Körper $K \subset \mathbb{R}^n$ heißt *konvex*, wenn zu je zwei Körperpunkten $a, b \in K$ auch deren Verbindungsstrecke $[a; b]$ in K liegt.

Dabei verstehen wir unter der *Verbindungsstrecke* der Punkte $a, b \in \mathbb{R}^n$ die Menge

$$[a; b] = \{\, p \in \mathbb{R}^n \mid p = \lambda a + \mu b;\ \lambda, \mu \in \mathbb{R}_0^+ \quad \text{und} \quad \lambda + \mu = 1 \,\}.$$

Die Beispiele für konvexe Körper sind sehr zahlreich: alle regulären Vielecke, die Platonischen Körper, beliebige n-dimensionale Quader usw.

Minkowski, der Vater der Konvexgeometrie, verwendete als synonymen Begriff zu „konvexer Körper" auch die suggestive Bezeichnung „Eikörper".

Zusammenfassend ist also ein konvexer Körper eine leicht deformierte n-dimensionale Kugel ohne Pickel und tiefe Narben.

2.3.2   Definition der infiniten Kugelgitterpackung

Eine infinite Kugelgitterpackung besteht im wesentlichen — der Begriff ist selbstredend — aus einem n-dimensionalen Gitter und abzählbar unendlich vielen, kongruenten n-dimensionalen Kugeln mit gleichem Radius. Die Kugelmittelpunkte sollen mit den Gitterpunkten zusammenfallen. Ferner dürfen sich die Kugeln nicht überschneiden. Darüber hinaus beschränken wir uns formal auf Einheitskugeln. Inhaltlich stellt dies natürlich aus Ähnlichkeitsgründen keine Einschänkung dar.

Definition 2.8   Gegeben seien eine n-dimensionale, offene[16] Einheitskugel B^n und ein n-dimensionales Gitter G.

Für alle Gittervektoren $g \in G$ sei $B_g^n = B^n + g$ die um g verschobene Kopie von B^n.

---

[16]So wie bei einem offenen Intervall die beiden Intervallenden nicht zum Intervall dazugehören, ist eine Einheitskugel B^n offen, wenn der Rand nicht dazugehört.

Falls je zwei verschiedene B_g^n und B_h^n $(g, h \in G)$ disjunkt sind (d. h. $B_g^n \cap B_h^n = \emptyset$ für $g \neq h$), heißt das Tupel $\mathrm{GP}(B^n, G)$ eine *(n-dimensionale) infinite Kugelgitterpackung*.

Abbildung 2.14 zeigt zwei Beispiele für infinite Kreisgitterpackungen.

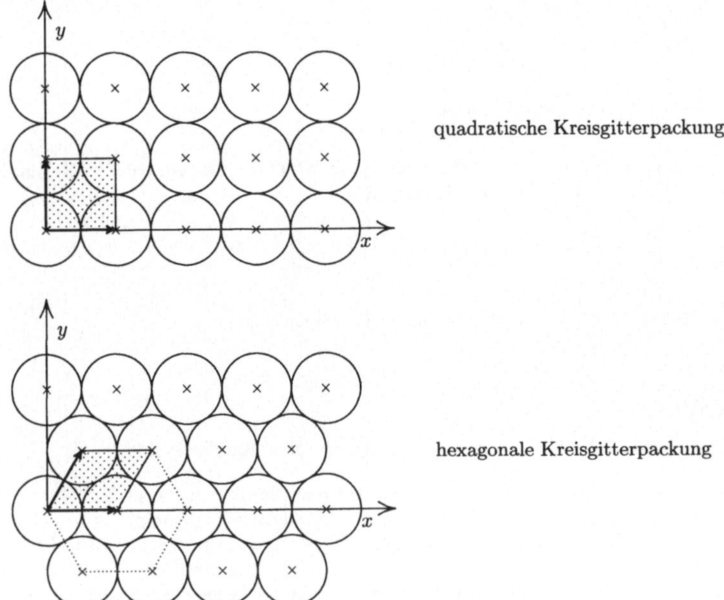

Bild 2.14 Quadratische und hexagonale Kreisgitterpackung

Läßt man in der Definition 2.8 statt der Einheitskugel B^n beliebige konvexe Körper K^n mit nichtverschwindendem Volumen zu, so erhält man eine infinite *Gitterpackung*.

Definition 2.9 Gegeben sei ein n-dimensionaler konvexer Körper $K^n \subset \mathbb{R}^n$. Es sei $\mathrm{Vol}(K^n) > 0$.
G sei ein n-dimensionales Gitter. Ferner sei $K_g^n = K^n + g$, wie in Definition 2.8.
Falls paarweise verschiedene K_g^n und K_h^n disjunkt sind, heißt $\mathrm{GP}(K^n, G)$ eine *(n-dimensionale) infinite Gitterpackung*.

Bild 2.15 illustriert diese Definition in der Ebene.

Betrachtet man beide Definitionen etwas näher, so stellt man fest, daß zwar keine Kugelpackung den zugrundeliegenden Raum auszufüllen vermag, aber sehr wohl Gitterpackungen mit dieser Eigenschaft existieren. Dies ist eine Notiz wert.

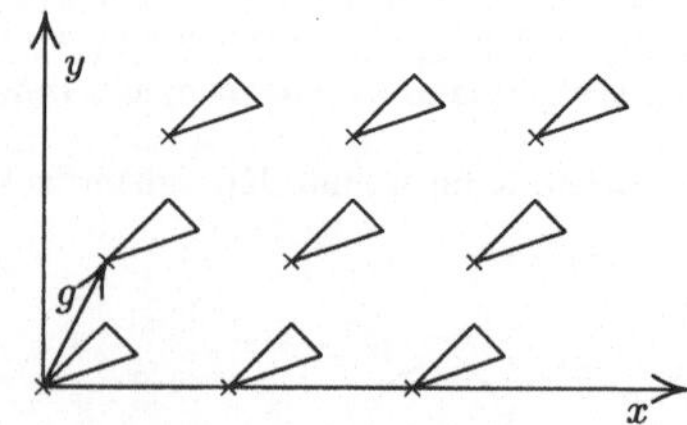

Bild 2.15 Dreiecksgitterpackung

Notiz 2.4 Zu jedem Gitter $G \subset \mathbb{R}^n$ gibt es ein $K^n \subset \mathbb{R}^n$, also ein $\mathrm{GP}(K^n, G)$, das $\mathbb{R}^n$ ausfüllt. Dabei füllt $\mathrm{GP}(K^n, G)$ $\mathbb{R}^n$ aus, falls

$$\mathrm{Vol}\left(\mathbb{R}^n \setminus \bigcup_{g \in G} (K^n + g) \right) = 0$$

(d. h. falls $\mathbb{R}^n \setminus \bigcup_{g \in G} (K^n + g)$ Lebesguesche Nullmenge ist).

Beweis der Notiz

Man wähle für K^n ein Fundamentalparallelotop (ohne Rand) des Gitters G. $\qquad\square$

Die Mayas, aber auch die Etrusker hätten bestimmt ihre Freude an solchen Gitterpakkungen mit volumenlosen Fugen gehabt. Uns erquickt die relativ komplizierte, technisch schwer handhabbare Formulierung für „füllt $\mathbb{R}^n$ aus" wenig. Erst im nächsten Abschnitt erarbeiten wir uns mit dem Begriff der Packungsdichte ein Werkzeug, das auch diesen Sachverhalt vereinfacht. Wir werden dann sagen dürfen: Eine Gitterpackung, die den Raum ausfüllt, besitzt gerade die Packungsdichte $1 = 100\%$.

Aufgaben und Anregungen

Aufgaben zu 2.3.1

$\boxed{1}$ Erläutere folgende Proportionalitäten!

$$\mathrm{Vol}(K^2) \sim r^2$$
$$\mathrm{Vol}(K^3) \sim r^3$$
$$\mathrm{Vol}(K^n) \sim r^n \quad (n \in \mathbb{N})$$

$\boxed{2}$ (a) Berechne $\mathrm{Vol}(K^5)$ aus $\mathrm{Vol}(K^4)$!

(b) Berechne $\mathrm{Vol}(K^4)$ aus $\mathrm{Vol}(K^3)$!

(Hinweis: Führe das dabei auftretende Integral $\int \sin^4(x)\,dx$ durch partielle Integration auf $\int \sin^2(x)\,dx$ zurück und löse die dabei entstehende Gleichung nach $\int \sin^4(x)\,dx$ auf!)

$\boxed{3}$ Wir wollen $\mathrm{Vol}(K^{n+1}) = \mathrm{Vol}(K^n) \cdot \displaystyle\int_{-1}^{1} \left(\sqrt{1 - x_{n+1}^2}\right)^n dx_{n+1}$ berechnen!

Zeige der Reihe nach!

(a)
$$\int_{-1}^{1} \left(\sqrt{1 - x_{n+1}^2}\right)^n dx_{n+1} = \int_{0}^{\pi} \sin^{n+1}(x_{n+1})\,dx_{n+1}$$

(b)
$$\int \sin^n(x)\,dx =$$
$$= -\cos(x)\sin^{n-1}(x) + (n-1)\int \sin^{n-2}(x)\,dx -$$
$$-(n-1)\int \sin^n(x)\,dx$$

(c)
$$\int \sin^n(x)\,dx = -\frac{1}{n}\cos(x)\sin^{n-1}(x) + \frac{n-1}{n}\int \sin^{n-2}(x)\,dx$$

(d)
$$\text{Mit} \quad S_n = \int_{0}^{\pi} \sin^n(x)\,dx \qquad \text{gilt} \quad S_n = \frac{n-1}{n}S_{n-2}$$

(e)
$$(S_0 = \pi)$$
$$S_1 = 2; \quad S_2 = \frac{\pi}{2}$$
$$S_{2n} = \pi \cdot \frac{(2n-1)\cdot(2n-3)\cdot \ldots \cdot 3 \cdot 1}{2n \cdot (2n-2) \cdot \ldots \cdot 4 \cdot 2} = \pi \cdot \prod_{k=1}^{n} \frac{2k-1}{2k}$$
$$S_{2n+1} = 2 \cdot \frac{(2n)\cdot(2n-2)\cdot \ldots \cdot 4 \cdot 2}{(2n+1)\cdot(2n-1)\cdot \ldots \cdot 5 \cdot 3} = 2 \cdot \prod_{k=1}^{n} \frac{2k}{2k+1}$$

(f)
$$S_{n+1} \cdot S_n = \frac{2\pi}{n+1}$$

(g)
$$\frac{\mathrm{Vol}(K^{n+1})}{\mathrm{Vol}(K^n)} = S_{n+1}$$

(h)
$$\mathrm{Vol}(K^{n+1}) = \frac{2\pi}{n+1} \cdot \mathrm{Vol}(K^{n-1})$$

(i)
$$(\mathrm{Vol}(K^0) =?)$$
$$\mathrm{Vol}(K^1) = 2$$
$$\mathrm{Vol}(K^2) = \pi$$
$$\mathrm{Vol}(K^{2n}) = \frac{1}{n!}\pi^n$$
$$\mathrm{Vol}(K^{2n+1}) = \frac{2^{n+1}}{1 \cdot 3 \cdot \ldots \cdot (2n+1)}\pi^n = \frac{2^{2n+1}n!}{(2n+1)!}\pi^n$$

Daraus folgt sofort die in der Notiz 2.3 angegebene Darstellung.

(j) Nun kümmern wir uns noch um die formale Ästhetik. Dazu benötigt man die Gamma-Funktion, wie man sie im Studium kennenlernt (vgl. [For84]).

$$\Gamma(n+1) = n!$$
$$\Gamma\left(\frac{1}{2}\right) = \sqrt{\pi}$$
$$\Gamma(n+\frac{3}{2}) = (n+\frac{1}{2})\Gamma(n+\frac{1}{2}) =$$
$$= \left(\prod_{k=1}^{n} \frac{2k+1}{2}\right) \cdot \Gamma\left(\frac{1}{2}\right)$$

(k)
$$\mathrm{Vol}(K^n) = \frac{\pi^{n/2}}{\Gamma\left(\frac{n}{2}+1\right)} \quad (n \geq 1)$$

$\boxed{4}$ (a) Überlege, wie das 2-dimensionale Analogon eines Prismas (Kegels) aussieht, und wie man ein n-dimensionales Prisma (Kegel) definieren kann!

(b) Berechne das Volumen eines n-dimensionalen Prismas (Kegels)!

Ergebnis:
$$V^n_{Prisma} = \frac{1}{n} \cdot G \cdot h$$
$$V^n_{Kegel} = \frac{1}{n} \cdot \mathrm{Vol}(K^{n-1}) \cdot h$$

$\boxed{5}$ Berechne das Volumen eines n-Simplex (vgl. Aufgabe 6 zu Abschnitt 2.1)!

Ergebnis:
$$V^n = \frac{1}{n!}|\det(a_1, a_2, \ldots, a_n)|$$

$\boxed{6}$ Einer n-dimensionalen Kugel K^n wird ein n-dimensionaler Würfel W^n umbeschrieben.

Berechne den Quotienten $\dfrac{\mathrm{Vol}(K^n)}{\mathrm{Vol}(W^n)}$ und bilde den Limes $n \to \infty$.

Interpretiere das Ergebnis mit wenigen Worten!

Hinweis: Nach der Formel von Stirling ist

$$n! \approx \sqrt{2\pi n}\left(\frac{n}{e}\right)^n \qquad \text{(für } n \to \infty)$$

$\boxed{7}$ Berechne den Anteil des Volumens einer Kugelschale an der gesamten Kugel

$$\frac{\mathrm{Vol}\big(K^n(r+\varepsilon)\big) - \mathrm{Vol}\big(K^n(r)\big)}{\mathrm{Vol}\big(K^n(r)\big)} \qquad (\varepsilon > 0)$$

und bilde wiederum den Limes $n \to \infty$!

Interpretiere das Ergebnis mit wenigen Worten!

Bemerkung:

Dieses Ergebnis ist in der Thermo-Statistik (Maxwellsche Geschwindigkeitsverteilung; Übergang vom kleinkanonischen zum kanonischen Potential) von großer Bedeutung.

Anregungen

Als Gute-Nacht-Lektüre nicht nur in der ohnehin immer zu kurzen Silvesternacht sei das Büchlein [Bur95] von D. Burger: Silvestergespräche eines Sechsecks; Köln [7]1995 empfohlen. Dieses Büchlein ist ein Klassiker im Bereich der Mathematics-Fiction, das aus der Mystik der vierten Dimension schöpft.

Aufgaben zu 2.3.2

$\boxed{1}$ Ein Körper K heiße sternförmig, wenn es einen Punkt $o \in K$ gibt, so daß für alle Punkte $a \in K$ auch die Verbindungsstrecke $[oa]$ in K liegt.

Zeige, daß ein konvexer Körper sternförmig ist! Gilt die Umkehrung auch?

$\boxed{2}$ Überlege anhand des quadratischen Gitters verschiedene Möglichkeiten, die Notiz 2.4 zu bestätigen!

Wie viele Möglichkeiten gibt es? (Begründung!)

$\boxed{3}$ Eine prinzipiell andere Möglichkeit, die Notiz 2.4 zu beweisen, benutzt anstelle des Fundamentalparallelotops die sogenannte *Dirichlet-Voronoi-Zelle (DV-Zelle)*. Sie wird im Zweidimensionalen begrenzt durch die Mittelsenkrechten der Verbindungsstrecken zu den nächsten Nachbarpunkten des Ursprungs.

In der Festkörperphysik nennt man die Dirichlet-Voronoi-Zelle in den Dimensionen zwei und drei auch *Wigner-Seitz-Zelle*.

(a) Zeige die Notiz mit Hilfe der DV-Zelle!

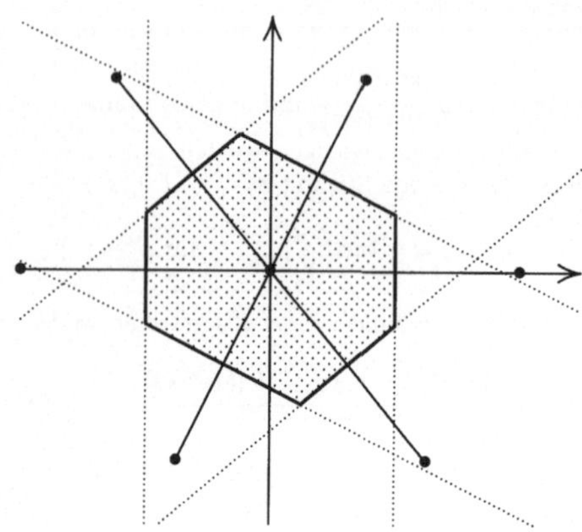

Bild 2.16 Dirichlet-Voronoi-Zelle

(b) Zeige, daß die DV-Zelle den gleichen Flächeninhalt wie ein Fundamentalparallelogramm besitzt!

Bemerkung:
Beim reziproken Gitter (vgl. Anregung zu Abschnitt 2.1) nennt man in der Physik
die Wigner-Seitz-Zelle „erste Brillouin-Zone".

4 Überlege, wie man die DV-Zelle für ein räumliches Gitter definiert und berechne
dann die DV-Zelle für das fcc-Gitter (schwer!)!
(Das Ergebnis ist in Bild 2.17 veranschaulicht.)

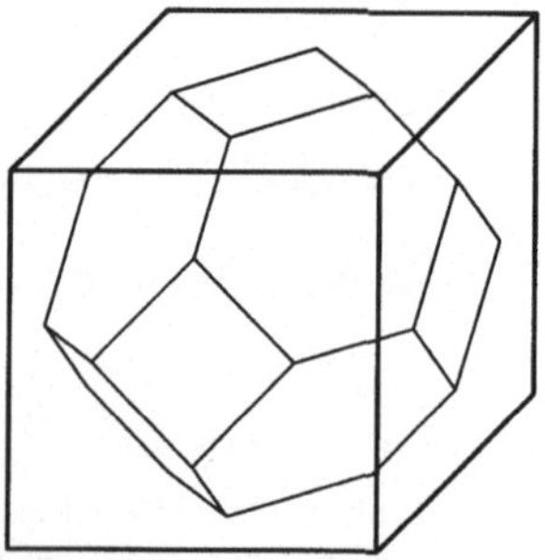

Bild 2.17 Die DV-Zelle für das fcc-Gitter

5 Vergleiche anhand ausgewählter Gitter die Symmetrie-Eigenschaften von DV-Zelle bzw. Fundamentalparallelotop mit den Symmetrieeigenschaften des Gitters!

2.4 Die Packungsdichte infiniter Gitterpackungen

Weshalb ist eine Gold(111)-Fläche als hexagonale Kreisgitterpackung, weshalb ein Goldkristall als fcc-Kugelgitterpackung dichtgepackt?

Um eine Antwort auf die bereits in der Einführung gestellten Fragen zu geben, benötigen wir zunächst ein quantitatives Maß für die Dichte einer infiniten Kugelgitterpackung, die infinite Gitterpackungsdichte.

Die Definition erarbeiten wir wieder anhand des zweidimensionalen Falls, namentlich anhand einer quadratischen und hexagonalen Kreisgitterpackung.

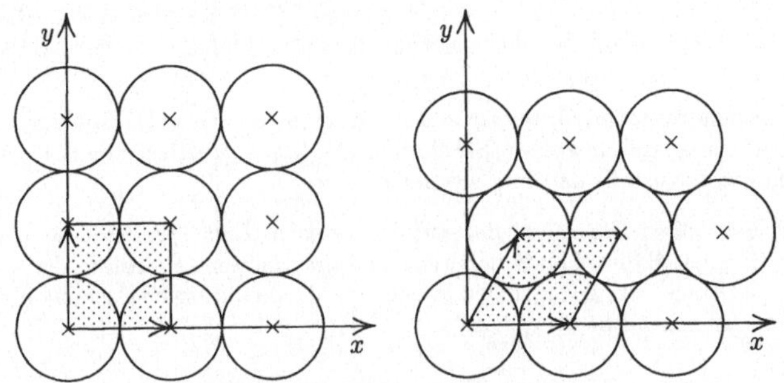

Bild 2.18 Quadratisches und hexagonales Gitter

Naiverweise wird man eine Packung dichter als eine andere bezeichnen, wenn bei der ersten der Kreisanteil pro zugrundeliegender Flächeneinheit größer als bei der zweiten ist. Nun ist bei infiniten Kreisgitterpackungen die zugrundeliegende Fläche die gesamte Ebene und daher unendlich. Jedoch kommt einem die Regelmäßigkeit des Gitters in Form des Fundamentalparallelogramms entgegen. Der Kreisanteil pro Fundamentalparallelogramm ist in beiden Fällen gerade ein Vollkreis. Dies zeigen wir unten allgemein für beliebige Fundamentalparallogramme. Zunächst notieren wir die Definition.

Definition 2.10 Sei $GP(B^n, G)$ eine n-dimensionale infinite Kugelgitterpackung und sei $\mathcal{F}(G)$ das G zugrundeliegende Fundamentalparallelotop. Dann heißt

$$\delta(B^n, G) = \frac{\mathrm{Vol}(B^n)}{\mathrm{Vol}(\mathcal{F}(G))}$$

die *(infinite) Gitterpackungsdichte* der Kugelgitterpackung $GP(B^n, G)$.

Wir sehen sofort, daß die Packungsdichte Werte zwischen 0 und 1 annimmt.

Notiz 2.5 $0 < \delta(B^n, G) \leq 1$.

Eine konkrete Rechnung ergibt für die quadratische Packung

$$\delta(B^2, G_{qu}) = \frac{\pi}{4} \approx 0{,}785$$

und für die hexagonale Packung

$$\delta(B^2, G_{hex}) = \frac{\pi}{2\sqrt{3}} \approx 0{,}907.$$

Die hexagonale Kreisgitterpackung bedeckt also 90,7% der Ebene und ist damit dichter gepackt als die quadratische Kreisgitterpackung, die lediglich 78,5% der Ebene bedeckt. Dieses Ergebnis läßt sich auf zweierlei Weise veranschaulichen.

1. Längs der x-Richtung sind beim quadratischen und beim hexagonalen Gitter die Kreise gleichermaßen dicht gepackt (mit linearer Packungsdichte 1).

   Die Reihen selbst rasten beim hexagonalen Gitter ineinander ein. Die jeweils darüberliegende Reihe ruht daher stabil in den Mulden der darunterliegenden Reihe.

   Beim quadratischen Gitter ist die Situation ganz anders: Die Reihen selbst besitzen einen größtmöglichen Berührabstand. Die darüberliegende Reihe ruht nur labil auf der jeweils darunterliegenden Reihe.

2. Wir betrachten den Anteil der eingeschlossenen „Luft" $(\mathrm{Vol}(\mathcal{F}(G)) - \mathrm{Vol}(B^2))$ pro Kreisanteil bzw. Fundamentalparallelogramm. Nach Einpassen der schraffierten „Luftteile" der hexagonalen Packung in die quadratische Packung bleibt dort noch eine erhebliche „Luftlücke".

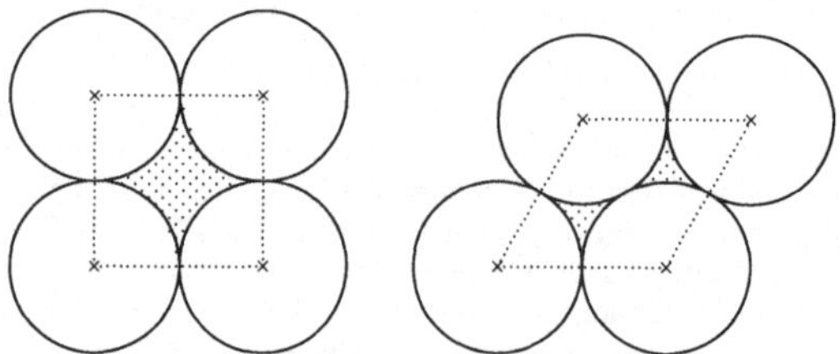

Bild 2.19 Luftlücken im quadratischen und hexagonalen Gitter

Die quadratische Packung schließt also mehr Luft ein als die hexagonale Packung, ist daher umgekehrt weniger dicht gepackt. Formal rechnerisch läßt sich dies so zum Ausdruck bringen:

Formal:

$$\frac{\mathrm{Vol}(\mathcal{F}(G_{qu})) - \mathrm{Vol}(B^2)}{\mathrm{Vol}(\mathcal{F}(G_{qu}))} > \frac{\mathrm{Vol}(\mathcal{F}(G_{hex})) - \mathrm{Vol}(B^2)}{\mathrm{Vol}(\mathcal{F}(G_{hex}))}$$

$$1 - \delta(B^2, G_{qu}) > 1 - \delta(B^2, G_{hex})$$

$$\delta(B^2, G_{qu}) < \delta(B^2, G_{hex})$$

Betrachten wir im letzten Sinne die miteingepackte Luft als „unnütz", die Kreisfläche als „genutztes" Volumen und das ganze Fundamentalparallelogramm als „benutztes" Volumen, so können wir die Definition 2.10 als griffige Sprachformel aufschreiben.

Notiz 2.6 Die Packungsdichte ist das Verhältnis von genutztem zu benutztem Volumen:

$$Packungsdichte = \frac{genutztes\,Volumen}{benutztes\,Volumen}$$

Eine mathematisch ernsthafte Notiz folgt aus dem Lemma 2.2 in Abschnitt 2.2.

Notiz 2.7 Für die Packungsdichte einer Kugelgitterpackung $GP(B^n, G)$, mit Gitterbasis $\{a_1, a_2, \ldots, a_n\}$, gilt:

$$\delta(B^n, G) = \frac{\mathrm{Vol}(B^n)}{|\det(a_1, a_2, \ldots, a_n)|}.$$

Im Sinne dieser Notiz ist die Suche nach der dichtesten Kugelpackung immer eine Suche nach dem Gitter mit dem kleinsten Fundamentalparallelotop bzw. nach dem Gitter mit der kleinsten Determinante. Man nennt sie auch *kritische Determinante*.
Auf diesem Prinzip beruhen die Beweise für die dichteste Kreisgitterpackung und die dichteste Kugelgitterpackung im nächsten Abschnitt.

Der bereits ungeduldige, mehr an den Ergebnissen interessierte Leser möge bereits dorthin eilen, der am mathematischen Fundament der Definition interessierte möge noch ein wenig verweilen, um sich von der Wohldefiniertheit der Definition zu überzeugen.
Formal-algebraisch ist die Definition wohldefiniert. Die Quotientenbildung für die Packungsdichte $\delta(B^n, G)$ ist eindeutig. Dennoch haben wir bei ihrer Herleitung das Argument benutzt, daß der Kreisanteil pro Fundamentalparallelogramm sich gerade auf einen Vollkreis beläuft.
Das Fundament für diesen, bei stark gescherten Fundamentalparallelogrammen keineswegs mehr trivialen, Sachverhalt liefert der folgende Satz.

Satz 2.11 *Sei* $GP(B^n, G)$ *eine infinite Kugelgitterpackung. Für* $g \in G$ *sei* $B_g^n = B^n + g$ *die Kugel mit Mittelpunkt* g. $\mathcal{F}(G)$ *sei ein Fundamentalparallelotop des Gitters. Dann gilt:*

$$\mathrm{Vol}\left(\bigcup_{g \in G} (B_g^n \cap \mathcal{F}(G)) \right) = \mathrm{Vol}(B^n).$$

Das Volumen aller Kugelteile in einem Fundamentalparallelotop ergibt also gerade das Volumen einer Kugel.
Der Beweis ist für $n = 2$ eine Art Puzzlespiel. Wir nehmen die Kreisteile und verschieben sie um ausgewählte Gittervektoren Richtung Ursprung, bis der Kreis mit Mittelpunkt im Ursprung komplett ist. Diese Idee setzen wir gleich für den n-dimensionalen Fall um.

Beweis des Satzes 2.11

Sei $GP(B^n, G)$ eine infinite Kugelgitterpackung.
Der Einfachheit halber sei $B = B^n$ und $F = \mathcal{F}(G)$ ein Fundamentalparallelotop.

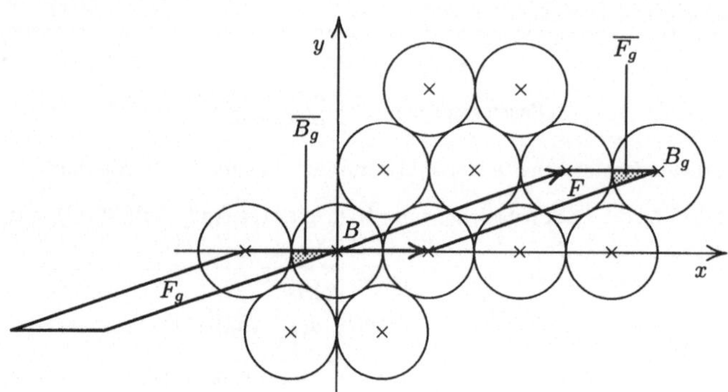

Bild 2.20 Kreisgitterpackungspuzzle

Zum Gittervektor $g \in G$ seien $B_g = B + g$ (vgl. Aufgabe 7) die um g verschobene Kugel und $F_g = F - g$ das um den Gegenvektor zu g verschobene Fundamentalparallelotop. Außerdem seien $\overline{F_g} = B_g \cap F$ der zu B_g gehörige Kugelteil und $\overline{B_g} = F_g \cap B$ der von F_g in B ausgeschnittene Kugelteil.

Dann gilt für den um $-g$ verschobenen Kugelteil in F:

$$\overline{F_g} - g = (B_g \cap F) - g =$$
$$= \big((B + g) \cap F\big) - g =$$
$$= (B + g - g) \cap (F - g) =$$
$$= B \cap (F - g) = \overline{B_g}$$

Da die $\overline{F_g}$ und $\overline{B_g}$ paarweise disjunkt sind (was sich sofort aus der paarweisen Disjunktheit von B_g und F_g ergibt), folgt aus der Additivität und Translationsinvarianz des Volumens

$$\mathrm{Vol}\left(\overset{\bullet}{\underset{g \in G}{\bigcup}} \overline{F_g}\right) = \mathrm{Vol}\left(\left(\overset{\bullet}{\underset{g \in G}{\bigcup}} \overline{F_g}\right) - g\right) = \mathrm{Vol}\left(\overset{\bullet}{\underset{g \in G}{\bigcup}} (\overline{F_g} - g)\right) = \mathrm{Vol}\left(\overset{\bullet}{\underset{g \in G}{\bigcup}} \overline{B_g}\right)$$

Das ist die Behauptung.   □

In dem Beweis des Satzes 2.11 geht nirgendwo die Kugeleigenschaft von B^n ein. Er läßt sich daher ohne Probleme auf beliebige konvexe Körper verallgemeinern. Das gleiche gilt für die Definition der Kugelgitterpackungsdichte.

Definition 2.12 Sei $\mathrm{GP}(K^n, G)$ eine n-dimensionale infinite Gitterpackung und sei $\mathcal{F}(G)$ das G zugrundeliegende Fundamentalparallelotop. Dann heißt

$$\delta(K^n, G) = \frac{\mathrm{Vol}(K^n)}{\mathrm{Vol}(\mathcal{F}(G))}$$

die (allgemeine) *infinite Gitterpackungsdichte*.

Diese Definition erlaubt es uns nun, neben der Packungsdichte von Kugelpackungen auch die von Dreieckspackungen, Oktaederpackungen etc. auszurechnen. Nach einem Spaziergang im Aufgabenteil nehmen wir Kurs auf die Frage nach den jeweils dichtesten Kugelpackungen.

Aufgaben und Anregungen

$\boxed{1}$ Berechne die Packungsdichte einer Quadratgitterpackung[17] für ein

    (a) quadratisches Gitter!

    (b) hexagonales Gitter!

$\boxed{2}$ Löse Aufgabe 1 für eine Dreiecksgitterpackung!

$\boxed{3}$ Berechne die Packungsdichte einer Kugelgitterpackung für ein

    (a) sc-(einfach kubisches) Gitter

    (b) bc-(raumzentriert kubisches) Gitter

    (c) fcc-(flächenzentriert kubisches) Gitter

(Hinweis: Die Gitter sind in Bild 2.9 dargestellt. Für 3b und 3c empfiehlt sich die Verwendung der konventionellen Einheitszelle und eine geschickte Anwendung der Notiz 2.6)

$\boxed{4}$ Berechne die Packungsdichte einer selbstgewählten Gitterpackung!

$\boxed{5}$ Zeige: Die Packungsdichte ist invariant unter Ähnlichkeitsabbildungen (Homothetien).

$\boxed{6}$ Alternativ könnte man in der Definition 2.12 der infiniten Gitterpackungsdichte anstelle des Volumens eines Fundamentalparallelotops $\text{Vol}\big(\mathcal{F}(G)\big)$ auch das Volumen der DV-Zelle verwenden (vgl. Aufgabe 3 zu Abschnitt 2.3.2). Veranschauliche den Sachverhalt in der Ebene anhand einer Skizze! Diskutiere Vor- und Nachteile dieser Methode im Vergleich zu der auf $\text{Vol}\big(\mathcal{F}(G)\big)$ basierenden Methode! Beachte dabei auch den Satz 2.11!

Rechnen mit Mengen

$\boxed{7}$ Bekanntlich ist bei einer gegebenen Gruppe $(G, +)$ für eine Teilmenge $U \subset G$ und ein Element $g \in G$ die Translation von U um g folgendermaßen definiert:

$$U + g = \{\, u + g \mid u \in U \,\} \qquad \text{(Minkowski-Summe)}$$

Zeige für $U, V \subset G;\ g \in G$

    (a) $(U \cap V) + g = (U + g) \cap (V + g)$

    (b) $U + g - g = U$

    (c) Gelten die Regeln 7a und 7b auch für eine Halbgruppe $(G, +)$?

---

[17]Die Kantenlänge darf beliebig angenommen werden.

2.5   Dichteste Kugelgitterpackungen

Im vorliegenden Abschnitt können wir gewissermaßen die Ernte des Kapitels einfahren,
nachdem auf den vorangegangenen Seiten die dazu nötigen Definitionen gewachsen und
gereift sind (und davor gewissermaßen die Fragestellungen gesät worden sind).
In 2.5.1 kosten wir von der einfachsten nichttrivialen Frucht. Ihr Aroma entfaltet sich
im Beweis der dichtesten Kreisgitterpackung.
Damit verwandt, aber vielschichtiger ist die nächste Frucht in 2.5.2: Der Beweis der
dichtesten Kugelgitterpackung.

   Die weiteren höherdimensionalen Früchte hängen für uns leider etwas zu hoch. Wir
müssen uns mit einer Betrachtung in 2.5.5 zufriedengeben. Dabei werfen wir auch einen
Blick auf den Nachbarbaum der infiniten Kugel-(nichtgitter)-Packungen, der zur Zeit
noch mehr zu wuchern als zu reifen scheint.

2.5.1   Die dichteste Kreisgitterpackung

Gibt es Kreisgitterpackungen, die eine höhere Packungsdichte aufweisen als solche mit
einer hexagonalen Anordnung der Kreise? Jedes Kind wird nach einigen Experimenten
mit 10-Pfennig-Münzen diese Frage intuitiv verneinen.
Dem kann sich die Mathematik im folgenden Satz nur anschließen. Im Beweis gibt sie
eine Antwort auf die Frage nach dem „Warum?".

Satz 2.13 (dichteste Kreisgitterpackung, Lagrange 1773): *Unter allen Kreisgitterpackungen besitzt allein diejenige mit hexagonalem Gitter die maximale Packungsdichte*

$$\delta_{max} = \frac{\pi}{2\sqrt{3}}.$$

Der Satz 2.13 enthält damit zwei Aussagen: Zum einen besagt er, daß die Packungs-
dichte (betrachtet als Funktion, die jeder Gitterpackung eine reelle Zahl zuordnet) ein
Maximum besitzt. Die Existenz dieses Maximums ist zwar nicht trivial, aber intuiti-
verweise zu erwarten. Zum andern sagt der Satz, daß dieses Maximum von nur einer
Klasse von zweidimensionalen Gittern angenommen wird, nämlich dem hexagonalen
Gitter. Diese Charakterisierung des hexagonalen Gitters ist zweifelsohne die bedeuten-
dere Aussage.
Für wortkarge Leser erhält der Satz bei gleichem Inhalt das folgende Gewand ($\sim$ ist
die in Aufgabe 2 bezeichnete Äquivalenzrelation):

Satz 2.13 (dichteste Kreisgitterpackung):
Sei $G \in \mathbb{G} = \{\, G \mid G$ 2-dimensionales Gitter $\}$. Dann gilt:

1. $\displaystyle \max_{G \,\in\, \mathbb{G}} \delta\bigl(B^2, G\bigr) = \delta\bigl(B^2, G_{hex}\bigr) = \frac{\pi}{2\sqrt{3}}$

2. $\forall G \in \mathbb{G},\ G \not\sim G_{hex}\colon \delta\bigl(B^2, G\bigr) < \delta\bigl(B^2, G_{hex}\bigr)$

Im Beweis orientieren wir uns an der wortreicheren Version des Satzes — der wort-karge Leser möge selbst komprimieren.
Zum Beweis des Satzes 2.13 benötigen wir Teil 1 des folgenden Lemmas (beide Teile benötigen wir im Beweis des Satzes 2.14).

Lemma 2.5 *Sei $\triangle ABC$ ein Dreieck mit den Seitenlängen a, b, c, dem Flächeninhalt F und dem Umkreisradius R. Dann gilt:*

1. $16F^2 = -a^4 - b^4 - c^4 + 2b^2c^2 + 2c^2a^2 + 2a^2b^2.$ *(Heronsche Formel)*

2. $16F^2R^2 = b^2c^2a^2.$

Teil 1 des Lemmas gibt also die Abhängigkeit des Flächeninhalts eines Dreiecks von den drei Seiten an.

Beweis des Lemmas 2.5

1. In einem Dreieck gilt mit den üblichen Bezeichnungen für die Fläche

$$F = \frac{1}{2}bh_b = \frac{1}{2}bc \sin \alpha, \quad \text{also}$$

$$\sin^2 \alpha = \frac{4F^2}{b^2c^2}$$

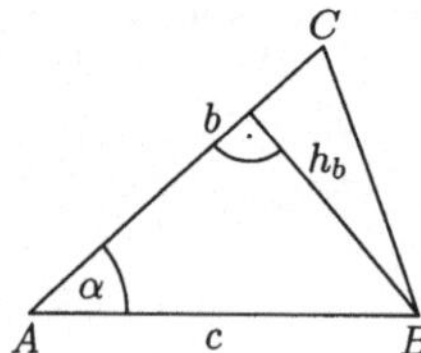

Bild 2.21 Heronsche Formel

Andererseits folgt aus dem Kosinussatz

$$a^2 = b^2 + c^2 - 2bc \cos \alpha$$

$$\cos \alpha = \frac{b^2 + c^2 - a^2}{2bc}$$

und mit dem trigonometrischen Pythagoras

$$\sin^2 \alpha = 1 - \cos^2 \alpha = 1 - \left(\frac{b^2 + c^2 - a^2}{2bc} \right)^2 =$$

$$= \frac{1}{4b^2c^2}(-a^4 - b^4 - c^4 + 2b^2c^2 + 2c^2a^2 + 2a^2b^2).$$

Gleichsetzen ergibt Teil 1 des Lemmas.

2. Wir betrachten zunächst den Fall eines spitzwinkligen Dreiecks.

Sei U der Umkreismittelpunkt, l das Lot von U auf a, L der Lotfußpunkt.

Dann gilt nach dem SsW-Satz die Kongruenz der Dreiecke $\triangle UBL$ und $\triangle ULC$, insbesondere $\overline{CL} = \overline{BL} = \frac{a}{2}$ und $\angle BUL = \angle LUC$ (*).

Ferner ist der Winkel $\angle BUC$ der Mittelpunktswinkel zum Umfangswinkel $\angle BAC$; $\angle BAC = \alpha$, also $\angle BUC = 2\alpha$.

Mit $\angle BUL + \angle LUC = \angle BUC$ folgt aus (*) $\angle BUL = \angle LUC = \alpha$.

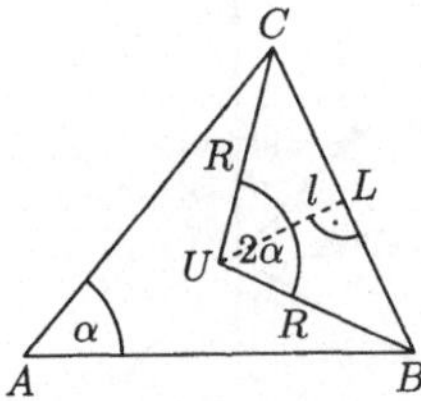

Bild 2.22 Mittelpunktswinkel

Also hat man

$$\sin\alpha = \frac{\frac{1}{2}a}{R} \qquad (\text{z. B. } \triangle UBL).$$

Eingesetzt in die oben hergeleitete Formel $F = \frac{1}{2}bc\sin\alpha$ folgt daraus

$$F = \frac{1}{2}bc\frac{\frac{1}{2}a}{R} = \frac{abc}{4R}$$

und damit Teil 2 des Lemmas (siehe auch Aufgabe 5) für das spitzwinklige Dreieck.

Der Fall des rechtwinkligen Dreiecks ist leicht (vgl. Aufgabe 1a).

Den Fall des stumpfwinkligen Dreiecks, wo U nicht mehr im Innern des Dreiecks liegt, erledigt man nach einer kleinen Zusatzüberlegung analog zum ersten Fall (vgl. Aufgabe 1b). $\qquad\qquad\square$

Beweis des Satzes 2.13

Sei G ein 2-dimensionales Gitter. Wir konstruieren nun zu diesem Gitter eine besonders schöne Basis, deren Wert wir erst später zu schätzen wissen werden.

Es sei $B = \{\,(a_1, a_2) \mid \{a_1, a_2\}$ Basis von G und $|a_1| \leq |a_2|\,\}$ die Menge der längenmäßig geordneten Basen von G und $B_1 = \{\,a_1 \mid (a_1, a_2) \in B\,\}$ die Menge aller ersten, kürzeren Basisvektoren.

Nun gibt es einen kürzesten ersten Basisvektor $c \in B_1$ mit

$$|c| = \min_{a_1 \in B_1} |a_1| \tag{2.1}$$

Zu diesem Vektor c gibt es einen kürzesten zweiten Basisvektor b mit

$$|b| = \min_{(c,a_2) \in B} |a_2|. \tag{2.2}$$

Es ist dann $|c| \leq |b|$, und es bildet b zusammen mit c die Basis $\{c, b\}$.

Wir können o. B. d. A. annehmen, daß der Winkel α zwischen c und b spitz ist. Denn mit (c, b) erfüllen auch $(-c, b)$ und $(c, -b)$ die Eigenschaften 2.1 und 2.2 (vgl. Abbildung 2.23).

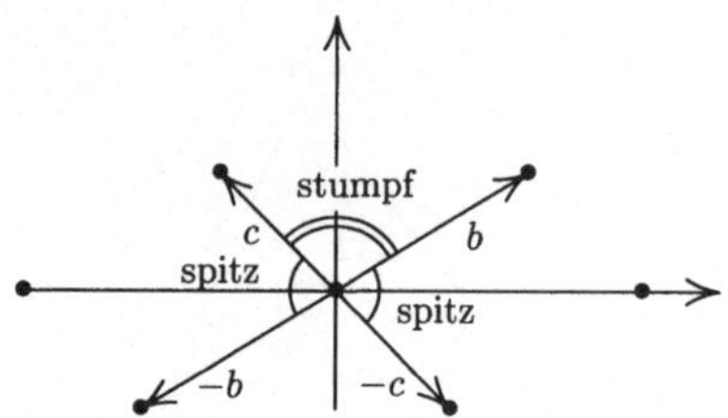

Bild 2.23 Spitzer Winkel zwischen zwei Basisvektoren

Außerdem gilt für den Differenzvektor $a = c - b$ (vgl. Bild 2.24): $|a| \geq |b|$. (Denn sonst wäre (c, a) eine Basis von G mit $|a| < |b|$, was im Widerspruch zur Wahl von b steht.) Diese Eigenschaften der Basis (c, b) spielen im folgenden eine bedeutende Rolle.

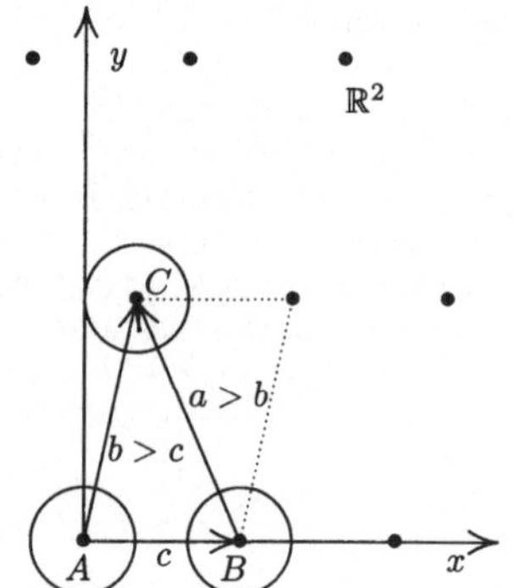

Bild 2.24 Ein zweidimensionales Gitter

Der gemeinsame Fußpunkt und die Spitzen der Basisvektoren c und b bilden ein Dreieck $\triangle ABC$, dessen doppelter Flächeninhalt gerade der Fläche des Fundamentalparallelogramms entspricht. Gemäß der Definition der Packungsdichte müssen wir — bei gegebener Kreisfläche — diesen Flächeninhalt minimieren.

Wir bezeichnen das Dreieck gerade so, daß sich die Eigenschaften der Basis (c, b) auf die Seitenlängen a, b und c übertragen:

$$c \leq b \leq a$$

Da die gepackten Einheitskreise außerdem disjunkt sind, ist $2 \leq c$.
Ferner ist nach obigen Überlegungen zur Basis (c, b) der Winkel α spitz:

$$\alpha \leq \frac{\pi}{2}.$$

Mit dem Kosinussatz folgt daraus

$$a^2 \leq b^2 + c^2.$$

Nach dieser Vorarbeit betrachten wir den Flächeninhalt F des Dreiecks $\triangle ABC$, den wir minimieren müssen. Für ihn gilt gemäß dem Lemma

$$16F^2 = -a^4 - b^4 - c^4 + 2b^2c^2 + 2c^2a^2 + 2a^2b^2.$$

Um F zu minimieren, können wir ebensogut $16F^2$ minimieren; dadurch wird die Rechnung einfacher:

$$\begin{aligned}
16F^2 &= -a^4 - b^4 - c^4 + 2b^2c^2 + 2c^2a^2 + 2a^2b^2 \\
&= -a^4 - b^4 + 2a^2b^2 + a^2c^2 - b^2c^2 - 4c^4 + 3b^2c^2 + a^2c^2 + 3c^4 \\
&= (b^2 + c^2 - a^2)(a^2 - b^2) + c^2(a^2 + 3b^2 - 4c^2) + 3c^4.
\end{aligned}$$

Nach den Ungleichungen zu Beginn des Beweises ist

$$b^2 + c^2 - a^2 \geq 0, \quad a^2 - b^2 \geq 0 \quad \text{und} \quad a^2 + 3b^2 - 4c^2 \geq b^2 + 3b^2 - 4c^2 \geq 0.$$

Also folgt

$$16F^2 \geq 3c^4, \quad \text{also} \quad F \geq \frac{\sqrt{3} \cdot c^2}{4}$$

Daher ist das Volumen des Fundamentalparallelogramms mindestens gleich

$$2F \geq \frac{\sqrt{3}}{2}c^2.$$

Wann gilt Gleichheit? Diese kann in zwei Fällen auftreten:

1. Fall: $b^2 + c^2 - a^2 = 0$ und $a^2 + 3b^2 - 4c^2 = 0$
2. Fall: $a^2 - b^2 = 0$ und $a^2 + 3b^2 - 4c^2 = 0$

Im ersten Fall folgt durch Einsetzen der ersten Gleichung in die zweite $4(b^2 - c^2) + c^2 = 0$, also ein Widerspruch, da $b \geq c > 0$ ist.
Im zweiten Fall ergibt sich $a = b = c$. Somit ist das Dreieck $\triangle ABC$ gleichseitig, und damit ist die Packung hexagonal.

Für $c = 2$ errechnet man $2F = 2\sqrt{3}$, woraus

$$\delta(B^2, G_{hex}) = \frac{\pi}{2\sqrt{3}}$$

folgt. Insgesamt ist also der Satz bewiesen. $\qquad\square$

Wir wollen noch ein klein wenig verweilen und den Beweis interpretieren.

Zunächst betrachten wir den formulierten Beweis: Sein Kernstück ist die Rechnung

$$16F^2 = 3c^4 + (b^2 + c^2 - a^2)(a^2 - b^2) + c^2(a^2 + 3b^2 - 4c^2)$$

Sie entspringt keinesfalls gewöhnlichem Kalkül. Vielmehr muß man mit Zielblick rechnen: Das Ergebnis $3c^4 + X$ ($X \geq 0$) soll gezeigt werden. Der Rest ergibt sich dann mit einem glücklichen Händchen.

Im ersten Korrektursummanden von X, $(b^2 + c^2 - a^2)(a^2 - b^2)$, spiegelt sich die Rivalität zwischen hexagonalem Gitter ($a^2 - b^2 = 0 \Rightarrow a = b$) und quadratischem Gitter ($b^2 + c^2 - a^2 = 0 \Rightarrow \alpha = 90°$) wieder, die der zweite Korrektursummand, namentlich $a^2 + 3b^2 - 4c^2$, entscheidet, wie die Diskussion der beiden Fälle im Beweis zeigt.

Außerdem lassen sich leicht Alternativen zu der im Beweis dargestellten Rechnung finden — geht man an das Problem mit Schul- bzw. Universitätsmethoden heran. Eine reizende, elementargeometrische Abschätzung besprechen wir in Aufgabe 6.
Hat man das Instrumentarium der mehrdimensionalen Analysis zur Verfügung, so wird man die Minima der Fläche des Fundamentalparallelogramms

$$F\colon [2; \infty[^3 \ \to \ \mathbb{R}$$
$$(a, b, c) \ \mapsto \ F(a, b, c) = \frac{1}{4}\sqrt{-a^4 - b^4 - c^4 + 2b^2c^2 + 2c^2a^2 + 2a^2b^2}$$
$$= \frac{1}{4}\sqrt{(a + b + c)(a + b - c)(a - b + c)(-a + b + c)}$$

unter den Nebenbedingungen

$$0. \ a + b \geq c \quad a + c \geq b \quad b + c \geq a \qquad \text{(Dreiecksungleichung)}$$
$$1. \ c \leq b \qquad 2. \ a \leq b \qquad 3. \ a^2 \leq b^2 + c^2$$

bestimmen.
Dabei handelt es sich um eine Extremwertaufgabe mit Nebenbedingungen. Ihre Lösung gehört zum Standard-Repertoire, das man in einer Vorlesung über höhere Analysis lernt (vgl. Aufgabe 3).

Wir haben im Beweis das Minimum allerdings elementar bestimmt, ohne das Kalkül der mehrdimensionalen Analysis — genau so, wie man den Scheitel einer Parabel durch die Methode der quadratischen Ergänzung ermitteln kann, ohne die erste Ableitung der zugehörigen quadratischen Funktion auszuwerten.

Neben der Berechnung des Minimums sind die Formulierung der Nebenbedingungen und auch die Verwendung des Lemmas wesentliche Bestandteile; der Beitrag des Lemmas 2.5 zum Beweis wird in Aufgabe 4 diskutiert.

2.5.2 Die dichteste Kugelgitterpackung

Als ich zum ersten Mal mit einer kleinen Gruppe von Schülern den Beweis für die dichteste Kugelpackung durchführte, passierte es, daß am nächsten Tag ein Schüler ganz erregt zu mir kam und mir kurze Zeit später auch sein Chemielehrer nicht zufällig im Lehrerzimmer der Schule begegnete. Was war passiert? Wir haben gezeigt, daß es genau eine dichteste Kugelgitterpackung, die fcc-Packung, gibt, wohingegen der

Chemielehrer in diesem Zusammenhang von zwei ganz anderen dichtesten Kugelpakkungen, einer hexagonal dichtesten und einer kubisch dichtesten Kugelpackung sprach. Wir beweisen auch diesmal im Rahmen unserer Theorie über Kugelgitterpackungen das erstere und diskutieren dann die Aussage der Chemie.

Satz 2.14 (dichteste Kugelgitterpackung, Gauß 1831): *Unter allen Kugelgitterpackungen im* $\mathbb{R}^3$ *besitzt nur diejenige Packung mit flächenzentriert-kubischem Gitter* G_{fcc}

$$\left(\text{Basis}\ \left\{ \begin{pmatrix} \sqrt{2} \\ \sqrt{2} \\ 0 \end{pmatrix}, \begin{pmatrix} \sqrt{2} \\ 0 \\ \sqrt{2} \end{pmatrix}, \begin{pmatrix} 0 \\ \sqrt{2} \\ \sqrt{2} \end{pmatrix} \right\} \right)$$

die maximale Packungsdichte $\delta_{max} = \dfrac{\pi}{3\sqrt{2}}.$

Der Satz besagt damit, daß unter dem Aspekt der dichtesten Kugelpackung das fcc-Gitter das dreidimensionale Analogon zum hexagonalen Gitter ist.
Der Beweis ist daher von großer struktureller Ähnlichkeit zum vorhergehenden; er lehnt sich eng an [Cox61] an.

Beweis des Satzes

Sei G ein dreidimensionales Gitter. Wie im zweidimensionalen Fall seien A, B, C Gitterpunkte, so daß für die Seitenlängen a, b, c des Dreiecks $\triangle ABC$ gilt $c \leq b \leq a$. Ferner können wir $\alpha \leq \frac{\pi}{2}$ wählen. Dann gilt $a^2 \leq b^2 + c^2$.
Sei D ein weiterer Gitterpunkt, der nicht in der Ebene durch A, B, C liegt. Wegen der Periodizität des Gitters können wir diesen o. B. d. A. so wählen, daß seine Projektion D_1 auf die Ebene durch die Punkte A, B, C im Fundamentalparallelogramm $ABA'C$ liegt (vgl. Bild 2.25). O. B. d. A. liege D_1 im Dreieck $\triangle ABC$. Sei $d = |D_1 D|$ der Abstand der Gitterebenen.

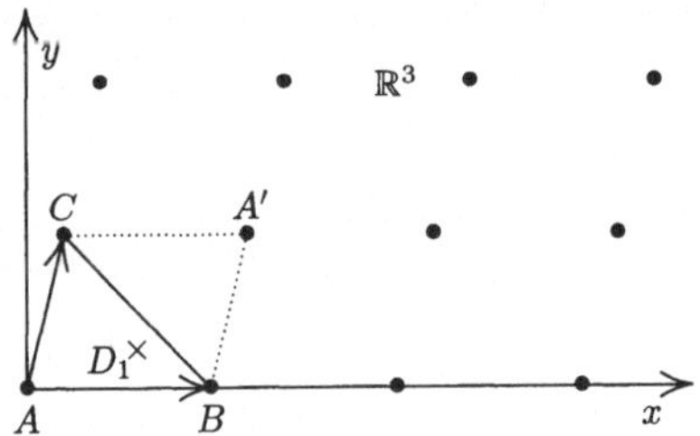

Bild 2.25 Ein dreidimensionales Gitter

Für das Volumen des Fundamentalparallelotops $\mathcal{F}(G)$ gilt dann

$$\mathrm{Vol}(\mathcal{F}(G)) = 2Fd,$$

wobei F den Flächeninhalt des Dreiecks $\triangle ABC$ bezeichnet.

Es ist zu zeigen, daß dieses Volumen gerade für das fcc-Gitter minimal ist.

Wegen der Wahl der Punkte A, B, C gilt $|AD| \geq b$, und entsprechendes gilt für $|BD|$ und $|CD|$. Wenn R den Umkreisradius des Dreiecks $\triangle ABC$ bezeichnet, so tritt mindestens einer der folgenden Fälle ein:

$$R \geq |AD_1| \quad \text{oder} \quad R \geq |BD_1| \quad \text{oder} \quad R \geq |CD_1|.$$

Denn für alle Punkte P im Inneren des Dreiecks $\triangle ABC$ gilt

$$P \in k(A; R) \cup k(B; R) \cup k(C; R).$$

Da D_1 im Inneren des Dreiecks liegt, folgt die Behauptung (vgl. Bild 2.26).

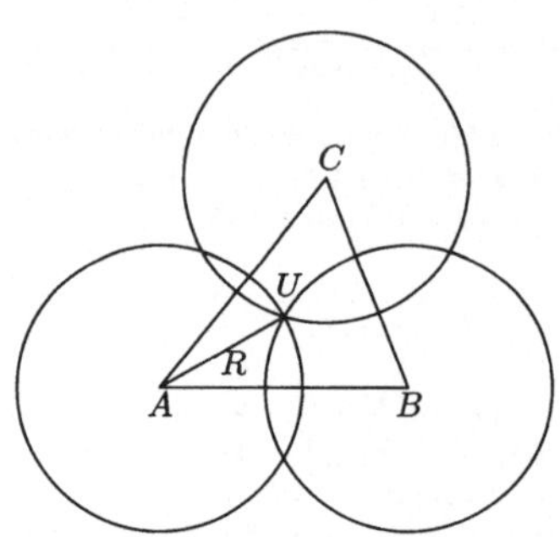

Bild 2.26 Umkreismittelpunkt

O. B. d. A. sei $R \geq |AD_1|$. Mit dem Satz des Pythagoras folgt daraus:

$$R^2 + d^2 \geq |AD_1|^2 + d^2 \geq |AD|^2 \geq b^2 \tag{*}$$

Nach obigem Lemma wissen wir:

$$\begin{aligned}
\text{(a)} \qquad & 16F^2 = -a^4 - b^4 - c^4 + 2b^2c^2 + 2c^2a^2 + 2a^2b^2 \\
\text{(b)} \qquad & 16F^2R^2 = b^2c^2a^2.
\end{aligned}$$

Für das Quadrat des Volumens des Fundamentalparallelotops gilt damit:

$$\begin{aligned}
\mathrm{Vol}\big(\mathcal{F}(G)\big)^2 &= (2Fd)^2 \\
&\geq 4F^2(b^2 - R^2) = \\
&= \frac{1}{4} \cdot b^2(-a^4 - b^4 - c^4 + 2b^2c^2 + c^2a^2 + 2a^2b^2) = \\
&= \frac{1}{2} \cdot c^6 + \frac{1}{4} \cdot c^2(b^2 - c^2)(3b^2 + 2c^2) + \frac{1}{4} \cdot b^2(a^2 - b^2)(b^2 + c^2 - a^2) \\
&\geq \frac{1}{2} \cdot c^6.
\end{aligned}$$

Gleichheit gilt also nur, wenn folgende Bedingungen erfüllt sind:

(1) $d^2 = b^2 - R^2 \qquad$ und

(2a) $b = c \qquad$ und $\qquad a = b \qquad$ oder

(2b) $b = c \qquad$ und $\qquad b^2 + c^2 = a^2$

Es liegen also (zunächst formal) zwei verschiedene Minima für $\mathrm{Vol}(\mathcal{F}(G))$ vor. Wir unterscheiden die beiden Fälle.

Fall (a): Das Minimum unter (1) und (2a) wird von der in Bild 2.27 links skizzierten Gitterkonfiguration angenommen.

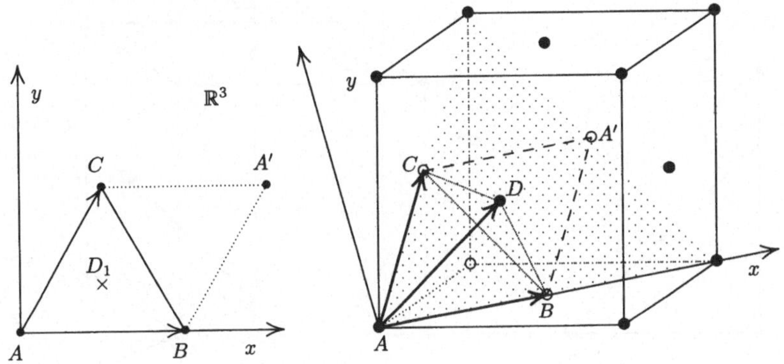

Bild 2.27 Das fcc-Gitter — Fall (a)

Wegen (1) gilt in (*) Gleichheit; also ist $|AD| = b$. Mit (2a) hat man $|AD| = a = b = c$. Aus der Gleichheit in (*) folgt außerdem $|AD_1| = R$.
Dann ist entweder $R \geq |BD_1|$ oder $R \geq |CD_1|$ (vgl. Bild 2.26).
Aus o. B. d. A. $R \geq |BD_1|$ folgert man wie oben $|BD_1| = R$. Insgesamt gilt also

$$|AD| = |BD| = |CD| = a = b = c$$

Somit bilden die Punkte A, B, C, D die Ecken eines regulären Tetraeders. Eine zugehörige Basis ist

$$\left\{ \begin{pmatrix} 2 \\ 0 \\ 0 \end{pmatrix}, \begin{pmatrix} 1 \\ \sqrt{3} \\ 0 \end{pmatrix}, \begin{pmatrix} 1 \\ \sqrt{3}/3 \\ 2\sqrt{6}/3 \end{pmatrix} \right\}.$$

Im fcc-Gitter findet man eine Basis, die ein solches Tetraeder aufspannt (in Bild 2.27 rechts).
Sind Sie, lieber Leser, (noch) nicht mit dem Matrizenkalkül vertraut, dürfen Sie sich nach einer inneren Vergewisserung dieses Sachverhalts bereits dem Fall (b) zuwenden.
Für Fortgeschrittene wollen wir den Schlußgedanken (aus Gründen einer vollständigen Überzeugungsarbeit) noch verbalisieren:

Die folgende orthogonale Matrix $\begin{pmatrix} \sqrt{2}/2 & \sqrt{6}/6 & -\sqrt{3}/3 \\ \sqrt{2}/2 & -\sqrt{6}/6 & \sqrt{3}/3 \\ 0 & \sqrt{6}/3 & \sqrt{3}/3 \end{pmatrix}$ transformiert die Ma-

trix der Basisvektoren $\begin{pmatrix} 2 & 1 & 1 \\ 0 & \sqrt{3} & \sqrt{3}/3 \\ 0 & 0 & 2\sqrt{6}/3 \end{pmatrix}$ auf die im Satz 2.14 angegebene Matrix.

Fall (b): Das Minimum in (1) und (2b) wird bei der in Bild 2.28 links skizzierten Gitterkonfiguration angenommen.

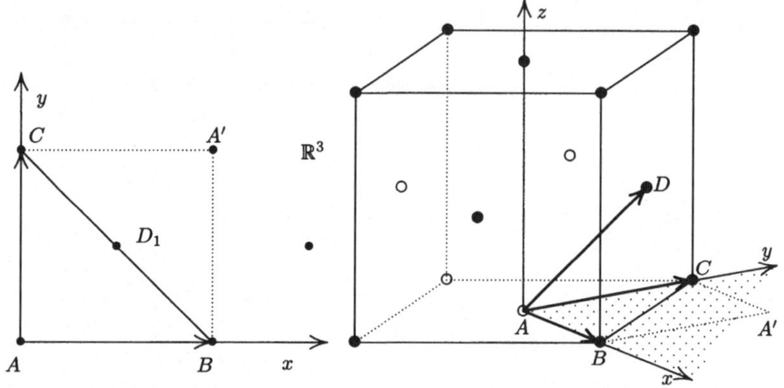

Bild 2.28 Das fcc-Gitter — Fall (b)

Aus (2b) ergibt sich, daß das Dreieck $\triangle ABC$ gleichschenklig-rechtwinklig ist. Aus (1) folgt wiederum $|AD| = |BD| = |CD| = b = c$. Die zu dem Tetraeder A, B, C, D gehörige Basis ist

$$\left\{ \begin{pmatrix} 2 \\ 0 \\ 0 \end{pmatrix}, \begin{pmatrix} 0 \\ 2 \\ 0 \end{pmatrix}, \begin{pmatrix} 1 \\ 1 \\ \sqrt{2} \end{pmatrix} \right\}.$$

Auch zu diesem Tetraeder findet man im fcc-Gitter eine Basis, die es aufspannt (in Bild 2.28 rechts).

Wie im Fall (a) verbalisieren wir den Schlußgedanken dieser Betrachtung:

Das Gitter, welches durch die Basis $\left\{ \begin{pmatrix} 2 \\ 0 \\ 0 \end{pmatrix}, \begin{pmatrix} 0 \\ 2 \\ 0 \end{pmatrix}, \begin{pmatrix} 1 \\ 1 \\ \sqrt{2} \end{pmatrix} \right\}$ dargestellt wird, läßt

sich ebenfalls von der Basis $\left\{ \begin{pmatrix} 0 \\ 2 \\ 0 \end{pmatrix}, \begin{pmatrix} 1 \\ 1 \\ \sqrt{2} \end{pmatrix}, \begin{pmatrix} -1 \\ 1 \\ \sqrt{2} \end{pmatrix} = \begin{pmatrix} 1 \\ 1 \\ \sqrt{2} \end{pmatrix} - \begin{pmatrix} 2 \\ 0 \\ 0 \end{pmatrix} \right\}$ erzeugen

(vgl. 2.2.1). Letztere spannt jedoch ein gleichmäßiges Tetraeder auf, so daß sie von der orthogonalen Matrix $\begin{pmatrix} \sqrt{2}/2 & \sqrt{2}/2 & 0 \\ -\sqrt{2}/2 & \sqrt{2}/2 & 0 \\ 0 & 0 & 1 \end{pmatrix}$ auf die im Satz 2.14 angegebene Matrix transformiert wird.

Sowohl im Fall (a) als auch im Fall (b) liegt also ein fcc-Gitter vor. Für $c = 2$ errechnet man $\mathrm{Vol}\big(\mathcal{F}(G)\big) = 4\sqrt{2}$, woraus $\delta\big(B^3, G_{fcc}\big) = \dfrac{\pi}{3\sqrt{2}}$ folgt. Damit ist der Satz bewiesen. $\qquad\square$

Wie im zweidimensionalen Fall wollen wir wieder ein klein wenig ausharren und den Beweis interpretieren.

Sein Kernstück ist ebenfalls die Suche nach der kritischen Determinante (vgl. Aufgabe 4). Dazu wird das Volumen des Fundamentalparallelepipeds bestmöglich zum Minimum hin abgeschätzt; dies geschieht wieder elementar, ohne Verwendung der Methoden der mehrdimensionalen Analysis.

Anders als bei der dichtesten Kreisgitterpackung führen sowohl ein hexagonales Gitter in der Ebene durch A, B, C (Fall (a)), als auch ein quadratisches Gitter in dieser Ebene (Fall (b)) zum fcc-Gitter. Erstaunlich ist hier die Existenz zweier Alternativen und ganz besonders, daß das quadratische Gitter, welches in der Ebene eine vergleichsweise schlechte Kreispackungsdichte erzielt, doch noch zu einem Raumgitter mit maximaler Kugelpackungsdichte ausgebaut werden kann. Warum ist das so?

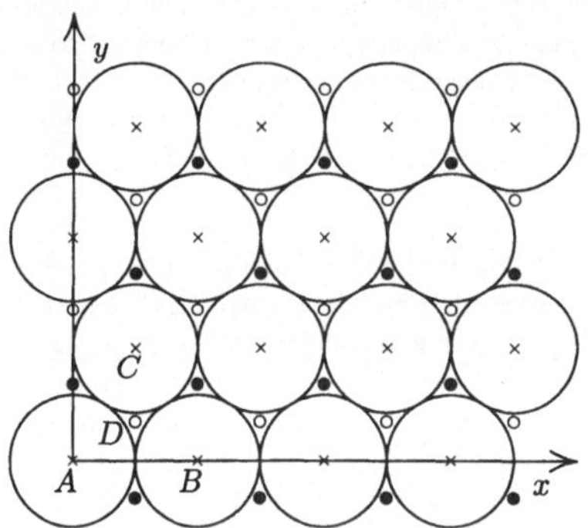

Bild 2.29 Entstehung eines fcc-Gitters aus einem hexagonalen Gitter

Wir betrachten zunächst wieder Fall (a). Das hexagonale Gitter in der Ebene durch A, B, C ist durch Kreuzchen ($\times$) symbolisiert. Die Schnittflächen der Kugeln mit dieser Stapelebene sind Kreise; sie sind ebenfalls gekennzeichnet. Der Punkt D, der Umkreismittelpunkt des gleichseitigen Dreiecks $\triangle ABC$, legt die Stapelebene (b) über der Stapelebene (a) fest; in Abbildung 2.29 sind nur mehr Kugelmittelpunkte bzw. die Gitterpunkte ($\circ$) eingezeichnet. Die Stapelebene (b) liegt damit genau so, daß ihre Kugeln in den Mulden der Stapelebene (a) ruhen. (Ein analoges Schichtverhalten zeigt die hexagonale Kreispackung.) Die Stapelebene (c) ist gegenüber der Stapelebene (b) wegen der Periodizität des von der Basis $\{AB, AC, AD\}$ aufgespannten Gitters genauso verschoben wie die Stapelebene (b) gegenüber der Stapelebene (a). Ausgefüllte Punkte (•) symbolisieren die Stapelebene (c). Die Projektion der nächsten Stapelebene auf die Ebene durch A, B, C ist wieder identisch mit der Stapelebene (a) usw.

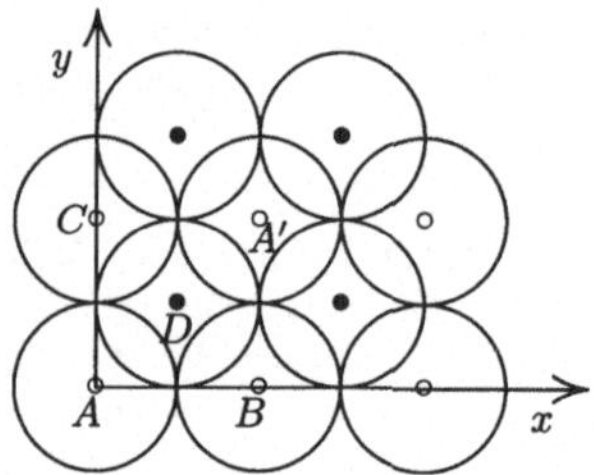

Bild 2.30 Entstehung eines fcc-Gitters aus einem quadratischen Gitter

Nun betrachten wir im Vergleich dazu den Fall (b). Das durch die Punkte A, B, C bestimmte zweidimensionale Untergitter, die Stapelebene (a), ist quadratisch. Der Punkt D, der die Lage aller anderen darüber- und darunterliegenden Stapelebenen bestimmt, fällt genau mit dem Umkreismittelpunkt des Quadrates $\square ABCA'$ zusammen. Die Stapelebene (b) rastet also wie im Fall (a) exakt in die Mulden der Stapelebene (a) ein. Da aber die quadratischen Muldenplätze tiefer sind als die hexagonalen Muldenplätze, sind je zwei quadratische Stapelschichten dichter gepackt als je zwei hexagonale Stapelschichten. Dieser Effekt kompensiert — das ist verblüffend — gerade den Packungsdichtevorsprung der hexagonalen Schicht vor der quadratischen Schicht. Damit ist im Raum das in der Ebene noch deutlich unterlegene quadratische Gitter rehabilitiert.

Zusammenfassend beinhalten die beiden Fälle (a) und (b) zwei Aspekte einer fcc-Kugelgitterpackung: Es ist sowohl „hexagonal verdichtet" als auch „kubisch verdichtet".

Der Chemielehrer folgt dieser Interpretation des Satzes zwar interessiert, aber mit sehr gemischten Gefühlen. In einem Punkt besteht Klarheit: Die kubisch dichteste Packung ist im mathematischen Sinn die fcc-Kugelgitterpackung.

Aber die hexagonal dichteste Packung, protestiert er, ist keinesfalls die fcc-Packung als „hexagonal verdichtete" Packung. Das wäre Etikettenschwindel.

Als Mathematiker lasse ich mir die hexagonal dichteste oder kurz hcp-Packung (hexagonal closed packed) erklären: Sie besteht wie im Fall (a) aus Schichten hexagonal angeordneter Kugeln. Die Stapel (a) und (b) sind völlig indentisch. Der Stapel (c) liegt jedoch so, daß seine senkrecht Projektion auf die Ebene durch A, B, C mit der des Stapels (a) übereinstimmt. Die Stapelfolge ist hier also abab... (vgl. Abbildung 2.31). Im Gegensatz dazu weist das fcc-Gitter eine Stapelfolge abcabc... auf.

Daß hcp-Packung und fcc-Packung in ihrer Packungsdichte übereinstimmen, liegt auf der Hand. Ist also der Satz über die dichteste Kugelgitterpackung falsch?

Nein. Obgleich die hcp-Packung so schön regelmäßig aussieht, liegt ihr im mathematischen Sinn kein Gitter zugrunde. Der Vektor AD legt ja per definitionem das Gitter in der dritten Dimension und damit die Stapelfolge fest.

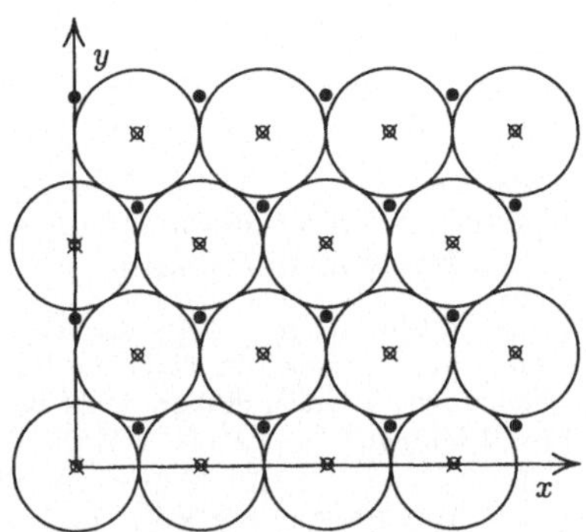

Bild 2.31 Stapelfolge der hcp-Packung

Für die mathematische Analyse ist dieser Unterschied wesentlich, da in den dargestellten Sätzen und Beweisen der Begriff des Gitters in voller Strenge ausgenutzt wird. Ein Physiker, Chemiker oder Kristallograph wird die Grenzen dieser Definition zu sprengen versuchen, um auch hcp-Kristallstrukturen zu erfassen. Es geschieht mit Hilfe des Begriffs der mehratomigen Basis, der in 2.5.4 angesprochen wird.

Last but not least besitzt die hcp-Anordnung im Vergleich zum fcc-Gitter (unendlich) viele mathematische Geschwister, zum Beispiel die Stapelfolge ababcababc... oder abababcababc... usw. Davon kennt man in der Festkörperphysik einige hundert Realisierungen. Beispielsweise konnte man allein bei Zinksulfid (ZnS) (vgl. Abschnitt 2.5.4) mehr als 150 sogenannte *Polytypismen* nachweisen.

2.5.3 Zwei Alternativbeweise

Die in 2.5.1 und 2.5.2 betrachteten Beweise für die dichteste Kreispackung und Kugelpackung beruhen auf elementargeometrischen und einfachen trigonometrischen Methoden. Stehen darüber hinaus analytische Methoden (Norm, Skalarprodukt, Cauchy-Schwarzsche Ungleichung, Vektorprodukt) zur Verfügung, wie man sie beispielsweise in einer Anfängervorlesung über lineare Algebra und analytische Geometrie lernt, so lassen sich die Beweise etwas straffen, und die mystisch anmutende Faktorzerlegung wird verständlich, wenn man sie aus dieser neuen Warte betrachtet. Ferner erschließt sich über die lineare Algebra der Zusammenhang zwischen Gittern und quadratischen Formen; als Anregung sollen die Aufgaben am Ende dieses Abschnitts dienen.
Wir beginnen mit dem Beweis der dichtesten Kreisgitterpackung.

Satz 2.13 (dichteste Kreisgitterpackung): *Unter allen Kreisgitterpackungen besitzt allein diejenige mit hexagonalem Gitter die maximale Packungsdichte*

$$\delta_{max} = \frac{\pi}{2\sqrt{3}}.$$

Beweis des Satzes 2.13

Sei G ein 2-dimensionales Gitter mit Basis $\{a_1, a_2\}$. Wie im elementaren Beweis auf Seite 53 gezeigt, dürfen wir o. B. d. A.

$$|a_1| \text{ als minimal,}$$
$$|a_2| \text{ als nächstminimal (also } |a_2| \geq |a_1|) \text{ und}$$
$$\langle a_1, a_2 \rangle \text{ als nichtnegativ annehmen.}$$

(Dabei bezeichne $|\cdot|$ die Standard-Norm und $\langle \cdot, \cdot \rangle$ das Standard-Skalarprodukt auf $\mathbb{R}^2$.) Die letzte Bedingung ergibt sich sofort aus der durch die Ungleichung von Cauchy-Schwarz fundierten Beziehung zwischen dem Skalarprodukt zweier Vektoren und dem Zwischenwinkel der beiden Vektoren

$$\cos \alpha = \frac{\langle a_1, a_2 \rangle}{|a_1| \cdot |a_2|}.$$

Wir definieren

$$|a_1| =: \sqrt{c} \qquad (c \in \mathbb{R}^+)$$
$$|a_2| =: \sqrt{b} \qquad (b \in \mathbb{R}^+)$$
$$\langle a_1, a_2 \rangle =: a \qquad (a \in \mathbb{R}_0^+).$$

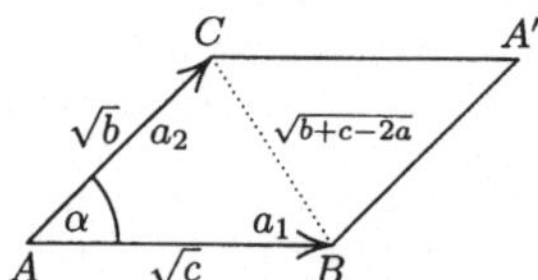

Bild 2.32 Norm und Skalarprodukt in der Ebene

Dann gilt für die Fläche des von a_1 und a_2 aufgespannten Parallelogramms gerade

$$\text{Vol}^2\big(\mathcal{F}(G)\big) = |a_1 \times a_2|^2 =$$
$$= |a_1|^2 \cdot |a_2|^2 - \langle a_1, a_2 \rangle^2 =$$
$$= cb - a^2. \,^{[18]}$$

Dabei bezeichne $\cdot \times \cdot$ das Standard-Vektorprodukt auf $\mathbb{R}^3$.
Für die Länge des Differenzvektors $a_2 - a_1$ (Seite BC) gilt

$$|a_2 - a_1|^2 = |a_2|^2 + |a_1|^2 - 2\langle a_1, a_2 \rangle$$
$$= b + c - 2a. \qquad\qquad (*)$$

Außerdem ist aufgrund der eingangs getroffenen Einschränkungen

$$|a_2 - a_1| \geq |a_2|$$

und erst recht

$$|a_2 - a_1| \geq |a_1|. \qquad\qquad (**)$$

---

[18] vgl. Lemma 2.1 auf Seite 19.

Ziel des Beweises ist es, $\mathrm{Vol}\big(\mathcal{F}(G)\big)$ unter der Nebenbedingung

$$\sqrt{c} \le \sqrt{b} \le |a_2 - a_1| \qquad \text{bzw.}$$

$$\overline{AB} \le \overline{AC} \le \quad \overline{BC}$$

zu minimieren.

Dazu stellen wir fest, daß nach (**) gilt:

$$|a_2 - a_1|^2 \ge |a_2|^2,$$

woraus man nach (*) sofort folgert

$$a \le \frac{c}{2}.$$

Setzt man dies in die Flächenformel ein, so ergibt sich unter Berücksichtigung von $b \ge c$:

$$\mathrm{Vol}\big(\mathcal{F}(G)\big)^2 = cb - a \cdot a \ge c \cdot c - \frac{c}{2} \cdot \frac{c}{2} = \frac{3}{4}c^2$$

Gleichheit gilt dabei nur für $b = c$ und $a = \frac{c}{2}(= \frac{b}{2})$, also für $b = c$ und $\cos\alpha = \frac{1}{2}$, woraus die Behauptung des Satzes folgt. $\qquad\qquad\square$

Nachdem Sie, lieber Leser, die Schönheit dieses Beweises lange genug auf sich wirken haben lassen, wollen wir uns der dichtesten Kugelgitterpackung zuwenden.

Satz 2.14 (dichteste Kugelgitterpackung): *Unter allen Kugelgitterpackungen im* $\mathbb{R}^3$ *besitzt nur diejenige Packung mit flächenzentriert-kubischem Gitter* G_{fcc}

$$\Big(\text{Basis} \ \left\{ \begin{pmatrix} \sqrt{2} \\ \sqrt{2} \\ 0 \end{pmatrix}, \begin{pmatrix} \sqrt{2} \\ 0 \\ \sqrt{2} \end{pmatrix}, \begin{pmatrix} 0 \\ \sqrt{2} \\ \sqrt{2} \end{pmatrix} \right\} \Big)$$

die maximale Packungsdichte $\delta_{max} = \dfrac{\pi}{3\sqrt{2}}.$

Beweis des Satzes 2.14

Sei G ein 3-dimensionales Gitter mit Basis $\{a_1, a_2, a_3\}$. Wie im ebenen Fall dürfen wir o. B. d. A.

$$|a_1| \le |a_2| \le |a_3| \qquad \text{und} \qquad \langle a_1, a_2 \rangle \ge 0, \ \langle a_2, a_3 \rangle \ge 0, \ \langle a_3, a_1 \rangle \ge 0$$

annehmen.

Wir definieren:

$$
\begin{array}{llll}
|a_1| =: \sqrt{a} & (a \in \mathbb{R}^+) & \langle a_1, a_2 \rangle =: c' & (c' \in \mathbb{R}_0^+) \\
|a_2| =: \sqrt{b} & (b \in \mathbb{R}^+) & \langle a_2, a_3 \rangle =: a' & (a' \in \mathbb{R}_0^+) \\
|a_3| =: \sqrt{c} & (c \in \mathbb{R}^+) & \langle a_3, a_1 \rangle =: b' & (b' \in \mathbb{R}_0^+).
\end{array}
$$

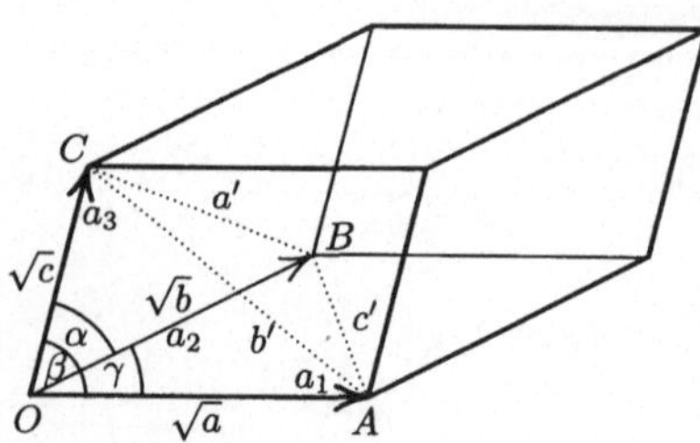

Bild 2.33 Norm und Skalarprodukt im Raum

Dann läßt sich das Volumen des von a_1, a_2 und a_3 aufgespannten Parallelepipeds gerade durch das zugehörige Spatprodukt ausdrücken:

$$\mathrm{Vol}^2\big(\mathcal{F}(G)\big) = \big\langle (a_1 \times a_2), a_3 \big\rangle^2 = abc + 2a'b'c' - aa'^2 - bb'^2 - cc'^2.$$

Für die Länge der Differenzvektoren gilt:

$$|a_2 - a_1| = b + a - 2c',$$
$$|a_3 - a_2| = c + b - 2a',$$
$$|a_3 - a_1| = c + a - 2b'.$$

Außerdem kann man o. B. d. A. annehmen, daß gilt:

$$|a_2 - a_1| \geq |a_1|, \quad |a_2 - a_1| \geq |a_2|,$$
$$|a_3 - a_2| \geq |a_3|, \quad |a_3 - a_2| \geq |a_2|,$$
$$|a_3 - a_1| \geq |a_3|, \quad |a_3 - a_1| \geq |a_1|.$$

Dann gilt:

$$2c' \leq b, \quad 2c' \leq a,$$
$$2a' \leq b, \quad 2a' \leq c,$$
$$2b' \leq a, \quad 2b' \leq c.$$

Setzt man dies in die Volumenformel ein, ergibt sich:

$$\begin{aligned}
\mathrm{Vol}^2\big(\mathcal{F}(G)\big) = abc +{}& \\
+{}& aa'(b - 2a') + bb'(c - 2b') + cc'(a - 2c') + \\
+{}& a'(a - 2b')(b - 2c') + b'(c - 2a')(b - 2c') + c'(c - 2a')(a - 2b') + \\
+{}& (c - 2a')(a - 2b')(b - 2c') \geq \\
\geq{}& abc \geq c^3
\end{aligned}$$

Wir untersuchen in Abhängigkeit von a', b', c', wann Gleichheit eintritt: Dann müssen alle Zusatzsummanden verschwinden.

1. Fall: $a' = b' = c' = 0$

Dann ist jedoch $2\mathrm{Vol}^2\big(\mathcal{F}(G)\big) = 2abc$ nicht minimal.

2. Fall: O. B. d. A. $a' = b' = 0$

Dann ist jedoch

$$2\mathrm{Vol}^2\big(\mathcal{F}(G)\big) = abc + cc'(a - 2c') + c'ca + ca(b - 2c') =$$
$$= 2abc - 2cc'^2 \geq 2abc - 2c\frac{a}{2}\frac{b}{2} = \frac{3}{2}abc$$

ebenfalls nicht minimal.

3. Fall: O. B. d. A. $a' = 0$, d. h. $\cos\alpha = 0$ (wobei $\alpha = \measuredangle(a_2, a_3)$).

Dann ist

$$2\mathrm{Vol}^2\big(\mathcal{F}(G)\big) = abc + bb'(c - 2b') + cc'(a - 2c') +$$
$$+ b'c(b - 2c') + c'c(a - 2b') +$$
$$+ c(a - 2b')(b - 2c') =$$
$$= 2abc - 2bb'^2 - 2cc'^2 \geq 2abc - 2b\frac{a}{2}\frac{c}{2} - 2c\frac{a}{2}\frac{b}{2} =$$
$$= abc \geq c^3.$$

Gleichheit tritt ein für $a = b = c$ und $b' = c' = \frac{a}{2}\big(= \frac{b}{2} = \frac{c}{2}\big)$, also für $a = b = c$ und $\cos\beta = \cos\gamma = \frac{1}{2}$, wobei $\beta = \measuredangle(a_1, a_3)$ und $\gamma = \measuredangle(a_1, a_2)$.

4. Fall: $a' \neq 0$, $b' \neq 0$, $c' \neq 0$

Dann tritt Gleichheit nur ein, falls $a = b = c$ und $a' = b' = c' = \frac{a}{2}\big(= \frac{b}{2} = \frac{c}{2}\big)$ also für $a = b = c$ und $\cos\alpha = \cos\beta = \cos\gamma = \frac{1}{2}$.

Wie in dem unter 2.5.2 gegebenen Beweis zeigt man, daß sowohl Fall 3 als auch Fall 4 ein fcc-Gitter repräsentieren, woraus die Behauptung folgt. $\square$

Dieser Alternativbeweis beruht im wesentlichen auf einer Idee, deren Urheber kein geringerer als C. F. Gauß war. Er bewies im Jahre 1831 eine zahlentheoretische Vermutung von Ludwig Seeber und interpretierte das Ergebnis geometrisch. Nachlesen kann man dies in dem Aufsatz [Gau31], der nicht zuletzt wegen der Kommentare von Gauß ganz amüsant zu lesen ist.

2.5.4 Kristallgitter

In Abschnitt 2.5.2 sahen wir bei der Diskussion des Beweises für die dichteste Kugelgitterpackung, daß es Konfigurationen gibt, die zwar regelmäßig aussehen, denen aber im streng mathematischen Sinn kein Gitter zugrundeliegt. Ein Beispiel dafür ist die hexagonal dichteste Kugelpackung (hcp-Packung).
Wie lassen sich regelmäßige Anordnungen dieser Art dennoch mit der Theorie der Kugelpackungen in Einklang bringen?

Um diese Frage zu beantworten, bleiben wir zunächst beim Beispiel der hcp-Packung: Ihr liegt als zugehöriges Bravais-Gitter ein hexagonal primitives Gitter (vgl. Abbildung 2.9) zugrunde. In den Gitterpunkten befinden sich die Kugeln der (a)-Stapel (vgl. Erläuterung zu Abbildung 2.29). An jede Kugel denkt man sich nun etwas versetzt eine Kugel des darüberliegenden (b)-Stapels angebracht: Dies ergibt die gewünschte hcp-Packung. Anstelle einer Kugel werden nun also hantelartige Kugelpaare in einem hexagonal primitiven Gitter gepackt.

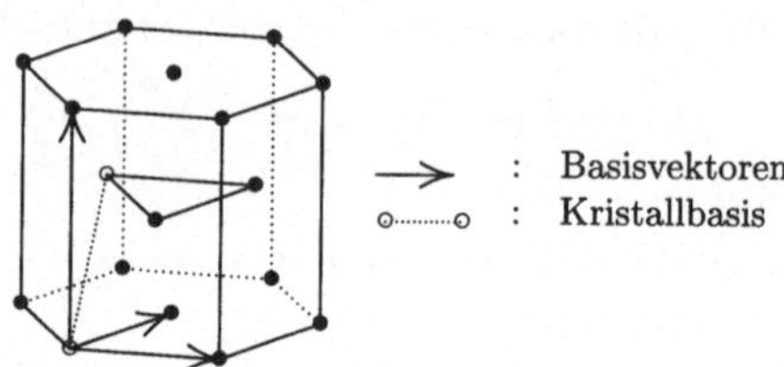

Bild 2.34 Hexagonal dichteste Kristallgitterpackung

Die hantelartigen Kugelpaare, aus denen ein hcp-Kristall aufgebaut ist, nennt man in der Kristallographie und Festkörperphysik auch *Basis* (In diesen Disziplinen ist die mathematische Basis des zugrundeliegenden Raumgitters von untergeordneter Bedeutung, so daß Verwechslungen nahezu ausgeschlossen sind!). In diesem Buch wollen wir die beiden Kugelmittelpunkte der Basis der Eindeutigkeit halber als *Kristallbasis* bezeichnen.

Die Koordinaten der Kristallbasis lassen sich mit Hilfe der Basis des zugrundeliegenden Gitters angeben. Geht man beispielsweise von der Basis

$$B = \left\{ \begin{pmatrix} 2 \\ 0 \\ 0 \end{pmatrix}, \begin{pmatrix} 1 \\ \sqrt{3} \\ 0 \end{pmatrix}, \begin{pmatrix} 0 \\ 0 \\ a \end{pmatrix} \right\}$$

(wobei $a > 0$ noch zu bestimmen ist, vgl. Aufgabe 1 auf Seite 80) aus, so ist eine mögliche Kristallbasis für das hcp-Gitter

$$\left\{ \begin{bmatrix} 0 \\ 0 \\ 0 \end{bmatrix}_B, \begin{bmatrix} 1/2 \\ 1/3 \\ 1/2 \end{bmatrix}_B \right\}.$$

Dabei verwenden wir die in 2.1 eingeführten Klammerkoordinaten, um die Abhängigkeit der Kristallbasis von der gewählten Basis auszudrücken.

Außerdem erkennen wir eine weitere Eigenschaft des hcp-Gitters, die wir für eine mathematisch saubere Definition eines Kristallgitters ausnutzen wollen: Das hcp-Gitter besteht aus zwei versetzt liegenden, hexagonal primitiven Gittern. Der Verschiebungsvektor $\frac{1}{2} \begin{pmatrix} 2 \\ 0 \\ 0 \end{pmatrix} + \frac{1}{3} \begin{pmatrix} 1 \\ \sqrt{3} \\ 0 \end{pmatrix} + \frac{1}{2} \begin{pmatrix} 0 \\ 0 \\ a \end{pmatrix}$, durch den das eine Teilgitter, das z. B. die (b)-Stapel enthält, aus dem anderen Teilgitter hervorgeht, das z. B. die (a)-Stapel enthält, wird gerade durch den nichttrivialen Punkt der Kristallbasis $\left[\frac{1}{2}, \frac{1}{3}, \frac{1}{2}\right]_B$ zum Ausdruck gebracht.

Verallgemeinert man nun zu einer mehratomigen Basis bzw. zu mehreren Teilgittern, so erhält man den Begriff des Kristallgitters:

Definition 2.15 Gegeben sei ein dreidimensionales Gitter G und eine Basis $B = \{b_1, b_2, b_3\}$ von G. Dann heißt eine endliche Teilmenge des Fundamentalparallelepipeds $\mathcal{F}(G)$

$$B_n = \left\{ \begin{bmatrix} \lambda_{1i} \\ \lambda_{2i} \\ \lambda_{3i} \end{bmatrix}_B \; \middle| \; \lambda_{1i}b_1 + \lambda_{2i}b_2 + \lambda_{3i}b_3 \in \mathcal{F}(G) \quad \text{für } 1 \le i \le n \right\} \quad (n \in \mathbb{N})$$

n-atomige Kristallbasis.
Die Menge

$$\mathrm{KG}\big(\mathrm{G}(b_1, b_2, b_3), B_n\big) = \bigcup_{i=1}^{n} G + (\lambda_{1i}b_1 + \lambda_{2i}b_2 + \lambda_{3i}b_3)$$

heißt *Kristallgitter mit n-atomiger Basis.*

Dabei bezeichnet die Minkowski-Summe $G + (\lambda_{1i}b_1 + \lambda_{2i}b_2 + \lambda_{3i}b_3)$, eine Kurzschreibweise für $\{ g + \lambda_{1i}b_1 + \lambda_{2i}b_2 + \lambda_{3i}b_3 \mid g \in G \}$, das um $\lambda_{1i}b_1 + \lambda_{2i}b_2 + \lambda_{3i}b_3$ verschobene Gitter G.

Wir wollen nun einige Beispiele für Kristallgitter mit mehratomiger Kristallbasis aus verschiedenartigen Atomen betrachten.

Die charakteristischen Modelle dafür sind Kristalle aus Alkalihalogeniden. Die einfachste Struktur finden wir bei Cäsiumchlorid. Das Gitter G ist einfach-kubisch (sc) (vgl. Bild 2.9) mit der Basis

$$B = \left\{ \begin{pmatrix} 2 \\ 0 \\ 0 \end{pmatrix}, \begin{pmatrix} 0 \\ 2 \\ 0 \end{pmatrix}, \begin{pmatrix} 0 \\ 0 \\ 2 \end{pmatrix} \right\};$$

die 2-atomige Kristallbasis ist

$$\left\{ \begin{bmatrix} 0 \\ 0 \\ 0 \end{bmatrix}_B, \begin{bmatrix} 1/2 \\ 1/2 \\ 1/2 \end{bmatrix}_B \right\} = \left\{ \begin{pmatrix} 0 \\ 0 \\ 0 \end{pmatrix}, \begin{pmatrix} 1 \\ 1 \\ 1 \end{pmatrix} \right\}.$$

Bei Cäsiumchlorid sind daher sowohl die Ecken eines Fundamentalparallelepipeds mit einer Ionensorte als auch die Schnittpunkte der Raumdiagonalen eines Fundamentalparallelepipeds mit der anderen Ionensorte besetzt.

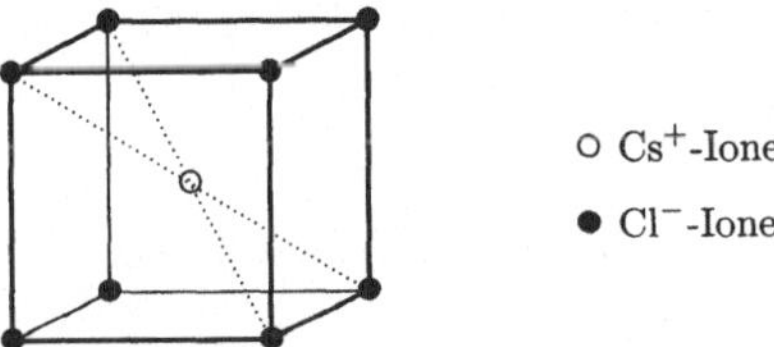

Bild 2.35 Cäsiumchloridstruktur

Etwas komplizierter ist die Struktur bei Natriumchlorid. Das Gitter ist wie bei Gold, allen anderen Edelmetallen und Edelgasen im festen Zustand flächenzentriert-kubisch (fcc). Anstelle des Fundamentalparallelepipeds, der primitiven Einheitszelle, empfiehlt es sich, die konventionelle Einheitszelle zu betrachten. Es ist ein Würfel, bei dem die Ecken und die Flächenmittelpunkte besetzt sind. Er wird aufgespannt von

$$B = \left\{ \begin{pmatrix} 2 \\ 0 \\ 0 \end{pmatrix}, \begin{pmatrix} 0 \\ 2 \\ 0 \end{pmatrix}, \begin{pmatrix} 0 \\ 0 \\ 2 \end{pmatrix} \right\}.$$

Die Kristallbasis ist wie bei Cäsiumchlorid 2-atomig und bezogen auf die konventionelle Einheitszelle ebenfalls

$$\left\{ \begin{bmatrix} 0 \\ 0 \\ 0 \end{bmatrix}_B, \begin{bmatrix} 1/2 \\ 1/2 \\ 1/2 \end{bmatrix}_B \right\} = \left\{ \begin{pmatrix} 0 \\ 0 \\ 0 \end{pmatrix}, \begin{pmatrix} 1 \\ 1 \\ 1 \end{pmatrix} \right\}.$$

Eine Veranschaulichung (vgl. Abbildung 2.36) zeigt besonders schön die beiden einander durchdringenden fcc-Gitter aus Natrium- und Chloridionen.

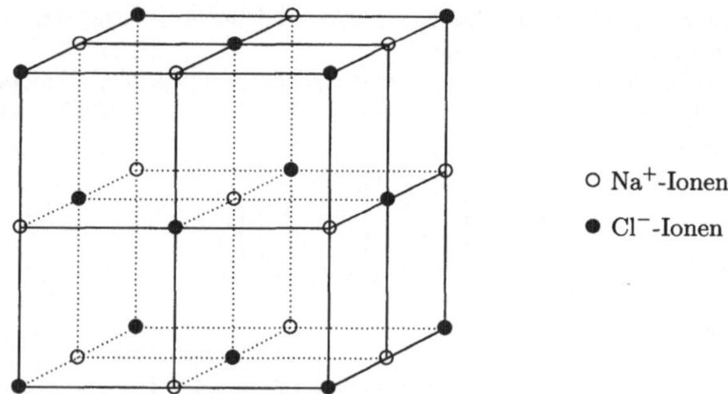

Bild 2.36 Natriumchloridstruktur

Neben der Natriumchloridstruktur gibt es ein weiteres Kristallgitter mit 2-atomiger Kristallbasis, das auf dem fcc-Gitter beruht: die Diamantstruktur. Hier besteht die Kristallbasis

$$\left\{ \begin{bmatrix} 0 \\ 0 \\ 0 \end{bmatrix}_B, \begin{bmatrix} 1/4 \\ 1/4 \\ 1/4 \end{bmatrix}_B \right\} = \left\{ \begin{pmatrix} 0 \\ 0 \\ 0 \end{pmatrix}, \begin{pmatrix} 1/2 \\ 1/2 \\ 1/2 \end{pmatrix} \right\}$$

aus gleichartigen Atomen.

Wie Abbildung 2.37 zeigt, ist im Diamantgitter jedes Atom tetraedrisch von vier weiteren Atomen umgeben. Diese Konfiguration ist daher typisch für chemisch vierwertige Atome, die eine Atombindung eingehen. Beispiele hierfür sind Kohlenstoff (C) in der Diamantkonfiguration sowie die Halbleiter Silizium (Si) und Germanium (Ge).

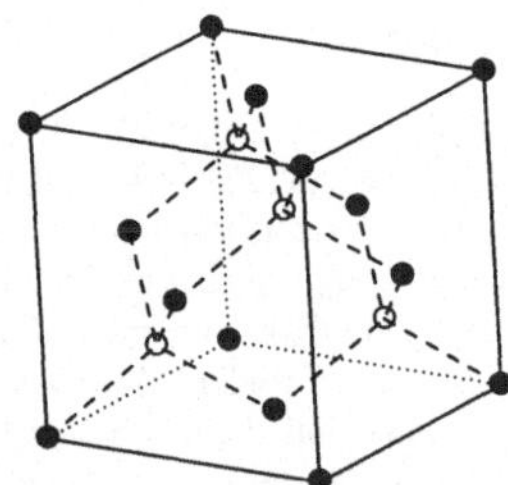

Bild 2.37 Diamantstruktur

Dagegen streben bei ausgeprägter metallischer Bindung mit delokalisierten Valenz-elektronen die verbleibenden kugelförmigen Metallionen eine möglichst dichte Kugel-packung an. Dies ist insbesondere bei Gold der Fall.

Ähnlich verhält es sich bei Ionenkristallen. Hier entscheidet das Verhältnis der Radien der beiden Ionensorten über den Packungstyp. Eine genaue Rechung (vgl. Übungsauf-gaben) macht plausibel, daß bei etwa gleich großen Radien bis zu einem Verhältnis von

$$\frac{r_1}{r_2} = \frac{1}{\sqrt{3}-1} \approx 1{,}4$$

die Cäsiumchloridstruktur begünstigt ist, bei größeren Verhältnissen bis

$$\frac{r_1}{r_2} = \frac{1}{\sqrt{2}-1} \approx 2{,}4$$

die Natriumchloridstruktur bevorzugt auftritt, während bei noch größeren Verhältnis-sen die Diamantstruktur (die man im Falle einer verschiedenatomigen Kristallbasis Zinkblendestruktur nennt) zu beobachten ist.

Tabelle 2.1 Kristallgittertypen und Ionenradien

Ionenver-bindung	Kationenradius r_2 in pm	Anionenradius r_1 in pm	Radienverhältnis $r_1 : r_2$
Cs^+Cl^-	174	181	$\approx 1{,}04$
Na^+Cl^-	102	181	$\approx 1{,}77$
$Zn^{2+}S^{2-}$	73	184	$\approx 2{,}52$

Damit entpuppt sich die Frage nach der jeweils optimalen Kristallgitterpackung bei Ionengittern als Kugelpackungsproblem. Das mathematische Modell jedoch ist etwas komplexer als bei den bisher betrachteten Kugelgitterpackungen, da man es mit minde-stens zwei Kugelsorten unterschiedlicher Radien zu tun hat. Diese Tatsache müßte man berücksichtigen, wenn man eine Packungsdichte für Kristallgitterpackungen definieren möchte.

Nun haben Sie, lieber Leser, die Wahl: Entweder Sie führen diesen Gedanken selbst fort, was sehr reizvoll erscheint, oder Sie werfen zuvor doch noch einen Blick auf die angebotenen Aufgaben.

2.5.5 Höherdimensionale Packungen und Historie

Die jeweils ersten Beweise für die dichteste Kreisgitterpackung (Satz 2.13) bzw. die dichteste Kugelgitterpackung (Satz 2.14) werden Lagrange (1773) bzw. Gauß (1831) zugeschrieben. Wir haben uns in den vorangegangenen Abschnitten sehr intensiv damit auseinandergesetzt. Ganz natürlich stellt sich die Frage nach der Existenz von dichtesten Kugelpackungen für höhere Dimensionen. Bis 1934 fand man Antworten für die Dimensionen $n = 4, 5, 6, 7, 8$. Sie sind in der Tabelle 2.2 zusammengefaßt. Erstaunlicherweise kam seither keine weitere Dimension dazu, obwohl die Disziplin der Kugelpackungen in den vergangenen mehr als 60 Jahren stark expandierte.

Tabelle 2.2 Dichteste Kugelgitterpackungen

Dimension	Gitter	maximale Pakkungsdichte $\delta(L_n)$	
1	$L_1 = Z_1$	1	
2	$L_2 = G_{hex}$	$\dfrac{\pi}{2\sqrt{3}} \approx 0{,}91$	Lagrange 1773
3	$L_3 = D_3 = G_{fcc}$	$\dfrac{\pi}{3\sqrt{2}} \approx 0{,}74$	Gauß 1831
4	$L_4 = D_4$	$\dfrac{\pi^2}{16} \approx 0{,}62$	Korkine und Zolotareff 1872
5	$L_5 = D_5$	$\dfrac{\pi^2}{15\sqrt{2}} \approx 0{,}47$	Zolotareff 1877
6	$L_6 = E_6$	$\dfrac{\pi^3}{48\sqrt{3}} \approx 0{,}37$	Blichfeldt 1925
7	$L_7 = E_7$	$\dfrac{\pi^3}{105} \approx 0{,}30$	Blichfeldt 1926
8	$L_8 = E_8$	$\dfrac{\pi^4}{374} \approx 0{,}25$	Blichfeldt 1934
n		$\leq \dfrac{n+2}{2}\left(\dfrac{1}{\sqrt{2}}\right)^n$	Blichfeldt 1914
		$\geq \dfrac{\zeta(n)}{2^{n-1}}$	Minkowski 1905

(vgl. [Rog64, S. 3], [CS93, S. 12], [Slo84])

Da wir dieses Problem so schnell auch nicht lösen werden können, wollen wir noch ein klein wenig die Gitter betrachten, die in den Dimensionen 1 bis 8 den jeweils dichtesten Kugelgitterpackungen zugrundeliegen. Es sind sogenannte geschichtete Gitter (Der englische Ausdruck „laminated lattices" erklärt die Abkürzung L in der Tabelle.). Worin liegt deren Geheimnis?

Wir beginnen mit der Dimension $n = 1$. Die Einheitskugeln sind in diesem Fall entartet zu Strecken der Länge 2. Das der dichtesten Packung zugrundeliegende Gitter L_1 besteht aus kollinearen Punkten mit Abstand 2.

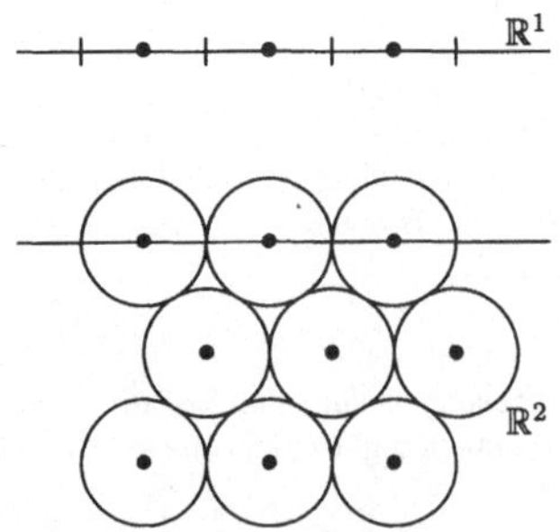

Bild 2.38 Das hexagonale Gitter als geschichtetes Gitter L_2

Bläst man nun die 1-dimensionalen Kugeln zu 2-dimensionalen Kugeln auf, so entsteht eine lineare Schicht von Kreisen mit zugrundeliegendem Gitter L_1. Fügt man anschließend diese Schichten mit Minimalabstand zusammen, so erhält man eine 2-dimensionale Kreisgitterpackung mit zugrundeliegendem hexagonalen Gitter L_2.

Setzt man dieses anschaulich beschriebene Verfahren in die nächste Dimension fort, entsteht gerade das nach dem Abschnitt 2.5.2 hinlänglich bekannte fcc-Gitter L_3 (vgl. Abbildung 2.29).

Bei höheren Dimensionen verläßt uns die Anschauung, und man müßte das Vorgehen formalisieren, um es erfolgreich fortzusetzen. Das wollen wir nicht tun. Es ist jedoch verblüffend, daß dieses einfache Verfahren bis zur Dimension $n = 8$ immer die dichteste Kugelgitterpackung liefert. Bei genauerer Betrachtung erkennt man, daß sich von $L_5 = D_5$ auf $L_6 = E_6$ die Symmetrieeigenschaften der geschichteten Gitter ändern, was durch die unterschiedlichen Symbole D_n bzw. E_n ausgedrückt wird. Um dies zu verstehen, müßte man die gruppentheoretischen Aspekte von Gittern untersuchen, die wir in Abschnitt 2.2.2 bewußt ausgeklammert haben. Weit mehr als eine gruppentheoretische Infusion wäre auch nötig, um die sehr schwierigen Beweise von Korkine und Zolotareff (1872, 1877) sowie Blichfeldt (1925, 1926, 1934) nachzuvollziehen. Auch läßt sich zu diesem Zweck der in 2.5.2 und 2.5.3 beschrittene elementare Weg nicht ins Höherdimensionale fortsetzen, da wir weder die Elementargeometrie noch die Analytische Geometrie (Vektorprodukt) im Sinne der Beweise ohne große Hindernisse weiterentwickeln können.

Weshalb versagt das Verfahren der geschichteten Gitter bei $n \geq 9$? — Eine Antwort darauf muß der Autor schuldig bleiben. Als „Trost" bietet er stattdessen Schranken für die maximale Packungsdichte an.

Notiz 2.8 Für die Packungsdichte $\delta(B^n, G_n)$ der n-dimensionalen Kugelgitterpackung G_n mit maximaler Packungsdichte gilt

$$\frac{\zeta(n)}{2^{n-1}} \le \delta(B^n, G_n) \le \frac{n+2}{2}\left(\frac{1}{\sqrt{2}}\right)^n \quad (n > 1),$$

wobei $\zeta(n) = \sum_{k=1}^{\infty} k^{-n}$ die Werte der Riemannschen Zetafunktion für positive ganzzahlige Argumente bezeichnet.

Die Untergrenze geht auf Minkowski (1905) zurück, die Obergrenze auf Blichfeldt (1914, 1929). Insbesondere die Obergrenze konnte später leicht verbessert werden.
Während wir den Beweis für die Obergrenze in Kapitel 4 (vgl. Notiz 4.4) führen, zeigen wir die Untergrenze nicht. Besonders wissenshungrigen Lesern sei dazu die Primärliteratur [Rog64] empfohlen.

Wir fassen zusammen:
Die *dichtesten Kugelgitterpackungen* sind nur bis zur Dimension $n = 8$ bekannt. Für höhere Dimensionen kennt man lediglich Schranken, zwischen denen die größte Pakkungsdichte liegen muß.

Noch weniger aufgeklärt ist die Situation bei den *dichtesten infiniten Kugelpackungen*, wenn man auf die Voraussetzung einer gitterförmigen Anordnung verzichtet. Ihnen gilt nun unser Interesse. Der Verzicht auf die gitterförmige Anordnung geht einher mit dem Verlust des bisherigen Begriffs der infiniten Packungsdichte, der ja gerade auf dem Fundamentalparallelotop des Gitters aufbaute. Einen geeigneten, präzisen Packungsdichtebegriff werden wir im nächsten Kapitel aus den finiten Packungen, insbesondere den Containerpackungen, herleiten. Er ist momentan für den historischen Überblick von untergeordneter Bedeutung.[19]
In der neuzeitlichen Naturwissenschaft steht die Wiege der Kugelpackungen an der Grenze zwischen infiniten Kugelgitterpackungen und infiniten Kugelpackungen. Als geistiger Vater gilt Johannes Kepler. Er veröffentlichte im Jahre 1611 eine Schrift mit dem Titel „Strena seu de nive sexangula."(Neujahrsgabe oder vom sechseckigen Schnee), die er seinem Freund und Gönner, dem Prager Hofrat Wacker von Wackenfels widmete. In ihr stellte Kepler nicht nur die Frage nach der dichtesten Kugelpackung im $\mathbb{R}^3$, sondern er behauptete auch, daß eine solche gitterförmig sei. Knapp dreihundert Jahre später präzisierte und erweiterte Hilbert in seinem 18. Problem (Teil 3) das sogenannte Kepler-Problem, das somit zum Kepler-Hilbert-Problem avancierte. Seine Attraktivität schöpft es aus der Synthese von leicht verständlicher Formulierung bei ungewöhnlich schwieriger Lösbarkeit.
Vor etwa 40 Jahren konstatierte C. A. Rogers, einer der Kugelpackungspäpste, sinngemäß folgendes: „Alle Physiker wissen, und die meisten Mathematiker glauben, daß es keine dichtere Kugelpackung als eine Kugelgitterpackung gibt." [Rog64] Noch drastischer formulierte es J. Milnor vor 20 Jahren bei seinem Review der Hilbert-Probleme: „Es ist ein Skandal... Alles, was fehlt, ist ein Beweis." Den lieferte schließlich 1990 ein Mathematiker der University of California, Berkeley, names Wu-Yi Hsiang. Sein Kontrakt von epischem Ausmaß verlor aber bald die ihm anfänglich zuteil gewordene Sympathie. Mittlerweile hat sich die Mehrheit der Experten auf die Seite von Thomas Hales, einem Mathematiker von der University of Michigan geschlagen; sie

---

[19]Wir begnügen uns mit dem Provisorium, daß die Dichte der Anteil des Raumes ist, der von den Kugeln überdeckt wird.

lehnt Hsiangs Werk ab. Damit verbleibt das Kepler-Hilbert-Problem in seinem unbewiesenen, „skandalösen“ Zustand.
Es verwundert daher auch nicht, daß das Kepler-Hilbert-Problem in höheren Dimensionen derzeit unangreifbar ist.

Lediglich in der Ebene wurde es von dem noch jugendlichen A. Thue, dem Schöpfer der von uns verwendeten Packungsdichtedefinition, im Jahre 1910 im wesentlichen (und von L. F. Tóth, dem Vater der Wurstvermutung (vgl. Kapitel 3), zusammen mit Segre und Mahler 1940 endgültig) gelöst:

Satz 2.16 (Dichteste infinite Kreispackung, Thue 1910): *Die dichteste Kreispackung ist die dichteste Kreisgitterpackung und damit hexagonal.*

Wir fassen zusammen:
Die dichtesten Kugelpackungen sind nur bis zur Dimension $n \leq 2$ bekannt.

Sie sehen also, lieber Leser, daß es für Sie noch jede Menge zu entdecken gibt...

Aufgaben und Anregungen

Aufgaben zu 2.5.1

1   (a) Zeige Teil 2 des Lemmas 2.5 auf Seite 52 für rechtwinklige Dreiecke!

    (b) Zeige Teil 2 des Lemmas 2.5 auf Seite 52 für stumpfe Dreiecke!

2 Zwei Gitter G und G' aus $\mathbb{R}^n$ heißen *äquivalent* ($G \sim G'$) genau dann, wenn es eine orthogonale Matrix $M \in O(n)$ gibt, die G' in G überführt:

$$G = M \cdot G' \tag{*}$$

  (a) Veranschauliche diese Definition für $n = 2$!

  (b) Welche Gestalt hat eine orthogonale Matrix $M \in O(n)$?

  (c) Weise nach, daß die durch (*) definierte Relation auf der Menge der n-dimensionalen Gitter eine Äquivalenzrelation ist! (*Wohldefiniertheit*)

3 Finde die Minima der Funktion

$$F\colon [2;\infty[^3 \;\to\; \mathbb{R}$$
$$(a,b,c) \;\mapsto\; F(a,b,c) = \frac{1}{4}\sqrt{-a^4 - b^4 - c^4 + 2b^2c^2 + 2c^2a^2 + 2a^2b^2}$$

unter den Nebenbedingungen

0. $a+b \geq c$ $a+c \geq b$ $b+c \geq a$ (Dreiecksungleichung)

1. $c \leq b$ 2. $a \leq b$ 3. $a^2 \leq b^2 + c^2$

4 Gegeben sei ein 2-dimensionales Gitter durch die Basis $\left\{ a = \begin{pmatrix} x \\ 0 \end{pmatrix}, b = \begin{pmatrix} w \\ y \end{pmatrix} \right\}$.

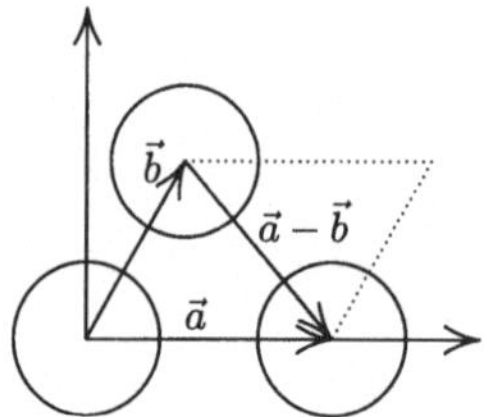

Bild 2.39 Extremwertaufgabe

Dann gilt für den Flächeninhalt A des Fundamentalparallelogramms, die Determinante des Gitters,

$$A(x,y,w) = x \cdot y.$$

  (a) Formuliere die Nebenbedingungen zu diesem Extremwertproblem im Geiste des Beweises des Satzes 2.13!

  (b) Löse dieses Extremwertproblem!

(c) Vergleiche mit dem Extremwertproblem im Beweis des Satzes 2.13! Welchen Gewinn bringt das Lemma 2.5?

5 Gegeben sei ein Dreieck $\triangle ABC$ mit den üblichen Bezeichnungen; R sei der Umkreisradius und d der halbe Umfang des Höhenfußpunktdreiecks $\triangle H_a H_b H_c$ (H_a, H_b, H_c seien also die Höhenfußpunkte des Dreiecks $\triangle ABC$).
Zeige der Reihe nach!

(a) $A = R \cdot d$

(b) $d = h_c \sin \gamma$

(c) $4A^2 = abcd$

(d) $4AR = abc$

Wegen Teil 5a nennt man $2R$ pfiffigerweise „vierte Höhe", und wegen Teil 5c nennt man d auch „vierte Dreiecksseite". Wer mehr über diese schillernden Dreiecksgrößen erfahren möchte, konsultiere J. Rung: Die vierte Dreiecksseite — Was ist das eigentlich?; in: Praxis der Mathematik (PM); **38** (1996), S. 280 f.

6 Der Satz 2.13, insbesondere die dort nötige Flächenabschätzung, läßt sich auch elementargeometrisch beweisen. Die Idee dazu stammt von Eric Müller.
Wir zeigen:

(a) Für den Flächeninhalt eines Dreiecks $\triangle ABC$ mit Seitenlängen $c \leq b \leq a$ gilt:

$$F \geq \frac{\sqrt{3}}{4} c^2$$

Dazu seien H_c der Höhenfußpunkt der Höhe auf c und M_c der Mittelpunkt der Seite c.

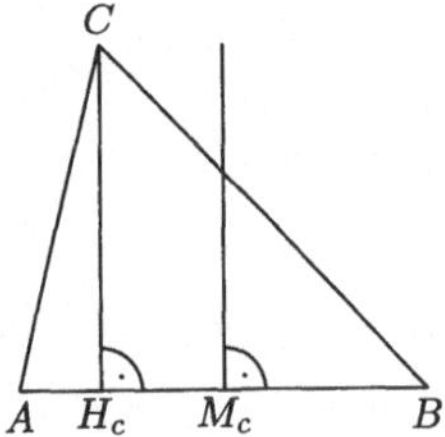

Bild 2.40 Höhe — Mittelsenkrechte

Zeige der Reihe nach!

    i. Es liegt H_c auf $[M_c A$.

    ii. $d(C, AB) \geq \frac{\sqrt{3}}{2} c$ (Pythagoras im Teildreieck $\triangle C H_c B$)

    iii. $F \geq \frac{\sqrt{3}}{4} c^2$

(b) Begründe, daß Gleichheit in 6a nur eintritt für $a = b = c$!

Aufgaben zu 2.5.2

$\boxed{1}$ Veranschauliche die diskutierten Fälle (a) und (b) in der konventionellen Einheitszelle des fcc-Gitters! Wie liegen die betrachteten Stapelschichten im Gitter?

$\boxed{2}$ $|DD_1|$ ist der Abstand zweier Stapelschichten.

  (a) Berechne $|DD_1|$ für den hexagonal-verdichteten Fall!

  (b) Berechne $|DD_1|$ für den quadratisch-verdichteten Fall!

  (c) Berechne den Abstand zweier quadratischer Stapel im kubisch-raumzentrierten Gitter!
     Vergleiche mit dem Ergebnis aus 2b!

$\boxed{3}$ (a) Zeige, daß die Matrizen

$$M_1 = \begin{pmatrix} \sqrt{2}/2 & \sqrt{6}/6 & -\sqrt{3}/3 \\ \sqrt{2}/2 & -\sqrt{6}/6 & \sqrt{3}/3 \\ 0 & \sqrt{6}/3 & \sqrt{3}/3 \end{pmatrix} \qquad M_2 = \begin{pmatrix} \sqrt{2}/2 & \sqrt{2}/2 & -1 \\ \sqrt{2}/2 & 0 & 1/2 \\ 0 & \sqrt{2}/2 & 1/2 \end{pmatrix}$$

    orthogonal sind!

  (b) Bringe die Matrizen M_1 und M_2 auf Normalform! (Anschauliche Interpretation?)

$\boxed{4}$ Dienen fcc-Gitter und hcp-Gitter als Modelle für Kristallstrukturen, so bestehen geringe Unterschiede in energetischer Hinsicht.
Diskutiere diese! (Lehrbücher über Festkörperphysik (Madelung-Konstante etc.) können wertvolle Anregungen liefern.)

Aufgaben zu 2.5.3

$\boxed{1}$ Zeige im Detail, daß gilt:

  (a) $\mathrm{Vol}^2\big(\mathcal{F}(G)\big) = cb - a^2$ (Seite 64)

  (b) $\mathrm{Vol}^2\big(\mathcal{F}(G)\big) = abc + 2a'b'c' - aa'^2 - bb'^2 - cc'^2$ (Seite 66)

$\boxed{2}$ Diese Aufgabe soll den Zusammenhang zwischen Kugelgitterpackungen einerseits und quadratischen Formen andererseits andeuten. Dabei nimmt die Determinante eine Brückenfunktion ein.
Zeige!

  (a) $(x, y)\begin{pmatrix} c & a \\ a & b \end{pmatrix}\begin{pmatrix} x \\ y \end{pmatrix} = cx^2 + 2axy + by^2$ und $D = \begin{vmatrix} c & a \\ a & b \end{vmatrix} = cb - a^2$
    Welche Bedeutung hat $D > 0$ für die binäre quadratische Form

$$cx^2 + 2axy + by^2,$$

    wenn zugleich c oder b positiv ist?

(b) $(x, y, z) \begin{pmatrix} a & c' & b' \\ c' & b & a' \\ b' & a' & c \end{pmatrix} \begin{pmatrix} x \\ y \\ z \end{pmatrix} = ax^2 + by^2 + cz^2 + 2a'yz + 2b'xz + 2c'xy$

und $\qquad D = \begin{vmatrix} a & c' & b' \\ c' & b & a' \\ b' & a' & c \end{vmatrix} = abc + 2a'b'c' - aa'^2 - bb'^2 - cc'^2$

Welche Bedeutung hat $D > 0$ für die ternäre quadratische Form

$$ax^2 + by^2 + cz^2 + 2a'yz + 2b'xz + 2c'xy,$$

wenn zugleich $ab - c'^2 > 0$ und $c > 0$ gilt?

$\boxed{3}$ Zeige, daß man $\mathrm{Vol}^2\big(\mathcal{F}(G)\big)$ auf Seite 66 auch folgendermaßen hätte zerlegen können:

$$\begin{aligned}
2\mathrm{Vol}^2\big(\mathcal{F}(G)\big) = {} & abc + aa'(c - 2a') + bb'(a - 2b') + cc'(b - 2c') + \\
& + a'(c - 2b')(a - 2c') + \\
& + b'(b - 2a')(a - 2c') + \\
& + c'(b - 2a')(c - 2b') + \\
& + (b - 2a')(c - 2b')(a - 2c')
\end{aligned}$$

$\boxed{4}$ Sowohl mit der im Lehrtext als auch mit der in Aufgabe 3 gegebenen Zerlegung läßt sich für $a' > 0$, $b' > 0$, $c' > 0$, sowie

$$\text{für} \quad \begin{array}{l} c \geq 2a', \ c \geq 2b \\ b \geq 2c', \ b \geq 2a \\ a \geq 2b', \ a \geq 2c \end{array} \quad \text{zeigen:} \quad 2\mathrm{Vol}^2\big(\mathcal{F}(G)\big) \geq abc.$$

Finde nun eine Zerlegung von

$$2\mathrm{Vol}^2\big(\mathcal{F}(G)\big) = abc + 2a'b'c' - aa'^2 - bb'^2 - cc'^2,$$

mit der sich für $a' < 0$, $b' < 0$, $c' < 0$ zeigen läßt

$$2\mathrm{Vol}^2\big(\mathcal{F}(G)\big) \geq abc \ ! \qquad \text{(schwer)}$$

Wie ist die Nebenbedingung $a' < 0$, $b' < 0$, $c' < 0$ geometrisch zu interpretieren?

Anregungen

Die Auflösung von Aufgabe 4 läßt sich nachlesen in der bereits im Lehrtext erwähnten Originalarbeit [Gau31] von C. F. Gauß, auf die als Anregung an dieser Stelle noch einmal hingewiesen werde. Sie ist in jeder Universitätsbibliothek, oder aber auch über Fernleihe zugänglich.

Aufgaben zu 2.5.4

$\boxed{1}$ Bestimme in der auf Seite 68 genannten Basis

$$\left\{ \begin{pmatrix} 2 \\ 0 \\ 0 \end{pmatrix}, \begin{pmatrix} 1 \\ \sqrt{3} \\ 0 \end{pmatrix}, \begin{pmatrix} 0 \\ 0 \\ a \end{pmatrix} \right\}$$

den Parameter a so, daß ein hexagonal primitives Gitter erzeugt wird!
(Ergebnis: $a = \frac{4}{3}\sqrt{6}$)

$\boxed{2}$ Bestimme für die Natriumchloridstruktur die Kristallbasis, bezogen auf die in Satz 2.14 angegebene Basis des fcc-Gitters!

$\boxed{3}$ Berechne den maximalen Kugelradius in der Diamantstruktur, bezogen auf die Vektoren, die den Würfel der konventionellen Einheitszelle aufspannen:

$$\left\{ \begin{pmatrix} 2 \\ 0 \\ 0 \end{pmatrix}, \begin{pmatrix} 0 \\ 2 \\ 0 \end{pmatrix}, \begin{pmatrix} 0 \\ 0 \\ 2 \end{pmatrix} \right\}$$

$\boxed{4}$ Gegeben ist eine Cäsiumchloridstruktur mit einander berührenden Cl^--Ionen ($r_1 = 1$) (vgl. Abbildung 2.35).

  (a) Berechne den maximalen Kugelradius r_2 der Cs^+-Ionen!

  (b) Nimm nun an, die Cl^--Ionen schrumpfen zugunsten der Cs^+-Ionen. Gib den maximal möglichen Kugelradius r_2 in Abhängigkeit von r_1 an!

$\boxed{5}$ Begründe die auf Seite 71 f. gemachten Aussagen über den beobachteten Packungstyp bei Ionenkristallen! (schwer)
(Hinweis: Es empfiehlt sich, Aufgabe 4 auch auf die Natriumchlorid- und Zinkblendestruktur anzuwenden, und eine geeignete Packungsdichte einzuführen.)

Anregungen

Je nachdem, in welcher Richtung Sie, lieber Leser, das Thema der Kristallgitter weiterverfolgen wollen, empfiehlt sich ein Lehrbuch aus Festkörperphysik, anorganischer Chemie oder Kristallographie. Als „Bibeln" dieser Disziplinen gelten die Titel

Charles Kittel:	Introduction to Solid State Physics
bzw. A. F. Hollemann, E. Wiberg:	Lehrbuch der Anorganischen Chemie
bzw. W. Kleber:	Einführung in die Kristallographie

jeweils in der neuesten Auflage.

2.6 Querverbindungen zur Codierungstheorie

In den vorangegangenen Abschnitten haben wir die mathematische Theorie der infiniten Kugelgitterpackungen entwickelt. Nun wollen wir zum Abschluß dieses Kapitels noch einen Anwendungsbereich kennenlernen, der jenseits des klassischen Fächerkanons (Physik, Chemie, etc.) liegt: Die Codierungstheorie. Dabei geht es weniger um eine systematische Einführung — eine solche läßt sich für Erstsemester sehr schön nachlesen in [Beu95] A. Beutelspacher: Lineare Algebra; Braunschweig/Wiesbaden ^{2}1995 —, sondern vielmehr um eine skizzenhafte Darstellung der Verwandtschaft zwischen Kugelpackungen und Codierungstheorie, die lediglich als Appetithappen dienen kann, um sich mit der unbekannten Verwandten näher zu beschäftigen. Wir orientieren uns an dem Aufsatz [Slo84] von N. J. A. Sloane, der bereits 1984 im „Spektrum der Wissenschaft" erschien.

Codierungstheorie benötigt man für die Nachrichtenübermittlung auf digitalem Weg: Ein alltägliches Beispiel dafür wäre die Übertragung einer Datei von einer Diskette auf die Festplatte eines PC. Aber auch Möglichkeiten der digitalen Nachrichtenübermittlung im engeren Sinn wie digitales Radio oder digitales Fernsehen sind technisch bereits realisiert oder werden in absehbarer Zeit verwirklicht werden.

Bleiben wir noch ein wenig beim Computerbeispiel: Hier ist der Träger einer Informationseinheit das Byte, mathematisch ein 8-Tupel, dessen Koordinaten lediglich die Werte 0 oder 1 annehmen können. Es wird über den Datenbus von der Diskette auf die Festplatte übertragen. Dabei interessieren wir uns weder für die Umwandlung (*Codierung*) des magnetischen Impulses, den der Diskettenlesekopf erfährt, in Bytes im Diskettenlaufwerk noch für die entsprechende Rückumwandlung (*Decodierung*) im Festplattenlaufwerk. Nun nehmen wir an, der Datenbus würde nicht einwandfrei funktionieren. Was würde passieren? Ein Byte, das von der Diskette ausgesandt wird, würde verfälscht an der Festplatte ankommen. Zum Beispiel würde aus $(1,1,1,1,1,1,1,1)$ das Byte $(1,1,0,1,1,1,1,1)$. Wenig wahrscheinlich wäre hingegen ein Byte der Gestalt $(0,1,0,0,0,0,0,0)$. Unter der Voraussetzung einer zufälligen, also nicht gezielten oder böswilligen, Verfälschung würde die Wahrscheinlichkeit mit der Anzahl der veränderten Stellen (Bits) drastisch abnehmen.

Jetzt verändern wir das Byte ein klein wenig, um die Verbindung zu den Kugelpackungen auf anschauliche Weise herstellen zu können. Anstelle von 8-Tupeln in $\{0,1\}$ verwenden wir 2-Tupel in $\mathbb{Z}$. Jedes 2-Tupel läßt sich dann als Punkt in einem Koordinatensystem darstellen.

In der digitalen Nachrichtentechnik ist es ein vordringliches Ziel, eine Liste von *Code-Wörtern* aufzustellen, die auch bei geringen Verfälschungen unverwechselbar sind. Beträgt die maximale Verfälschung beider Koordinaten beispielsweise ± 1, so müßte man bei einem Code-Wort von $(0,0)$ die Code-Wörter $(\pm 1, 0)$, $(0, \pm 1)$ und $(+1, +1)$ meiden. Es sind dies gerade die acht nächsten Code-Wörter bis zu einem Abstand von $\sqrt{2}$ von $(0,0)$. Als „nächste" Code-Wörter wären erst wieder die Tupel $(\pm 3, 0)$ und $(0, \pm 3)$ zulässig usw. (vgl. Abbildung 2.41)

Nun ahnen Sie, lieber Leser, wohl schon, „wie der Hase läuft". Um ein möglichst dichtes Netz von Code-Wörtern zu erhalten, muß man aus den gegebenen Gitterpunkten eine Auswahl treffen, so daß gerade eine möglichst dichte Kreisgitterpackung entsteht. Und selbst für das Ziel einer maximalen Packungsdichte gibt es nicht nur einen ästhe-

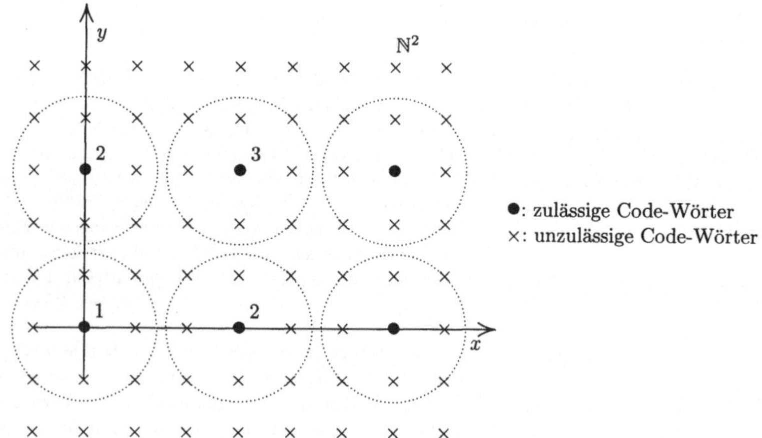

Bild 2.41 System von Code-Wörtern

tischen, sondern einen handfesten technischen Grund: Die Koordinaten eines Code-Wortes werden, wie im Computer, durch Spannungsimpulse realisiert. Je höher allerdings die benötigte Spannung ist, desto höher ist — gemäß $P = \frac{1}{R}U^2$ — die benötigte Leistung. Daher ist in ökonomischer Hinsicht eine möglichst große Packungsdichte um $(0,0)$ herum unentbehrlich. Die Idealisierung einer möglichst dichten infiniten Kreisgitterpackung garantiert dies.

Vielleicht wenden Sie, lieber Leser, ein, daß diese möglichst dichte infinite Kreisgitterpackung ja noch recht wenig Gemeinsamkeiten mit der erwiesenermaßen dichtesten Kreisgitterpackung, der hexagonalen Kreisgitterpackung hat. Jetzt, wo das Modell in groben Zügen erarbeitet ist, wird man natürlich noch einmal in der Retrospektive einen Blick zurück werfen. Dann läßt sich erkenen, daß man in der Praxis zunächst wohl von einem Nachrichtenübertragungssystem den Verfälschungsgrad ermitteln wird und dann erst, davon abhängig, die Koordinaten der Code-Wörter. Führt man dieses Verfahren für n-Tupel höherer Ordnung durch, benötigt man für eine optimale Liste von Code-Wörtern, kurz für einen *optimalen Code*, gerade die dichtesten n-dimensionalen infiniten Kugelgitterpackungen. So erscheint es bei der Verwendung von Bytes plausibel, daß die dichteste Kugelgitterpackung in Dimension 8 in der Codierungstheorie von größerem praktischem Nutzen ist als „unsere altgediehene" hexagonale Kreisgitterpackung. Es war gerade auch die Codierungstheorie, in deren Anfängen die im Abschnitt 2.5.5 zitierten Beweise der dichtesten Kugelgitterpackung ab Dimension 4 entstanden sind.

Wir fassen zusammen:
Ein System von Code-Wörtern muß zwei Anforderungen genügen: Es muß sich mit hoher Zuverlässigkeit und geringem Energieaufwand übertragen lassen. Im mathematischen Modell resultiert daraus ein Mindestabstand unter den Code-Wörtern (Radius der Kugeln) bei gleichzeitig hoher Code-Wort-Dichte (Packungsdichte der Kugeln).

Wenn Sie, lieber Leser, am Ende des Kapitels zu diesem Abschnitt keine Aufgaben vorfinden, seien Sie nicht enttäuscht. Mit ihrem bisher erworbenen Wissen über Kugelpackungen haben Sie genug Material in der Hand, um sich selbst in mathematischer Hinsicht sinnvolle Fragen zu stellen und sie zu lösen. (Die besten Aufgaben sind ohnehin die, die Sie sich selbst stellen.)
Als Anregung können die Titel [Sch91] und [Ebe94] dienen.

Kapitel 3

3 Finite Packungen — Wurstkatastrophe und Wurstvermutung

Welche Packung nutzt das von der Verpackung zur Verfügung gestellte Volumen besser aus — die wurstförmige Packung von Tennisbällen oder die clusterförmige Packung von Orangen?

Um diese Frage untersuchen zu können, benötigt man den Begriff der *finiten Packungsdichte* (3.1), der auf dem Volumen der konvexen Hülle beruht. Damit lassen sich ausgewählte Kreis- und Kugelpackungen konkret analysieren. Die *Formel von Steiner* (3.2) erweist sich dabei als unentbehrliches Hilfsmittel.

Die finiten Kreispackungen (3.2.1), die als erste Anwendungen betrachtet werden, stellen eine Spielwiese für mathematische Fertigkeiten dar, ohne jedoch mit großartigen, verblüffenden Ergebnissen aufwarten zu können. Das interessante Resultat, daß keine finite Kreispackung die Packungsdichte der infiniten hexagonalen Kreisgitterpackung erreicht, wird hier nur für einen Spezialfall (Notiz 3.2) gezeigt und erst später (Satz 4.3) in voller Allgemeinheit bewiesen. Der Reiz dieses Abschnitts besteht eher in schönen Detaillösungen und noch offenen Detailproblemen. Er kann daher beim ersten, neugierigen Studium flott gelesen werden.

Das gleiche gilt im Prinzip für die ausgewählten Kugelpackungen (3.2.2). Um jedoch ein Gefühl für die Schwierigkeiten konkreter Probleme, wie für den Wert der Aussagen dieses Kapitels, zu erhalten, sollten Sie, lieber Leser, die Berechnung einer tetraedrischen Clusterkonfiguration durchführen.

Ein Verständnis dieses Sachverhalts öffnet zugleich die Tür zu *Wurstkatastrophe* und *Wurstvermutung* (3.3), zu den Höhepunkten dieses Kapitels.

Anschließend gibt es mehrere Wahlmöglichkeiten: Der Originaltext der Wurstvermutung in Bild 3.30 lädt zum Verweilen ein, begleitet von Aufgaben in 3.3.2. Oder aber Ihre momentane Vorliebe gilt „sinnvolleren" finiten Packungen, den *Containerpackungen* (3.4), die u. a. Antworten auf ingenieursnahe Fragestellungen geben. Oder Sie interessieren sich mehr für ein historisches Kuriosium, das *Kissing-Number-Problem* (3.5), das Ihnen nicht nur die Besonderheit der Zahl 196.560 verrät.

3.1 Finite Packungen und ihre Packungsdichte

Infinite Gitterpackungen zeichnen sich durch zwei Eigenschaften aus: Zum einen weisen sie eine regelmäßige Anordnung der gepackten Körper auf, die durch den Begriff Gitter präzise erfaßt ist. Zum anderen füllen sie einen Bruchteil des zur Verfügung gestellten Raumes aus; dieser Bruchteil ist gerade die Packungsdichte der infiniten Gitterpackung.

Die zweite Eigenschaft besitzt eine finite[1] Packung, d. h. eine Packung von nur endlich vielen identischen Körpern, keinesfalls. Auch die erste Eigenschaft muß nicht erfüllt sein; zumindest wird man bei sehr wenigen, z. B. drei oder vier Körpern, nicht auf den ersten Blick eine regelmäßige Anordnung entdecken.

Wie läßt sich also eine finite Packung, insbesondere eine finite Kugelpackung und deren Packungsdichte definieren? Dazu gehen wir vor wie bei der infiniten Kugelgitterpackung. Lediglich die Positionen der Kugelmittelpunkte geben wir nicht durch ein Gitter an, sondern — und hier ist der finite Fall formal einfacher — durch eine endliche Menge von Ortsvektoren bzw. Punkten.

Wir formulieren die Definition sofort für den n-dimensionalen Fall.

---

[1] von finis (lat.): Grenze, Ende

Definition 3.1   Sei B^n die offene Einheitskugel im $\mathbb{R}^n$. Sei $C_N = \{c_1, c_2, \ldots, c_N\}$ eine Menge von N Ortsvektoren im $\mathbb{R}^n$. Für jeden Ortsvektor $c_i \in C_N$ $(1 \leq i \leq N)$ sei $B_i = B^n + c_i$ die um c_i verschobene Kopie von B^n.
Falls je zwei verschiedene B_i und B_j $(1 \leq i < j \leq N)$ disjunkt sind, heißt die Menge

$$P(B^n, C_N) = \{\, B_i \mid 1 \leq i \leq N \,\}$$

eine *finite Kugelpackung*.

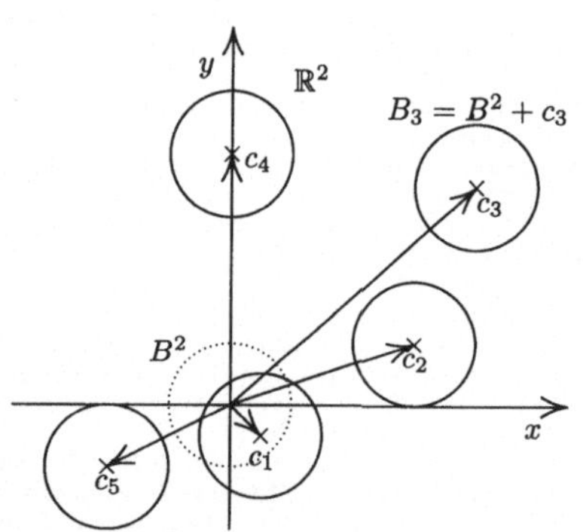

Bild 3.1 Eine finite Kreispackung für $N = 5$

Ersetzt man die Einheitskugel B^n durch einen beliebigen, offenen und konvexen Körper K^n im $\mathbb{R}^n$ mit nichtverschwindendem Volumen, so ergibt sich analog zum infiniten Vorgehen sofort die Definition einer *finiten Packung*. Auf eine explizite Notierung können wir verzichten.

Wie läßt sich nun die Packungsdichte einer finiten Packung, insbesondere einer finiten Kugelpackung, definieren?

Dazu lassen wir uns leiten von der bereits im letzten Kapitel formulierten Idee (Notiz 2.6), daß die Packungsdichte der Quotient aus „genutztem" zu „benutztem" Volumen ist. Das genutzte Volumen als Summe der Kugelvolumina ergibt sich von selbst.

Um das benutzte Volumen ermitteln zu können, benötigt man eine Verpackung, die das Kugelensemble der finiten Packung gegen die Außenwelt abgrenzt. Eine ideale Verpackung könnte eine Gummihülle sein, die selbst volumenlos ist. Im mathematischen Modell ist sie der Rand der konvexen Hülle um die Körper B_i. (Dabei ist die *konvexe Hülle* einer Menge M, conv(M), die kleinste konvexe Menge, die M als Teilmenge enthält.)
Das Volumen dieser konvexen Hülle um die Körper B_i, Vol$\big($conv$(B_1 \cup \cdots \cup B_N)\big)$, gibt dann das benutzte Volumen an.
Notiert man $B_1 \cup \cdots \cup B_N$ mit Hilfe der Minkowski-Summe (vgl. Aufgabe 7 auf Seite 50) als

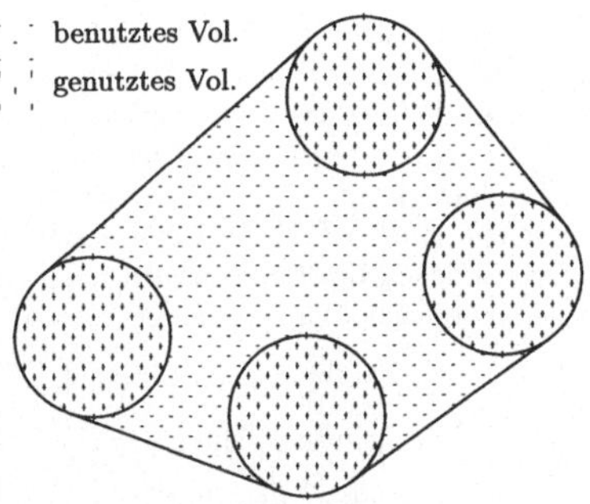

Bild 3.2 Packungsdichte einer finiten Kreispackung

$$B^n + C_N := \bigcup_{i=1}^{N}(B^n + c_i) = \bigcup_{i=1}^{N} B_i,$$

so wird die Definition noch etwas geschmeidiger.

Definition 3.2 Sei $P(B^n, C_N)$ eine finite Kugelpackung. Dann heißt

$$d(B^n, C_N) = \frac{N \cdot \mathrm{Vol}(B^n)}{\mathrm{Vol}\big(\mathrm{conv}(B^n + C_N)\big)}$$

die zugehörige *finite Kugelpackungsdichte*.

Diese Definition geht auf den norwegischen Mathematiker Axel Thue (1892) zurück. Analog formuliert man die *finite Packungsdichte* einer allgemeinen finiten Packung. Wir verzichten wieder auf eine explizite Notierung.

Wie im infiniten Fall ist klar, daß für die Dichte einer finiten Packung stets gilt:

$$0 < d(B^n, C_N) \le 1.$$

Weiterhin stellen wir fest:

Die Suche nach einer finiten Kugelpackung mit maximaler Packungsdichte (bei gegebener Stückzahl N) ist äquivalent zu der Suche nach einer Anordnung C_N, für die das Volumen der konvexen Hülle $\mathrm{Vol}\big(\mathrm{conv}(B^n + C_N)\big)$ minimal wird.
Bei infiniten Gitterpackungen entspricht dem die Suche nach dem Gitter G mit dem kleinsten Fundamentalparallelotop $\mathrm{Vol}\big(\mathcal{F}(G)\big)$.

Im Gegensatz zum infiniten Fall gibt es jedoch für die Berechnung des Nenners der finiten Packungsdichte kein Patentrezept in Form eines Fundamentalparallelotops, zumal jede beliebige Kugelanordnung zugelassen ist. Dieser Umstand gestaltet eine Betrachtung der finiten Packungen im Vergleich zu den infiniten Kugelgitterpackungen auch als sehr schwierig. Möglicherweise liegt darin ein Grund dafür, daß zwar die Erforschung der infiniten Kugelgitterpackungen bis auf Gauß, Lagrange und Kepler zurückgeht, die finiten Kugelpackungen jedoch erst in diesem Jahrhundert genauer untersucht werden.

Wie dem auch sei — es gibt unter den finiten Packungen ebenfalls Konfigurationen, die vergleichsweise einfach berechenbar sind. Vielleicht haben Sie, lieber Leser,
ja bereits anhand einer eigenen Auswahl rechnerisch experimentiert? Dann ist Ihnen
bestimmt aufgefallen, daß es unter den finiten Kugelpackungen welche gibt, die sich
nur längs einer Dimension ausdehnen — ein Gegensatz zu den infiniten Kugelgitterpackungen, die sich über den ganzen Raum $\mathbb{R}^n$ erstrecken. Man unterscheidet daher
Wurstpackungen von den restlichen *Clusterpackungen*, die mehr als eine Dimension des
sie umgebenden Raumes einnehmen. Wir definieren:

Definition 3.3 Sei $P(B^n, C_N)$ eine finite Kugelpackung.

1. Falls für die Dimension[2] der konvexen Hülle von C_N gilt:

$$\dim\big(\mathrm{conv}(C_N)\big) = 1$$

   und falls für ihre Länge gilt:

$$|\mathrm{conv}(C_N)| = 2(N - 1),$$

   dann heißt $P(B^n, C_N) = P(B^n, S_N)$ eine *Wurstpackung*.

2. Falls

$$\dim\big(\mathrm{conv}(C_N)\big) > 1,$$

   dann heißt $P(B^n, C_N)$ eine *Clusterpackung*.

Eine Wurstpackung liegt also vor, wenn alle Kugelmittelpunkte auf einer Geraden
liegen und sich die Kugeln gegenseitig berühren.

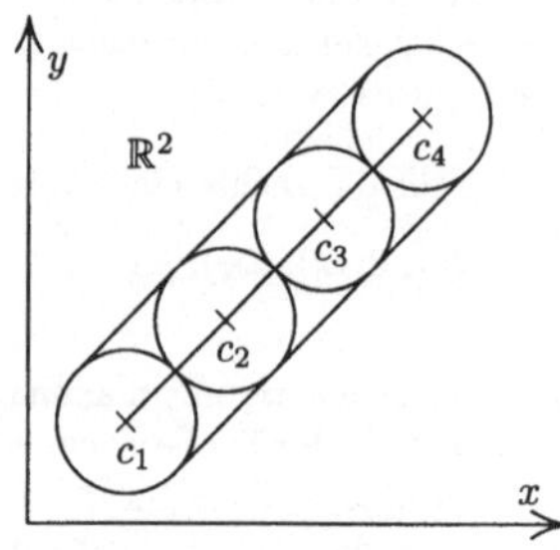

Bild 3.3 Eine zweidimensionale Wurstpackung

Der für die Mathematik so untypisch assoziationsreiche Begriff „Wurst" taucht im
Zusammenhang mit finiten Packungen zum ersten Mal im Jahre 1975 auf. Es ist das

---

[2] Falls der Begriff der Dimension noch unbekannt ist, könnte man anstelle von $\dim(\mathrm{conv}(C_N)) = 1$
auch sagen:
  „Alle Punkte von $\mathrm{conv}(C_N)$ liegen auf einer gemeinsamen Geraden."
und anstelle von $\dim(\mathrm{conv}(C_N)) > 1$ auch:
  „Nicht alle Punkte von $\mathrm{conv}(C_N)$ liegen auf einer Geraden."

Jahr, in dem L. Fejes Tóth, ein ungarischer Mathematiker, seine „Wurstvermutung" formulierte. Vielleicht dachte er beim inneren Anblick einer linearen Kugelkonfiguration an eine gut gewürzte ungarische Pfeffersalami. Eines steht jedoch fest: Die mathematische Würze der Wurst wird sich allein mit philologischen Methoden nicht ergründen lassen.

Daher illustrieren wir Wurst- und Clusterpackung, indem wir für die einfachsten nichttrivialen Fälle die Packungsdichte berechnen.

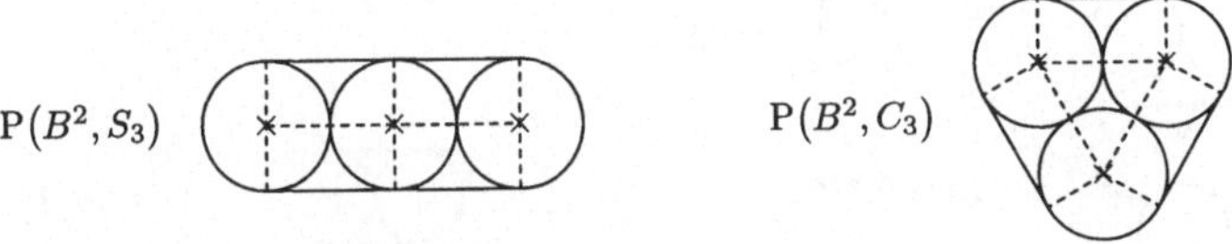

Bild 3.4 Wurst- und Clusterpackung

Für die Wurstpackung von drei Kreisen gilt:

$$d(B^2, S_3) = \frac{3\pi}{\pi + 2 \cdot 4} \approx 84{,}6\%$$

Für die Clusterpackung von drei Kreisen, deren Mittelpunkte in den Ecken eines gleichseitigen Dreiecks liegen, gilt:

$$d(B^2, C_3) = \frac{3\pi}{\pi + \sqrt{3} + 2 \cdot 3} \approx 86{,}7\%$$

Wir sehen $d(B^2, C_3) > d(B^2, S_3)$ und wir erkennen die Ursache dafür. Sie offenbart sich in dreifacher Weise:

Variation a (algebraisch): $\sqrt{3} + 2 \cdot 3 < 2 + 2 \cdot 3\,(= 2 \cdot 4)$

Variation b (geometrisch): gleichseitiges Dreieck und 3 Rechtecke *contra* 4 Rechtecke als entscheidende Teilflächen der konvexen Hülle (vgl. Abbildung 3.4)

Variation c („eingeschlossene Luft"): eine „kleine Luftkammer" und drei „normale Luftkammern" *contra* vier „normale Luftkammern"(vgl. Aufgabe 4)

Diese Dreifaltigkeit der Argumentation wird in den nächsten Abschnitten des vorliegenden Kapitels eine fundamentale Rolle spielen.

Die Clusterpackung des Beispiels ließ sich vergleichsweise leicht berechnen, da es sich um eine besondere finite Packung handelt: Die Kreismittelpunkte sind Teil eines Gitters, des hexagonalen Gitters. Das führt uns zur Definition einer finiten Kugelgitterpackung.

Definition 3.4 Sei $P(B^n, C_N)$ eine Clusterpackung. Falls es ein n-dimensionales Gitter G gibt, so daß gilt: $\mathrm{conv}(C_N) \cap G = C_N$, dann heißt $P(B^n, C_N)$ eine *finite Kugelgitterpackung*.

Clusterpackungen der Gestalt $P(B^n, C_{n+1})$ sind also zugleich finite Kugelgitterpackungen, falls durch C_{n+1} die Basis eines Gitters im $\mathbb{R}^n$ festgelegt wird.

Beispiele für finite Kugelgitterpackungen sind quadratische oder hexagonale Kreisgitterpackungen, sc-Kugelgitterpackungen usw. Einige sind mit ihren Packungsdichten in Tabelle 3.1 zusammengestellt.

Tabelle 3.1   Finite Kugelgitterpackungen und ihre Packungsdichten

$$d = \frac{2 \cdot \frac{4\pi}{3}}{\frac{4\pi}{3} + 2\pi} = 0{,}8$$

$$d_{cl} \approx 0{,}7358 \qquad\qquad d_w = 0{,}75$$

$$d_{cl}^{\text{quadratisch}} \approx 0{,}6768 \qquad\qquad d_w \approx 0{,}7273$$

$$d_{cl}^{\text{hexagonal}} \approx 0{,}7075$$

$$d_{cl}^{\text{tetraedrisch}} \approx 0{,}7123$$

Finite Kugelgitterpackungen als wichtigste Vertreter der Clusterpackungen und Wurstpackungen sind in der Theorie der finiten Packungen von großer Bedeutung.

Aufgaben und Anregungen

$\boxed{1}$ Der Begriff der Wurstpackung läßt sich ohne den topologischen Begriff der konvexen Hülle formulieren. Dazu stellt man sich vor, daß einer der Randpunkte von C_N im Ursprung und die restlichen Punkte von C_N auf der positiven x_1-Achse liegen. Finde nun eine passende Definition!

$\boxed{2}$ Veranschauliche die Voraussetzung $\mathrm{conv}(C_N) \cap G = C_N$ in Definition 3.4!

$\boxed{3}$ Berechne für selbstgewählte Stückzahlen N ($N = 2, 3, \dots$) die Packungsdichten von

    (a) Wurstpackungen $\mathrm{P}(B^2, S_N)$,

    (b) quadratischen Packungen $\mathrm{P}(B^2, C_N^{qu})$, d. h. finiten Gitterpackungen, denen ein quadratisches Gitter zugrunde liegt,

    (c) hexagonalen Packungen $\mathrm{P}(B^2, C_N^{hex})$!

    (d) Vergleiche die Ergebnisse von 3a und 3b!

    (e) Unter welchen Bedingungen weisen die hexagonalen Packungen eine besonders große Packungsdichte auf?

$\boxed{4}$ Bei Kreispackungen kann man oft mit Hilfe einer eingeschlossenen „Luftkammer" argumentieren (vgl. Variation c im Text und Abbildung 3.4).

    (a) Berechne die Fläche der „großen Luftkammer" A_{gr} und die Fläche der „kleinen Luftkammer" A_{kl} in Abbildung 3.4!

    (b) Berechne $\dfrac{A_{\mathrm{kl}}}{A_{\mathrm{gr}}}$!

$\boxed{5}$ Die Definitionen der Wurstpackung und Clusterpackung lassen sich problemlos für beliebige konvexe Körper verallgemeinern.

    (a) Trivialerweise ist die Packungsdichte einer Wurstpackung von Quadraten Q^2

$$\mathrm{d}(Q^2, S_N) = 1$$

    Untersuche Clusterpackungen von Quadraten Q^2 hinsichtlich einer maximalen Packungsdichte!

    (b) Die Packungsdichte einer Wurstpackung von Würfeln W^3 ist

$$\mathrm{d}(W^3, S_N) = 1$$

    Untersuche Clusterpackungen von Würfeln W^3 hinsichtlich einer maximalen Packungsdichte!

    (c) Die Packungsdichte einer Wurstpackung von n-dimensionalen Würfeln W^n ist

$$\mathrm{d}(W^n, S_N) = 1$$

    Untersuche Clusterpackungen von n-dimensionalen Würfeln W^n hinsichtlich einer maximalen Packungsdichte!

In der nächsten Aufgabe wenden wir uns erstmals finiten Kugelpackungen zu. Da das räumliche Anschauungsvermögen für „kugelige Situationen" nicht sehr trainiert ist, ist es ratsam, sich vor dem Rechnen erst ein Modell aus Murmeln, Tischtennisbällen, Orangen oder ähnlichem zurechtzulegen. Dem Autor erwiesen oft Styroporkugeln, deren Konfiguration mit Zahnstochern fixiert werden konnte, wertvolle Dienste (vgl. Abbildung 3.5).

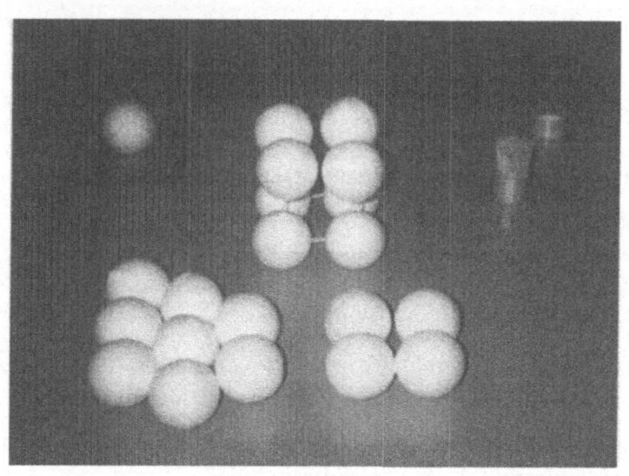

Bild 3.5 Einfache Kugelpackungsmodelle

$\boxed{6}$ Berechne für selbstgewählte Stückzahlen N ($N = 2, 3, \dots$) die Packungsdichten von

(a) Wurstpackungen $P(B^3, S_N)$,

(b) ebenen Packungen $P(B^3, C_N)$, d. h. finiten Gitterpackungen mit

$$\dim(\mathrm{conv}(C_N)) = 2,$$

insbesondere quadratischen und hexagonalen Packungen,

(c) räumlichen Packungen $P(B^3, C_N)$, d. h. finiten Gitterpackungen mit

$$\dim(\mathrm{conv}(C_N)) = 3,$$

insbesondere sc- und fcc-Packungen! (schwer, vgl. Abschnitt 3.2)

$\boxed{7}$ (a) Berechne die Packungsdichte $d(B^2, S_N)$ einer unendlich langen Wurstpackung von Kreisen, d. h.

$$\lim_{N \to \infty} d(B^2, S_N)!$$

(b) Vergleiche das Ergebnis von Teilaufgabe 7a mit der infiniten Packungsdichte $\delta(B^2, G_{qu})$ für eine quadratische Kreisgitterpackung! Interpretiere dieses Ergebnis!

3.2 Ausgewählte Kreis- und Kugelpackungen — die Formel von Steiner

3.2.1 Ausgewählte Kreispackungen

Wie läßt sich die Packungsdichte einer finiten Kreispackung im allgemeinen Fall berechnen?

Nach der Definition 3.2 im Abschnitt 3.1 ist dazu die Fläche der konvexen Hülle aller Kreise $\mathrm{conv}(B^2 + C_N)$ nötig. Um sie zu berechnen, betrachten wir die in Abbildung 3.6 skizzierte Clusterpackung von 4 Kreisen.

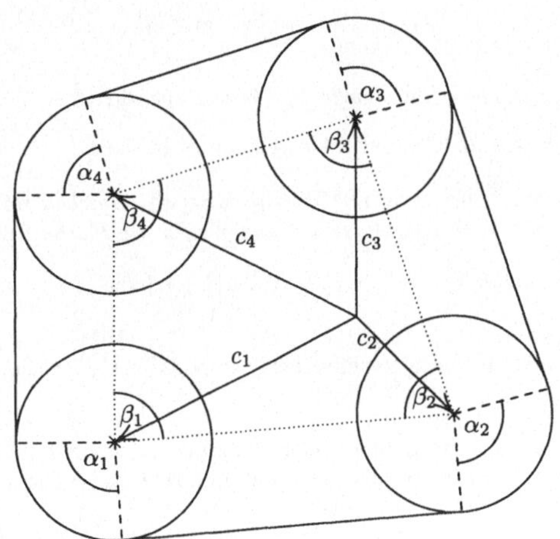

Bild 3.6 Zweidimensionale Clusterpackung

Die konvexe Hülle der Kreise

$$\mathrm{conv}(B^2 + C_4) = \mathrm{conv}(\{B^2 + c_1, B^2 + c_2, B^2 + c_3, B^2 + c_4\})$$

setzt sich zusammen aus

(1) dem von c_1, c_2, c_3 und c_4 gebildeten konvexen Viereck, d. h. der *konvexen Hülle der Kreismittelpunkte* $\mathrm{conv}(C_4)$,

(2) den von je einer Seite des konvexen Vierecks und je einem Radius gebildeten *Rechtecken*,

(3) den *Kreissektoren* an den Ecken des konvexen Vierecks.

Dabei sind die einzelnen offenen Teilflächen paarweise disjunkt, so daß die Summe ihrer Flächen genau die Flächen der konvexen Hülle der Kreise ergibt.

Alle unter (3) genannten Kreissektoren bilden zusammen einen Vollkreis, denn es gilt:

$$\alpha_1 + \alpha_2 + \alpha_3 + \alpha_4 =$$
$$= (180° - \beta_1) + (180° - \beta_2) + (180° - \beta_3) + (180° - \beta_4) =$$
$$= 4 \cdot 180° - (\beta_1 + \beta_2 + \beta_3 + \beta_4) =$$
$$= 4 \cdot 180° - (4 - 2) \cdot 180° =$$
$$= 2 \cdot 180° = 360°.$$

(Dabei sind die α_i die Mittelpunktswinkel der Kreissektoren, die β_i die zugehörigen Innenwinkel des Vierecks.)

Unter der Voraussetzung von Einheitskreisen erhält man für die Flächenmaßzahlen

(3')　$\mathrm{Vol}(B^2) = \pi$,

(2')　$1 \cdot |c_2 - c_1| + 1 \cdot |c_3 - c_2| + 1 \cdot |c_4 - c_3| + 1 \cdot |c_1 - c_4| = \mathrm{U}(\mathrm{conv}(C_4))$, wobei U den *Umfang* des Vierecks bezeichne,

(1')　$\mathrm{F}(\mathrm{conv}(C_4))$, wobei F die *Fläche* des Vierecks bezeichne.

Allgemein notieren wir für Clusterpackungen von N Kreisen:

Lemma 3.1 (Formel von Steiner für die Ebene): *Gegeben sei eine Clusterpackung* $\mathrm{P}(B^2, C_N)$ *von N Einheitskreisen. Dann gilt für die Fläche der konvexen Hülle:*

$$\mathrm{F}(\mathrm{conv}(B^2 + C_N)) = \mathrm{F}(\mathrm{conv}(C_N)) + \mathrm{U}(\mathrm{conv}(C_N)) + \pi.$$

Bemerkung:
In der Literatur über Konvexgeometrie heißt $\mathrm{conv}(B^2 + C_N)$ auch *äußerer Parallelkörper* zu $\mathrm{conv}(C_N)$.

Liest man das Lemma 3.1 mit gutem Willen, so kann man es sogar auf Wurstpackungen übertragen. Oder man überlegt sich die Situation direkt und erhält dann die folgende Notiz.

Notiz 3.1 Gegeben sei eine Wurstpackung $\mathrm{P}(B^2, S_N)$ von N Einheitskreisen. Dann gilt für die Fläche der konvexen Hülle:

$$\mathrm{F}(\mathrm{conv}(B^2 + S_N)) = 4(N - 1) + \pi.$$

Mit diesem Handwerkszeug können wir nun die in Aufgabe 3 des letzten Abschnitts gesammelten Kreispackungen ordnen.

3.2.1.1　*Vergleich: Wurstpackung — Quadratische Packung*

Vergleicht man die Packungsdichte der Wurstpackung von N^2 Kreisen mit derjenigen einer quadratischen Clusterpackung von N^2 Kreisen, so stellt man fest:

$$\mathrm{d}(B^2, S_{N^2}) = \frac{N^2 \cdot \pi}{4(N^2 - 1) + \pi},$$

$$\mathrm{d}(B^2, C_{N^2}^{qu}) = \frac{N^2 \cdot \pi}{(2(N - 1))^2 + 4(2(N - 1)) + \pi} =$$

$$= \frac{N^2 \cdot \pi}{4(N^2 - 2N + 1) + 8N - 8 + \pi} =$$

$$= \frac{N^2 \cdot \pi}{4(N^2 - 1) + \pi}$$

und damit

$$\mathrm{d}\bigl(B^2, S_{N^2}\bigr) = \mathrm{d}\bigl(B^2, C_{N^2}^{qu}\bigr),$$

wobei $C_{N^2}^{qu}$ die betrachtete quadratische Clusterkonfiguration von N^2 Kreisen bezeichne.

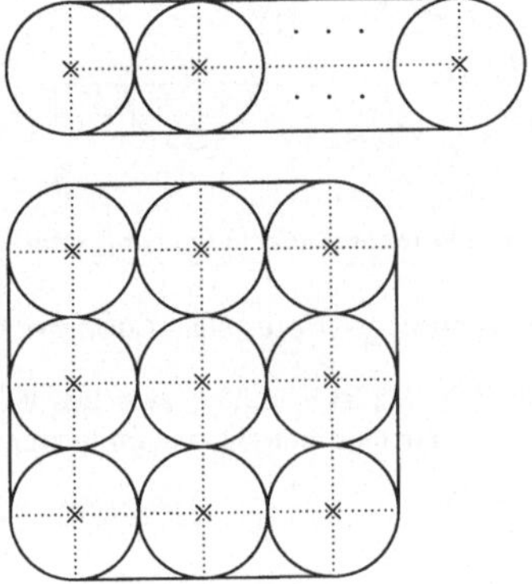

Bild 3.7 Wurstpackung und quadratische Packung

Wegen dieser Gleichheit kann man die Wurstpackung von Kreisen als Verallgemeinerung der quadratischen Clusterkonfiguration auffassen. Darüber hinaus ist die Wurstpackung das finite Pendant zur infiniten quadratischen Kreisgitterpackung, wie der Grenzwert

$$\mathrm{d}\bigl(B^2, S_N\bigr) \xrightarrow[N\to\infty]{} \frac{\pi}{4} = \delta\bigl(B^2, G_{qu}\bigr)$$

zeigt.

Diesen Sachverhalt illustriert die Abbildung 3.8. Die Wurst besteht mit Ausnahme der Randkappen aus gleichen Bausteinen. Diese Tatsache ist uns bei infiniten Gitterpackungen längst vertraut; jedoch empfiehlt es sich, anstelle des Fundamentalparallelogramms die in Abschnitt 2.3.2, Aufgabe 3 eingeführte DV-Zelle zu betrachten.

Wie zur quadratischen Kreisgitterpackung läßt sich auch zur hexagonalen Kreisgitterpackung ein finiter Verwandter aufspüren, die finite hexagonale Kreispackung. Hier stellt sich die Frage: Wie ist es um die alte Rivalität zwischen quadratischer Konfiguration und hexagonaler Konfiguration bestellt?

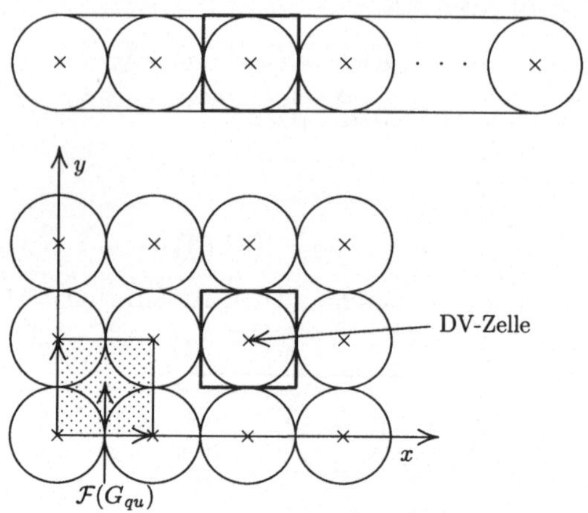

Bild 3.8 DV-Zellen von Wurstpackung und quadratischer Gitterpackung

3.2.1.2　Vergleich: Wurstpackung — Hexagonale Clusterpackung

Für Stückzahlen $N = 1$ und $N = 2$ ist es müßig, zwischen Wurst- und Clusterpackung zu unterscheiden. Für $N = 3$ hat man bereits, wie im letzten Abschnitt gezeigt,

$$d\big(B^2, S_3\big) = \frac{3\pi}{\pi + 8} \quad \text{und} \quad d\big(B^2, C_3^{hex}\big) = \frac{3\pi}{\pi + 6 + \sqrt{3}}$$

also

$$d\big(B^2, S_3\big) < d\big(B^2, C_3^{hex}\big)$$

Weiteres Experimentieren bestätigt diesen Sachverhalt für Stückzahlen $N \geq 4$, was zur Formulierung und zum Beweis des folgenden Satzes Anlaß gibt:

Satz 3.5 (Clustersatz): *Zu jeder Stückzahl $N \geq 3$ von Einheitskreisen gibt es eine Clusterpackung* $\mathrm{P}\big(B^2, C_N^{hex}\big)$, *die eine größere Packungsdichte besitzt als die entsprechende Wurstpackung* $\mathrm{P}\big(B^2, S_N\big)$:

$$d\big(B^2, S_N\big) < d\big(B^2, C_N^{hex}\big).$$

Beweis des Satzes 3.5

Wir unterscheiden, ob N gerade oder N ungerade ist.

1. Fall: N gerade
　Wir wählen C_N^{hex} als eine Art „Doppelwurst".

$$C_N^{hex} = \left\{ ma + nb \,\middle|\, 0 \leq m \leq \frac{N}{2} - 1; \, 0 \leq n \leq 1 \right\},$$

wobei $a = \begin{pmatrix} 2 \\ 0 \end{pmatrix}$, $b = \begin{pmatrix} 1 \\ \sqrt{3} \end{pmatrix}$ als Basis des zugrundeliegenden hexagonalen Gitters vorausgesetzt werden.

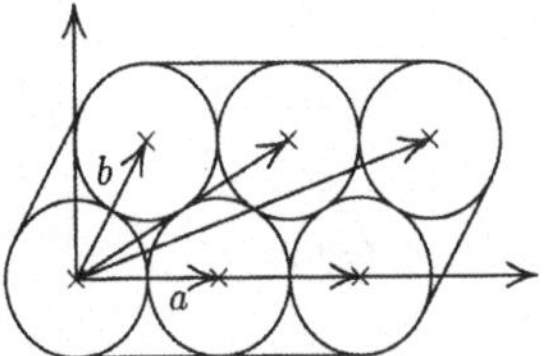

Bild 3.9 Doppelwurst für Fall 1

Dann ist nach der Formel von Steiner

$$d\left(B^2, C_N^{hex}\right) = \frac{N \cdot \pi}{2(\frac{N}{2} - 1) \cdot \sqrt{3} + 2(\frac{N}{2} - 1) \cdot 2 + 2 \cdot 2 + \pi} =$$

$$= \frac{N \cdot \pi}{(N - 2) \cdot \sqrt{3} + (N - 2) \cdot 2 + 2 \cdot 2 + \pi}.$$

Für die Wurst gilt dagegen mit Notiz 3.1

$$d\left(B^2, S_N\right) = \frac{N \cdot \pi}{4(N - 1) + \pi} =$$

$$= \frac{N \cdot \pi}{(N - 2) \cdot 2 + (N - 2) \cdot 2 + 2 \cdot 2 + \pi}.$$

Ein Vergleich der beiden Nenner ergibt mit $\sqrt{3} < 2$ die Behauptung.

2. Fall: N ungerade

Wir wählen C_N^{hex} wieder als Doppelwurst, der aber jetzt um einen Kreis verlängert ist.

$$C_N^{hex} = \left\{ ma + nb \,\middle|\, 0 \leq m \leq \frac{N-1}{2}; \; 0 \leq n \leq 1 \right\} \setminus \left\{ \frac{N-1}{2} a + b \right\},$$

wobei a und b wieder wie im 1. Fall gewählt sind.

Die Rechnung verläuft völlig analog zum ersten Fall, weshalb Sie, lieber Leser, dies getrost als Übungsaufgabe 3 erledigen können. $\qquad\square$

Der Satz garantiert also den Fortbestand der Vorherrschaft des hexagonalen Gitters alias Cluster über das quadratische Gitter alias Wurst.

In den im Beweis gewählten „Doppelwurstclustern" steckt natürlich hinsichtlich einer weiter optimierten Packungsdichte noch ein gewaltiges Entwicklungspotential. Intuitiv ist dies sofort klar, da die Doppelwurstcluster für große N mehr der Wurstkonfiguration als einer hexagonalen Gitterkonfiguration ähneln. Formal bringt dieses Entwicklungspotential folgender Limes zum Ausdruck:

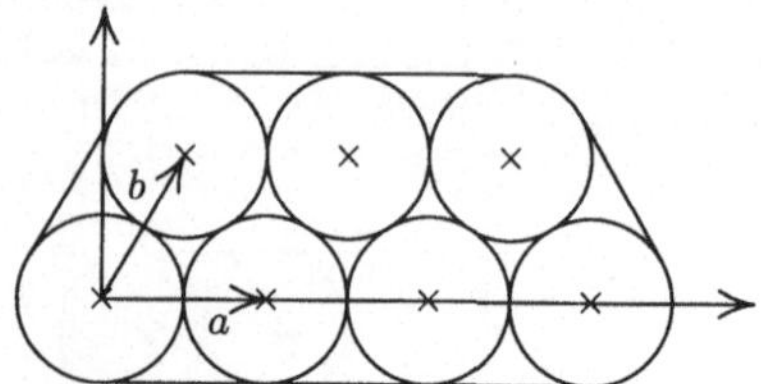

Bild 3.10 Doppelwurst für Fall 2

$$\lim_{N \to \infty} \mathrm{d}\big(B^2, C_N^{hex}\big) = \frac{\pi}{2 + \sqrt{3}}$$

Im Vergleich dazu gilt für die Wurst:

$$\lim_{N \to \infty} \mathrm{d}\big(B^2, S_N\big) = \frac{\pi}{4} = \frac{\pi}{2 + 2}$$

Für die Packungsdichte einer infiniten Kreisgitterpackung gilt jedoch:

$$\delta\big(B^2, G_{hex}\big) = \frac{\pi}{2\sqrt{3}} = \frac{\pi}{\sqrt{3} + \sqrt{3}}$$

Da für finite Packungen C_N mit maximaler Packungsdichte zu erwarten ist, daß ihr Grenzwert gegen die Packungsdichte der infiniten Gitterpackung mit maximaler Packungsdichte strebt (dies ist ja gerade das Ergebnis von A. Thue, vgl. Satz 2.16 in Abschnitt 2.5.5), d. h.

$$\lim_{N \to \infty} \mathrm{d}\big(B^2, C_N\big) = \delta\big(B^2, G^{hex}\big),$$

sieht man, daß das Entwicklungspotential der im Satz gewählten hexagonalen Cluster erst „zur Hälfte" ausgeschöpft ist.

In diesem Sinne macht der Satz also keine bestmögliche Aussage, verdiente daher, für sich allein betrachtet, auch das Prädikat „Satz" gar nicht. Die Legitimation dafür bezieht er, im Rahmen der dargestellten Theorie, aus dem Vergleich mit der höherdimensionalen Situation, den Aussagen von Wurstkatastrophe und Wurstvermutung.

Der neugierige Leser kann bereits dahin vorauseilen, sollte allerdings in einer Minute der Muße wieder zurückkehren — nicht nur um den „Doppelwurstcluster" weiterzuentwickeln.

3.2.1.3　Vergleich von hexagonalen Clusterpackungen

Wir beginnen mit einem Vergleich von verschiedenen, hexagonalen Clusterpackungen für unendlich große Stückzahlen ($N \to \infty$).

Als erstes Beispiel betrachten wir eine hexagonale Konfiguration $C_{N^2}^{hex}$ mit quadratischem Rand

$$C_{N^2}^{hex} = \big\{\, ma + nb \mid 0 \leq m \leq N - 1;\ 0 \leq n \leq N - 1 \,\big\},$$

wobei a und b wie im Satz gewählt sind.

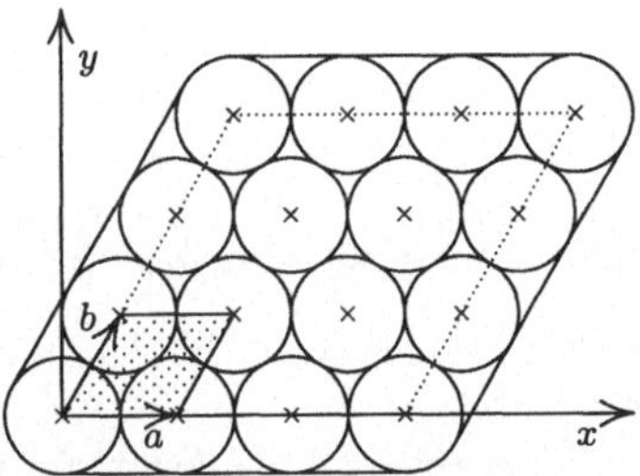

Bild 3.11 Hexagonale Kreispackung mit quadratischem Rand

Nach der Formel von Steiner ist

$$\mathrm{d}\big(B^2, C_{N^2}^{hex}\big) = \frac{N^2\pi}{(N-1)^2 \cdot \mathcal{F}\big(\mathrm{F}(G^{hex})\big) + 2(N-1) \cdot 4 + \pi},$$

wobei $\mathrm{F}\big(\mathcal{F}(G^{hex})\big)$ die Fläche des Fundamentalparallelogramms des hexagonalen Gitters bezeichnet. Mit

$$\mathrm{d}\big(B^2, C_{N^2}^{hex}\big) = \frac{N^2\pi}{(N-1)^2 \cdot 2\sqrt{3} + 2(N-1) \cdot 4 + \pi}$$

folgt

$$\lim_{N\to\infty} \mathrm{d}\big(B^2, C_{N^2}^{hex}\big) = \frac{\pi}{2\sqrt{3}} = \delta\big(B^2, G^{hex}\big).$$

Das gleiche Ergebnis liefern auch hexagonale Konfigurationen mit dreieckigem oder sechseckigem Rand (vgl. Aufgabe 4), allgemein: Konfigurationen, die in beide Dimensionen der Ebene wachsen. Genau dann kann man im Limes $N \to \infty$ die lediglich linear wachsenden Randeinflüsse im Vergleich zum quadratisch wachsenden Flächeneinfluß vernachlässigen.
Wir halten fest:

Notiz 3.2 Es gibt finite hexagonale Kreispackungen $\mathrm{P}\big(B^2, C_N^{hex}\big)$, deren Packungsdichte im Limes $N \to \infty$ gegen die Packungsdichte der hexagonalen Kreisgitterpackung $\mathrm{GP}\big(B^2, G^{hex}\big)$ konvergiert:

$$\lim_{N\to\infty} \mathrm{d}\big(B^2, C_N^{hex}\big) = \delta\big(B^2, G^{hex}\big)$$

Im Sinne der nachfolgenden Notiz 3.3 sind solche hexagonalen Clusterpackungen auch optimal.

Notiz 3.3 Für die Packungsdichte hexagonaler Clusterpackungen $\mathrm{P}\big(B^2, C_N^{hex}\big)$ gilt:

$$\mathrm{d}\big(B^2, C_N^{hex}\big) < \frac{\pi}{2\sqrt{3}}.$$

Beweis der Notiz 3.3

Gegeben sei eine hexagonale Clusterpackung $\mathrm{P}\big(B^2, C_N^{hex}\big)$. Dann gilt für die Summanden in der Steinerschen Formel:

1. $\mathrm{F}\big(\mathrm{conv}(C_N^{hex})\big) = 2N_i \cdot \dfrac{\mathrm{F}\big(\mathcal{F}(G^{hex})\big)}{2} = 2N_i \cdot \sqrt{3}$, wobei $2N_i$ die Anzahl der halben Fundamentalparallelogramme ist, aus denen sich $\mathrm{F}\big(\mathrm{conv}(C_N^{hex})\big)$ zusammensetzen läßt.

   N_i ist also nach Satz 2.11 auch die Anzahl der Kreise, teilweise zerlegt in Sektoren, im Innern von $\mathrm{conv}\big(C_N^{hex}\big)$.

2. $\mathrm{U}\big(\mathrm{conv}(C_N^{hex})\big) = 2N_a \cdot 2$, wobei $2N_a$ die Anzahl der Halbkreise (bzw. an den Ecken: „Viertelkreispaare") ist, die zum Rand von $\mathrm{conv}\big(C_N^{hex}\big)$ beitragen.

3. $\mathrm{Vol}\big(B^2\big) = \pi$

   Berücksichtigt man, daß die Kreissektoren an den Ecken von $\mathrm{conv}\big(C_N^{hex}\big)$ einen Kreis ergeben, so führt eine einfache Bilanzbetrachtung auf

$$N_i + N_a + 1 = N \quad \text{bzw.} \quad N_a = N - N_i - 1. \qquad (*)$$

Insgesamt hat man:

$$\begin{aligned}
\mathrm{F}\big(\mathrm{conv}(B^2 + C_N^{hex})\big) &= 2N_i \cdot \sqrt{3} + 2(N - N_i - 1) \cdot 2 + \pi = \\
&= 2N_i \cdot \sqrt{3} + 2(N - N_i) \cdot 2 - 2 \cdot 2 + \pi = \\
&= 2N_i\sqrt{3} + 2(N - N_i)\sqrt{3} + 2(N - N_i) \cdot (2 - \sqrt{3}) - 2 \cdot 2 + \pi = \\
&= 2N\sqrt{3} + 2(N - N_i) \cdot (2 - \sqrt{3}) - 2 \cdot 2 + \pi = \\
&= 2N\sqrt{3} + 2(N - N_i) \cdot (2 - \sqrt{3}) - 2\Big(2 - \frac{\pi}{2}\Big).
\end{aligned}$$

Da die konvexe Hülle von C_N mindestens ein gleichseitiges Dreieck mit Seitenlänge 2 ist, gilt:

$$\mathrm{U}\big(\mathrm{conv}(C_N^{hex})\big) \geq 6,$$
$$\text{also} \qquad 2N_a \cdot 2 \geq 6,$$
$$\text{mit } (*) \qquad 2(N - N_i) \geq 5.$$

Dies ergibt

$$\mathrm{F}\big(\mathrm{conv}(B^2 + C_N^{hex})\big) \geq 2N\sqrt{3} + 5(2 - \sqrt{3}) - 2\Big(2 - \frac{\pi}{2}\Big)$$
$$> 2N\sqrt{3}.$$

Nach der Definition folgt daraus die Behauptung. $\qquad\qquad\qquad\square$

Bemerkung:

Die Notiz 3.3 gilt allgemein für beliebige Clusterpackungen. Einen Beweis kann man nachlesen in [Fej72] (vgl. Aufgabe 5b). Der geduldige Leser darf aber auch warten auf den Satz 4.3, der die Notiz 3.3 ebenfalls für beliebige Clusterpackungen enthält.

Ein weitaus schwierigeres Problem ist es, bei gegebener Stückzahl N unter allen hexagonalen oder gar unter allen möglichen Clusterpackungen diejenige Packung mit maximaler Packungsdichte herauszufinden. Dies illustrieren wir anhand zweier Beispiele.

Beispiel 1: Unter allen hexagonalen Kreispackungen von 7 Kreisen $P\bigl(B^2, C_7^h\bigr)$ besitzt nur die sechseckige Konfiguration $P\bigl(B^2, C_7^{hex}\bigr)$ maximale Packungsdichte.

Beweisskizze

1. Man zeigt, daß für alle hexagonalen Konfigurationen C_7^h die Summe der Anzahl (#) der Innendreiecksflächen A_I und Randrechtecksflächen A_R konstant und unabhängig von der Konfiguration C_7^h ist:

$$\#A_I + \#A_R = \text{const} \ (= 2 \cdot (N - 1))$$

(vgl. im folgenden Abschnitt Lemma 3.3)

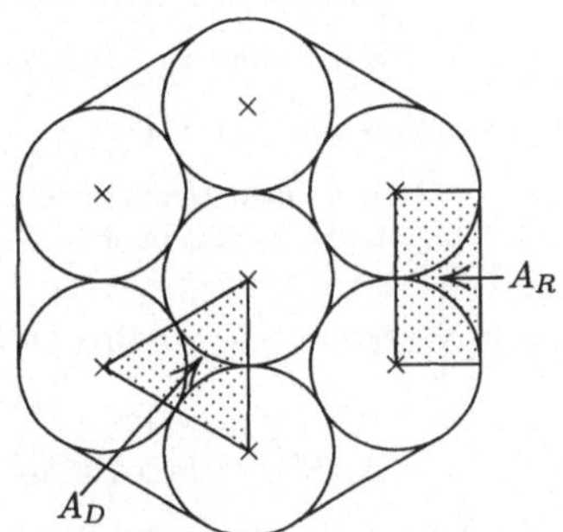

Bild 3.12 Hexagonale Kreispackung aus 7 Kreisen mit maximaler Packungsdichte

2. Wegen $A_R > A_D$ ist die Anzahl der A_R zu minimieren.
Es genügt also, den Umfang $U\bigl(\text{conv}(C_7^h)\bigr)$ bzw. $U\bigl(\text{conv}(B^2 + C_7^h)\bigr)$ zu minimieren.

3. Da $\text{conv}\bigl(B^2 + C_7^h\bigr)$ 7 Kreise enthält, gilt für die Fläche

$$F\bigl(\text{conv}(B^2 + C_7^h)\bigr) > 7\pi.$$

Nach dem als isoperimetrisches[3] Problem oder „Problem der Dido"[4] bekannten Sachverhalt läßt sich der Umfang $U\bigl(\text{conv}(B^2 + C_7^h)\bigr)$ durch den Umfang eines Kreises mit Flächeninhalt 7π nach unten abschätzen:

$$U\bigl(\text{conv}(B^2 + C_7^h)\bigr) > 2\pi\sqrt{7}$$

Es folgt:

$$U\bigl(\text{conv}(C_7^h)\bigr) > 2\pi\left(\sqrt{7} - 1\right) \approx 10{,}34$$

Da U geradzahlig sein muß, gilt

$$U\bigl(\text{conv}(C_7^h)\bigr) \geq 12.$$

Das Gleichheitszeichen ist nur beim Sechseck erfüllt. □

---

[3]iso (gr.): gleich
perimeter (engl. bzw. gr.): Umfang
[4]Königin von Karthago

Beispiel 2:   Unter allen Kreispackungen von 3 Kreisen $P(B^2, C_3)$ besitzt die hexagonale Konfiguration $P(B^2, C_3^{hex})$ maximale Packungsdichte.

Beweisskizze

1. Es ist gemäß der Definition 3.2

$$F\big(\mathrm{conv}(C_3)\big) + U\big(\mathrm{conv}(C_3)\big)$$

zu minimieren.
Die Kreismittelpunkte bilden ein Dreieck $\triangle ABC$, so daß

$$F(\triangle ABC) + U(\triangle ABC)$$

zu minimieren ist unter der Nebenbedingung $a \geq 2$, $b \geq 2$, $c \geq 2$.

2. O. B. d. A. kann man zwei Winkel, α und β, als spitz annehmen.

3. O. B. d. A. kann man $a = 2$ annehmen. Denn hätte man ein Minimum für ein Dreieck $\triangle ABC$ mit $a > 2$ gefunden, wählt man $B' \in [CB]$ mit $\overline{CB'} = 2$. Dann gilt für das Dreieck $\triangle AB'C$

$$F(\triangle AB'C) < F(\triangle ABC) \qquad \text{und} \qquad U(\triangle AB'C) < U(\triangle ABC),$$

also erst recht

$$F(\triangle AB'C) + U(\triangle AB'C) < F(\triangle ABC) + U(\triangle ABC),$$

und das Dreieck $\triangle ABC$ hätte nicht die gewünschte Minimaleigenschaft.

4. O. B. d. A. kann man $b = 2$ annehmen. Begründung wie in 2.

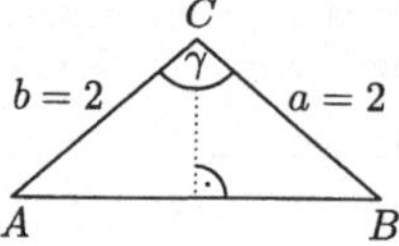

Bild 3.13 Fläche — Umfang

5. In Abhängigkeit von γ nimmt die Funktion $F\big(\mathrm{conv}(C_3)\big) + U\big(\mathrm{conv}(C_3)\big)$

$$F + U\colon [0; \pi[\to \mathbb{R}$$

$$\gamma \mapsto 4\sin\left(\frac{\gamma}{2}\right)\cos\left(\frac{\gamma}{2}\right) + 4\left(1 + \sin\left(\frac{\gamma}{2}\right)\right)$$

ihr Minimum bei $\gamma = \frac{\pi}{3}$ an (vgl. Aufgabe 6). $\square$

Das Beispiel 2 zeigt noch einmal deutlich die Schwierigkeit bei der Suche nach finiten Packungen mit maximaler Packungsdichte: Es ist die Summe aus Flächenmaßzahl und Umfangsmaßzahl zu minimieren. Bei infiniten Gitterpackungen führte allein das Auffinden des Minimums der Flächenmaßzahl zu nichttrivialen Lösungsansätzen.

Das Beispiel 2 gibt bereits einen Ausblick auf das offene Ende dieses Abschnitts.

3.2.1.4 *Ein noch ungelöstes Problem*

Wie sieht die allgemeine Lösung des folgenden Problems aus?
Gegeben ist eine Anzahl N von Einheitskreisen. Gesucht ist diejenige finite Packung $P(B^2, C_N)$, deren Packungsdichte maximal ist.

Bestimmt haben Sie, lieber Leser, eine Ahnung davon, wie diese ideale Kreispackung aussehen muß: Sie ist hexagonal und die Form der konvexen Hülle ist ebenfalls so regulär-sechseckig wie möglich. Eine Schwierigkeit liegt gerade in dem unscharfen Begriff „so regulär-sechseckig wie möglich". Klammert man dieses Teilproblem aus und gibt sich $N = 3k(k+1)+1$ $(k \in \mathbb{N})$ vor, wo man jeweils regulär-sechseckige konvexe Hüllen zur Verfügung hat, so bleiben dennoch beträchtliche technische Schwierigkeiten. Denn das Argument 3 in der Beweisskizze zu Beispiel 1 läßt sich nicht für $k \geq 2$ verallgemeinern.

Fazit: Eine allgemeine, geschlossene Lösung dieses Problems der dichtesten finiten Kreispackung steht noch aus, wenn auch bereits sehr beachtliche, profunde Teilergebnisse erzielt wurden [Weg84, Weg86].

3.2.2 Ausgewählte Kugelpackungen

Analog zu den Kreispackungen stellt sich uns die Frage: Wie läßt sich die Packungsdichte einer finiten Kugelpackung im allgemeinen Fall berechnen?

Unter Berücksichtigung der Definition 3.2 der Packungsdichte benötigen wir dazu das Volumen der konvexen Hülle aller Kugeln $\mathrm{conv}(B^3 + C_N)$. Dieses Problem ist etwas schwieriger, da unsere Anschauung und, was schwerer wiegt, unsere rechnerische Erfahrung im Raum weniger stark ausgeprägt ist als in der Ebene.
Als Anregung betrachten wir die in Abbildung 3.14 skizzierte Clusterpackung von 4 Kugeln.

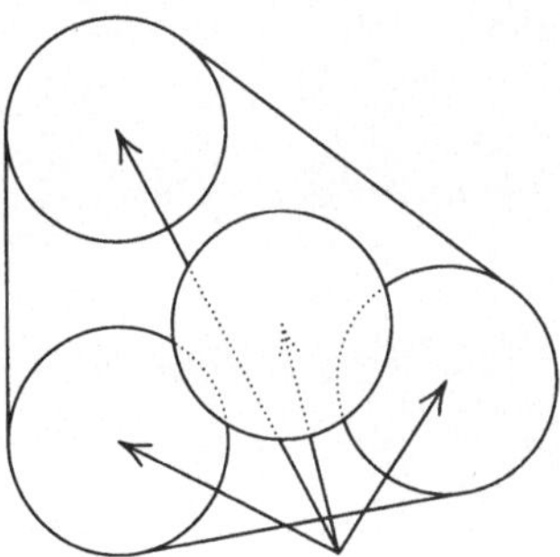

Bild 3.14 Clusterpackung mit 4 Kugeln

Die konvexe Hülle der Kugeln

$$\mathrm{conv}(B^3 + C_4) = \mathrm{conv}\Big(\{B^3 + c_1, B^3 + c_2, B^3 + c_3, B^3 + c_4\}\Big)$$

setzt sich zusammen aus

(1) dem von den Vektoren $c_1, \ldots, c_4$ aufgespannten konvexen 4-Polytop, (das hier eine Pyramide mit den Ecken c_1, c_2, c_3, c_4 ist), das heißt der *konvexen Hülle der Kugelmittelpunkte* $\mathrm{conv}(C_4)$,

(2) den von je einer Fläche des konvexen 4-Polytops und je einem Radius gebildeten *geraden Prisma*,

(3) den *Zylindersektoren* an den Kanten des konvexen 4-Polytops,

(4) den *Kugelsektoren* an den Ecken des konvexen 4-Polytops.

Dabei sind die einzelnen, offenen Teilvolumina paarweise disjunkt, so daß ihre Summe das Volumen der konvexen Hülle der vier Kugeln ergibt.

Die unter (4) genannten Kugelsektoren bilden genau eine Vollkugel. Das läßt sich im Prinzip ebenso wie im ebenen Fall zeigen, ist aber erheblich schwieriger. Der Grund dafür liegt darin, daß man nicht so leicht mit einer räumlichen Innenwinkelsumme argumentieren kann (vgl. Aufgabe 2). Ein Beweis ist in dem Buch [Had55] enthalten. Wir begnügen uns mit einer Illustration dieses Sachverhalts anhand Abbildung 3.15.

Bild 3.15 Tetraeder und Kugelsektoren

Zur Vereinfachung sind die Volumina gemäß (2) und (3) weggelassen worden, und die Spitzen der Vektoren $c_1, \ldots, c_4$ bilden die Ecken eines regulären Tetraeders.

Den Mittelpunktswinkel eines in (3) eingeführten Zylindersektors überlegt man sich schnell. Er entspricht dem in Abbildung 3.16 eingezeichneten Außenkantenwinkel α, der über die Beziehung $\alpha + \beta = 180°$ mit dem Innenkantenwinkel β, dem Winkel zwischen den beiden die Kante bildenden Flächen des Polytops, zusammenhängt.

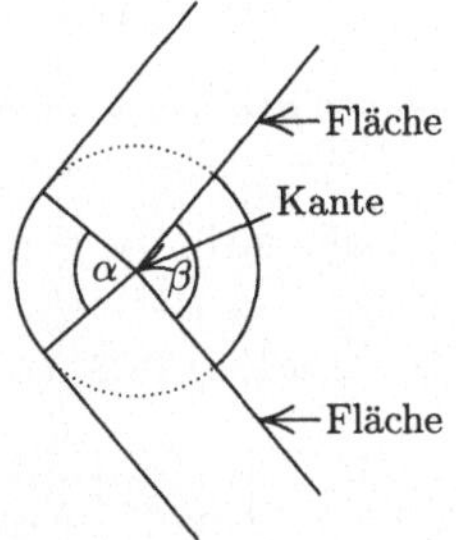

Bild 3.16 Außenkantenwinkel

Mit dieser Vorarbeit erhalten wir für die Volumenmaßzahl der einzelnen Teilvolumina (1) bis (4):

(4') $\mathrm{Vol}(B^3) = \frac{4}{3}\pi$,

(3') $\dfrac{\alpha_{12}}{360°}\pi|c_2 - c_1| + \dfrac{\alpha_{13}}{360°}\pi|c_3 - c_1| + \dfrac{\alpha_{14}}{360°}\pi|c_4 - c_1|+$

$\dfrac{\alpha_{23}}{360°}\pi|c_3 - c_2| + \dfrac{\alpha_{24}}{360°}\pi|c_4 - c_2| + \dfrac{\alpha_{34}}{360°}\pi|c_4 - c_3| =$

$= \mathrm{M}\big(\mathrm{conv}(C_4)\big),$

wobei α_{ij} den Außenkantenwinkel zur Kante $c_i - c_j$ bezeichne. Diese Summe ist damit in der Sprache der Differentialgeometrie die *mittlere Krümmung* M des konvexen Körpers, hier des betrachteten 4-Polytops.

(2') $\mathrm{F}\big(\mathrm{conv}(C_4)\big)$, wobei F die Oberfläche des 4-Polytops bezeichne.

(1') $\mathrm{V}\big(\mathrm{conv}(C_4)\big)$, wobei V das Volumen des 4-Polytops bezeichne.

Dieses konkrete Beispiel für vier Kugeln läßt sich problemlos auf Clusterpackungen von N Kugeln verallgemeinern und führt so zur Steinerschen Formel:

Lemma 3.2 (Formel von Steiner): *Gegeben sei eine Clusterpackung* $\mathrm{P}\big(B^3, C_N\big)$ *von N Einheitskugeln. Dann gilt für das Volumen der konvexen Hülle:*

$$\mathrm{Vol}\big(\mathrm{conv}(B^3 + C_N)\big) = \mathrm{V}\big(\mathrm{conv}(C_N)\big) + \mathrm{F}\big(\mathrm{conv}(C_N)\big) + \mathrm{M}\big(\mathrm{conv}(C_N)\big) + \frac{4}{3}\pi.$$

Bemerkung:
In der Literatur über Konvexgeometrie heißt $\mathrm{conv}\big(B^3 + C_N\big)$ auch *äußerer Parallelkörper* zu $\mathrm{conv}(C_N)$.

Besitzt der Cluster C_N nur eine ebene Ausdehnung, d. h. $\dim(\mathrm{conv}(C_N)) = 2$, dann gilt natürlich $\mathrm{V}(\mathrm{conv}(C_N)) = 0$. Im Falle einer Wurstpackung ist $\dim(\mathrm{conv}(C_N)) = 1$ und daher außerdem $\mathrm{F}(\mathrm{conv}(C_N)) = 0$. Damit vereinfacht sich die Steinersche Formel folgendermaßen:

Notiz 3.4

(a) Gegeben sei eine Wurstpackung $\mathrm{P}(B^3, S_N)$ von N Einheitskugeln. Dann gilt für das Volumen der konvexen Hülle:

$$\mathrm{Vol}(\mathrm{conv}(B^3 + S_N)) = \pi \cdot 2 \cdot (N-1) + \frac{4}{3}\pi.$$

(b) Gegeben sei eine ebene Clusterpackung $\mathrm{P}(B^2, C_N)$ von N Einheitskugeln. Dann gilt

$$\mathrm{Vol}(\mathrm{conv}(B^3 + C_N)) = 2 \cdot \mathrm{F}(\mathrm{conv}(C_N)) + \frac{\pi}{2} \cdot \mathrm{U}(\mathrm{conv}(C_N)) + \frac{4}{3}\pi.$$

Dabei bezeichnet F die Fläche von $\mathrm{conv}(C_N)$ und U den Umfang von $\mathrm{conv}(C_N)$.

Mit diesem Handwerkszeug können wir die in Aufgabe 6 des letzten Abschnitts gesammelten Kugelpackungen weiter untersuchen.

3.2.2.1 *Vergleich: Wurstpackung — Quadratische Packung — Einfach-kubische Packung*

Anders als in der Ebene ist der Vergleich zwischen der Wurstpackung und der quadratischen Packung wenig spannend. In puncto Packungsdichte liegt die Wurst eindeutig vorn. Mit zunehmender Stückzahl wächst ihr Vorsprung.

Eine exakte Rechnung zeigt (vgl. Abbildung 3.7. Die Kreise symbolisieren jetzt Kugeln.) unter Verwendung von Notiz 3.4:

$$d(B^3, S_{N^2}) = \frac{\frac{4\pi}{3} \cdot N^2}{\pi \cdot 2(N^2 - 1) + \frac{4\pi}{3}}$$

$$= \frac{2N^2}{3N^2 - 1},$$

$$d(B^3, C_{N^2}^{qu}) = \frac{\frac{4\pi}{3} N^2}{2 \cdot (2(N-1))^2 + \frac{\pi}{2} \cdot 4 \cdot 2(N-1) + \frac{4\pi}{3}} =$$

$$= \frac{\pi N^2}{6(N-1)^2 + 3\pi(N-1) + \pi},$$

und damit folgt mit etwas Analysis (vgl. Aufgabe 3) sofort:

$$\mathbf{d(B^3, S_{N^2}) > d(B^3, C_{N^2}^{qu})} \qquad \text{für alle } \mathbf{N > 1,}$$

wobei $C_{N^2}^{qu}$ die quadratische, ebene Clusterkonfiguration von N^2 Kreisen bezeichne.

Die Grenzwerte

$$\lim_{N \to \infty} \mathrm{d}\big(B^3, S_{N^2}\big) = \frac{2}{3}$$

$$\lim_{N \to \infty} \mathrm{d}\big(B^3, C_{N^2}^{qu}\big) = \frac{\pi}{6} \quad .$$

enthüllen die Ursache für das Auseinanderdriften von Wurst und quadratischem Cluster im Raum. Ein Blick auf Abbildung 3.7 in 3.2.1 zeigt, daß sich im Raum die Bausteine (DV-Zelle) von Wurst und Cluster deutlich voneinander unterscheiden.
Im Falle der Wurst ist es ein einer Kugel umbeschriebener Zylinder; die „lokale Pakkungsdichte" beträgt dabei

$$d_S = \frac{\mathrm{Vol}\big(B^3\big)}{\mathrm{Vol}(\mathit{Zylinder})} = \frac{\frac{4\pi}{3}}{\pi \cdot 2} = \frac{2}{3}.$$

Dieses Ergebnis stammt von keinem geringeren als Archimedes; der Sachverhalt selbst gilt als das älteste Packungsproblem der Mathematik.
Im Falle des quadratischen Clusters ist es ein einer Kugel umbeschriebener Würfel; die „lokale Packungsdichte" beträgt dann

$$d_{Cl} = \frac{\mathrm{Vol}\big(B^3\big)}{\mathrm{Vol}(\mathit{Würfel})} = \frac{\frac{4\pi}{3}}{2^3} = \frac{\pi}{6}.$$

Natürlich führt ein Vergleich der jeweils eingeschlossenen „Luftkammern" zum gleichen Ergebnis.
   Ebenso wenig aufregend wie der Vergleich zwischen Wurstpackung und der quadratischen, ebenen Clusterpackung ist ein Vergleich zwischen der Wurstpackung und der einfach kubischen Packung (vgl. Aufgabe 4).
   Daher wenden wir uns sofort der kubisch verdichteten Cluster-Packung bzw. der fcc-Packung und zuvor der hexagonalen, ebenen Clusterpackung zu.

3.2.2.2   Vergleich: Wurstpackung — Hexagonale Packung — Flächenzentriert-kubische Packung

Wie im ebenen Fall beginnen wir mit einem Vergleich zwischen Wurst- und Clusterkonfiguration für $N = 3$.
Man errechnet leicht mit Hilfe des Lemmas 3.2 und Notiz 3.4

$$\mathrm{d}\big(B^3, S_3\big) = \frac{3 \cdot \frac{4\pi}{3}}{\pi \cdot 4 + \frac{4\pi}{3}} = \frac{3}{4}$$

und

$$\mathrm{d}\big(B^3, C_3^{hex}\big) = \frac{3 \cdot \frac{4\pi}{3}}{2 \cdot \sqrt{3} + \frac{\pi}{2} \cdot 6 + \frac{4\pi}{3}} =$$

$$= \frac{3 \cdot \frac{4\pi}{3}}{2\sqrt{3} + 3\pi + \frac{4\pi}{3}} \approx 0{,}736.$$

Also

$$d(B^3, S_3) > d(B^3, C_3^{hex}).$$

Auf den ersten Blick ist dieses Ergebnis verblüffend, da im Gegensatz zu den entsprechenden Kreispackungen die Situation hier gerade umgekehrt ist. Jedoch findet man schnell eine anschauliche Erklärung:

War bei Kreisen die „mittlere Luftkammer" in der Clusterpackung noch um $2 - \sqrt{3}$ kleiner als eine „Randluftkammer", so ist hier die „mittlere Luftkammer" in der Clusterpackung um $2\sqrt{3} - \pi$ größer als eine „Randluftkammer" (vgl. Abbildung 3.17).

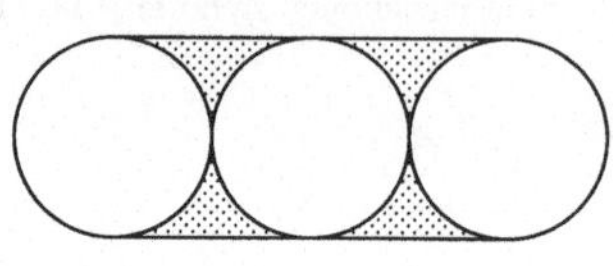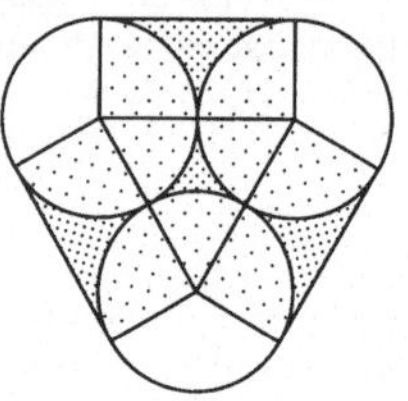

Bild 3.17 3-Kugel-Konfiguration

Weiteres Experimentieren mit hexagonalen, ebenen Clustern bestätigt diesen Sachverhalt für Stückzahlen $N \geq 4$, was zur Formulierung des folgenden Satzes Anlaß gibt. Er ist das Pendant zum Clustersatz 3.5.

Satz 3.6 *Für jede Stückzahl $N \geq 3$ von Einheitskugeln besitzt die Wurstpackung* $P(B^3, S_N)$ *eine größere Packungsdichte als jede hexagonale Clusterpackung:*

$$d(B^3, S_N) > d(B^3, C_N^{hex})$$

Beweis des Satzes 3.6

Nach der Definition 3.2 der finiten Packungsdichte genügt es zu zeigen, daß

$$\text{Vol}(\text{conv}(B^3 + S_N)) < \text{Vol}(\text{conv}(B^3 + C_N^{hex}))$$

bzw.

$$\text{Vol}(\text{conv}(B^3 + S_N)) - \frac{4}{3}\pi < \text{Vol}(\text{conv}(B^3 + C_N^{hex})) - \frac{4}{3}\pi$$

erfüllt ist.

Für die linke Seite, die Wurst, liefert Notiz 3.4a)

$$\text{Vol}(\text{conv}(B^3 + S_N)) - \frac{4}{3}\pi = \pi \cdot 2 \cdot (N - 1);$$

für die rechte Seite, den ebenen Cluster, gilt mit Notiz 3.4b)

$$\text{Vol}(\text{conv}(B^3 + C_N^{hex})) - \frac{4}{3}\pi = 2 \cdot F(\text{conv}(C_N^{hex})) + \frac{\pi}{2} \cdot U(\text{conv}(C_N^{hex})). \qquad (*)$$

Zunächst zerlegen wir die Hülle $\text{conv}(C_N^{hex})$ so in *Innendreiecke*, daß jedes Innendreieck $\triangle ABC$ genau drei Punkte aus C_N^{hex} als Eckpunkte besitzt:

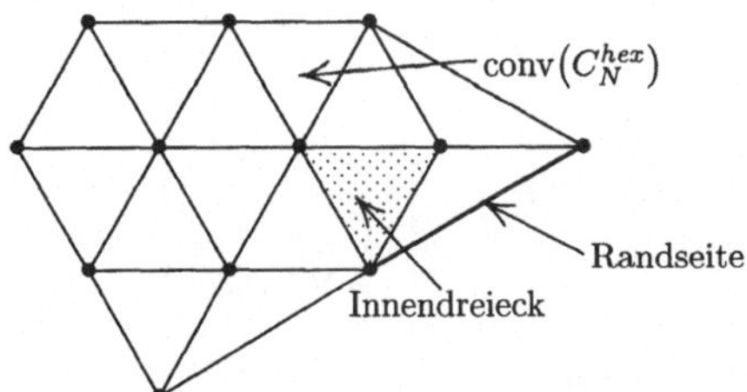

Bild 3.18 Randseite — Innendreieck

$$A, B, C \in C_N^{hex} \quad \text{und} \quad \Delta ABC \cap C_N^{hex} = \{A, B, C\}.$$

Dann ist die Fläche eines solchen Innendreiecks gerade halb so groß wie die Fläche eines Fundamentalparallelogramms der infiniten hexagonalen Kreisgitterpackung:

$$F(\Delta ABC) = \frac{1}{2} F\big(\mathcal{F}(G_{hex})\big)$$

Also gilt:

$$F(\Delta ABC) = \sqrt{3}$$

Der Rand der Hülle conv$\big(C_N^{hex}\big)$ läßt sich so in *Randseiten* einteilen, daß jede Randseite $[DE]$ genau 2 Punkte aus C_N^{hex} als Endpunkte besitzt:

$$D, E \in C_N^{hex} \quad \text{und} \quad [DE] \cap C_N^{hex} = \{D, E\}.$$

Dann ist die Länge einer solchen Randseite größer oder gleich dem Kugeldurchmesser:

$$\overline{DE} \geq 2.$$

Bezeichnet N_I die *Anzahl der Innendreiecke* und N_R die *Anzahl der Randseiten*, so gilt für den Flächeninhalt der Hülle

$$F\big(\mathrm{conv}(C_N^{hex})\big) = \sqrt{3} \cdot N_I$$

und für den Umfang der Hülle

$$U\big(\mathrm{conv}(C_N^{hex})\big) \geq 2 \cdot N_R.$$

Eingesetzt in (*), folgt daraus für

$$\mathrm{Vol}\big(\mathrm{conv}(B^3 + C_N^{hex})\big) - \frac{4}{3}\pi \geq 2 \cdot \sqrt{3} \cdot N_I + \frac{\pi}{2} \cdot 2 \cdot N_R >$$
$$> \pi \cdot N_I + \pi \cdot N_R = \pi(N_I + N_R).$$

Nach dem untenstehenden Lemma 3.3 läßt sich die Summe der Anzahl der Innendreiecke und der Anzahl der Randseiten jedoch allein — und dies ist der Clou des Beweises — durch die Anzahl N der Gitterpunkte ausdrücken:

$$N_I + N_R = 2(N - 1).$$

Das Ergebnis lautet damit:

$$\mathrm{Vol}\big(\mathrm{conv}(B^3 + C_N^{hex})\big) - \frac{4}{3}\pi > \pi \cdot 2 \cdot (N - 1) =$$

$$= \mathrm{Vol}\big(\mathrm{conv}(B^3 + S_N)\big) - \frac{4}{3}\pi.$$

Daraus folgt die Behauptung. $\qquad\qquad\qquad\qquad\qquad\qquad\qquad\qquad\qquad\square$

Das im Beweis benötigte Lemma 3.3 formulieren und zeigen wir für beliebige ebene, finite Kugelpackungen.

Lemma 3.3 *Gegeben sei eine ebene, finite Kugelpackung* $\mathrm{P}(B^3, C_N)$. *Ein Dreieck* $\triangle ABC$ *mit Eckpunkten* $A, B, C \in C_N$ *heiße ein* Innendreieck, *falls*

$$\triangle ABC \cap C_N = \{A, B, C\}.$$

Eine Strecke $[DE]$ *mit Endpunkten* $D, E \in C_N$ *heiße* Randseite, *falls* $[DE]$ *auf dem Rand* $\mathrm{bd}\big(\mathrm{conv}(C_N)\big)$[5] *der konvexen Hülle von* C_N *liegt*

$$[DE] \subset \mathrm{bd}\big(\mathrm{conv}(C_N)\big) \qquad und \qquad [DE] \cap \mathrm{conv}(C_N) = \{D, E\}.$$

Ferner sei bei einer disjunkten Zerlegung von $\mathrm{conv}(C_N)$ *in Innendreiecke* N_I *die Anzahl aller Innendreiecke, die* C_N *disjunkt zerlegen, und es sei* N_R *die Anzahl aller Randseiten. Dann gilt:*

$$N_I + N_R = 2 \cdot (N - 1).$$

Beweis des Lemmas 3.3

Gegeben sei eine ebene finite Kugelpackung $\mathrm{P}(B^3, C_N)$. O. B. d. A. können wir wegen $\dim(C_N) = 2$ die Menge der Kugelmittelpunkte $C_N = \{c_1, \ldots, c_N\}$ als Teilmenge von $\mathbb{R}^2$ auffassen.

Die konvexe Hülle $\mathrm{conv}(C_N)$ ist dann ein n-Eck $(n \leq N)$ in der Ebene mit n Eckpunkten, r Randpunkten und i Innenpunkten. Dabei heiße ein Punkt $P \in C_N$ *Randpunkt*, wenn er auf dem Rand des n-Ecks liegt, aber kein Eckpunkt ist; er heiße *Innenpunkt*, wenn er kein Eckpunkt und kein Randpunkt ist. Innenpunkte liegen also trivialerweise im Innern des n-Ecks.

Dieses n-Eck zerlegen wir in mehreren Schritten in Innendreiecke: Zunächst läßt sich das n-Eck in kanonischer Weise in $n - 2$ Teildreiecke zerlegen, so daß jedes Teildreieck drei Eckpunkte des n-Ecks enthält.

Enthält darüber hinaus ein Teildreieck $\triangle ABC$ $(A, B, C \in C_N)$ einen Randpunkt R — es sei o. E. $R \in [AB]$ — so läßt sich dieses Teildreieck weiter zerlegen in zwei Dreiecke $\triangle ARC$ und $\triangle RBC$. Auf diese Weise erhält man eine Zerlegung in $(n - 2) + r$ Teildreiecke.

Enthält eines dieser Teildreiecke einen Innenpunkt, so sind zwei Fälle zu unterscheiden.

---

[5]von engl. boundary: Rand

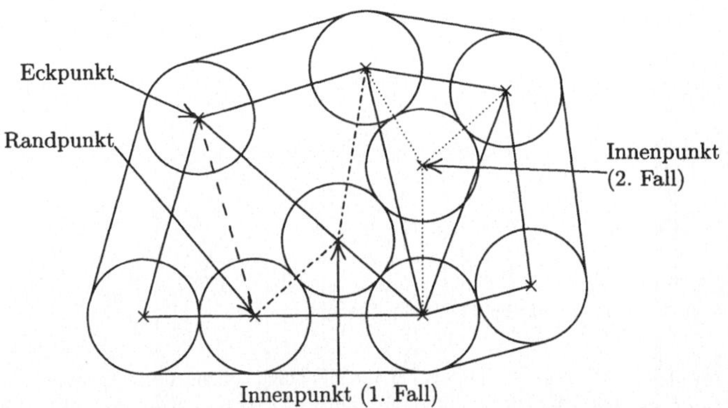

Bild 3.19 Eckpunkt — Randpunkt — Innenpunkt

1. Fall: Ein Innenpunkt I liegt auf einer Dreiecksseite, die zwei Teildreiecken $\triangle ABC$ und $\triangle BCD$ ($A, B, C, D \in C_N$) gemeinsam ist. Es sei o. E. $I \in [BC]$. Dann läßt sich jedes der beiden Dreiecke weiter zerlegen in zwei Teildreiecke: $\triangle ABI$, $\triangle AIC$, $\triangle BDI$, $\triangle IDC$.

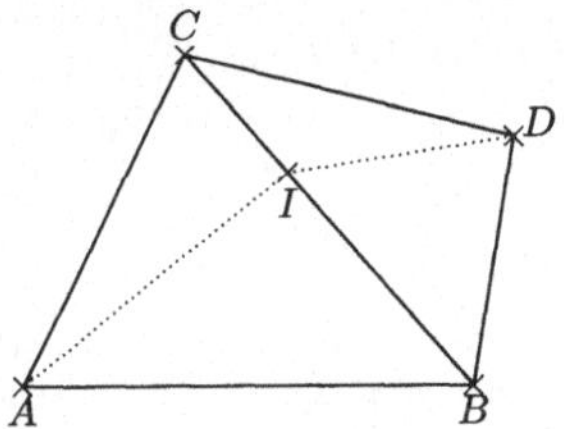

Bild 3.20 Innenpunkt für Fall 1

2. Fall: Ein Innenpunkt I liegt innerhalb eines Teildreiecks $\triangle ABC$. Dann läßt sich dieses Dreieck zerlegen in drei Teildreiecke: $\triangle ABI$, $\triangle IBC$, $\triangle AIC$.

Auf diese Weise erhält man eine Zerlegung in $(n - 2) + r + 2 \cdot i$ Teildreiecke. Jedes Teildreieck ist dann auch Innendreieck. Für die Zahl der Innendreiecke gilt:

$$N_I = (n - 2) + r + 2 \cdot i$$

Für die Zahl der Randseiten hat man trivialerweise:

$$N_R = n + r$$

Insgesamt folgt damit

$$N_I + N_R = (n - 2) + r + 2 \cdot i + n + r = 2n + 2r + 2i - 2 = 2N - 2. \qquad \square$$

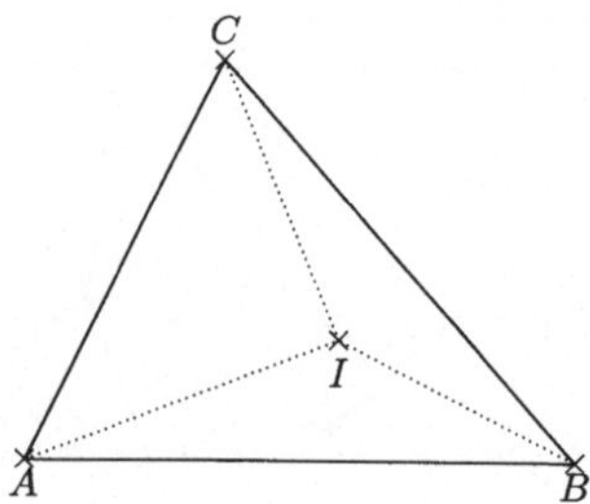

Bild 3.21 Innenpunkt für Fall 2

Eine Verallgemeinerung des Satzes 3.6 für beliebige, ebene finite Clusterpackungen $P(B^3, C_N)$ ist möglich. Dieses Ergebnis fällt im nächsten Kapitel (vgl. Aufgabe 5 zu 4.2.2) gewissermaßen als Nebenprodukt eines nochmals allgemeineren Satzes ab, so daß wir hier auf einen Beweis verzichten.

Stattdessen wenden wir uns dem Vergleich zwischen Wurst und räumlichen Clustern zu. Die Frage, die es zu untersuchen gilt, lautet: Ist die Wurstkonfiguration wiederum dichter gepackt als eine fcc-Clusterkonfiguration?
Wir beginnen mit der einfachsten nichttrivialen Stückzahl $N = 4$.

Für die Wurst errechnet man nach der Notiz 3.4:

$$d(B^3, S_4) = \frac{4 \cdot \frac{4\pi}{3}}{\pi \cdot 6 + \frac{4\pi}{3}} = \frac{8}{11} \approx 0{,}727$$

Die Berechnung der fcc-Clusterpackung, sie ist eine tetraedrische Clusterpackung $P(B^3, C_4^{tetr})$, erfordert einen längeren Atem. Wir verwenden die Formel von Steiner und betrachten Abbildung 3.15 und Abbildung 3.16.

1. Die Kugelmittelpunkte C_4^{tetr} bilden ein reguläres Tetraeder mit Kantenlänge 2. Für sein Volumen gilt

$$V\big(\mathrm{conv}(C_4^{tetr})\big) = \frac{2\sqrt{2}}{3}.$$

2. Die Oberfläche des Tetraeders besteht aus 4 gleichseitigen Dreiecken:

$$\mathcal{F}\big(\mathrm{conv}(C_4^{tetr})\big) = 4\sqrt{3}.$$

3. Die mittlere Krümmung setzt sich aus 6 identischen Zylindersektoren an den Kanten des Tetraeders zusammen. Der Außenkantenwinkel errechnet sich mit etwas Trigonometrie zu

$$\tan \alpha = -2\sqrt{2}.$$

Damit folgt:

$$\mathrm{M}\big(\mathrm{conv}(C_4^{tetr})\big) = 6 \cdot \frac{\arctan(-2\sqrt{2})}{360°} \cdot \pi \cdot 2 \quad \text{im Gradmaß bzw.}$$

$$\mathrm{M}\big(\mathrm{conv}(C_4^{tetr})\big) = 6 \cdot \arctan(-2\sqrt{2}) \quad \text{im Bogenmaß.}$$

4. Die Kugelsektoren an den Ecken des Tetraeders bilden zusammen eine Vollkugel mit Volumen $\frac{4\pi}{3}$.

Eingesetzt in die Formel von Steiner, ergibt sich:

$$\mathrm{Vol}\big(\mathrm{conv}(B^3 + C_4^{tetr})\big) = \frac{2}{3}\sqrt{2} + 4\sqrt{3} + 6 \cdot \arctan(-2\sqrt{2}) + \frac{4}{3}\pi$$

Damit gilt für die Packungsdichte:

$$\mathrm{d}\big(B^3, C_4^{tetr}\big) = \frac{4 \cdot \frac{4}{3}\pi}{\frac{2}{3}\sqrt{2} + 4\sqrt{3} + 6 \cdot \arctan(-2\sqrt{2}) + \frac{4}{3}\pi} \approx 0{,}712$$

Damit hat die Wurstkonfiguration die „Nase vorn."

Wir halten dieses verblüffende Ergebnis als Notiz fest:

Notiz 3.5 $\mathrm{d}\big(B^3, S_4\big) > \mathrm{d}\big(B^3, C_4^{tetr}\big)$

Ein Vergleich mit den ebenen Cluster zeigt:

$$\mathrm{d}\big(B^3, S_4\big) > \mathrm{d}\big(B^3, C_4^{tetr}\big) > \mathrm{d}\big(B^3, C_4^{hex}\big)$$

Zumindest das zweite Ungleichheitszeichen gibt unserer Intuition recht, während das erste Ungleichheitszeichen trotz der Rechnung erstaunlich ist.

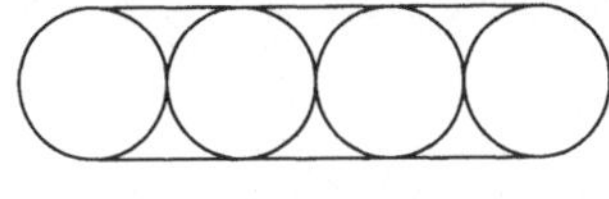
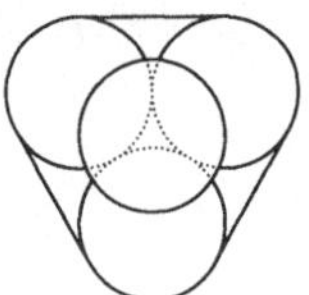
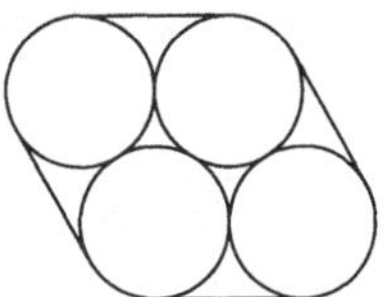

Bild 3.22 Packungen von 4 Kugeln

Weiteres Experimentieren mit höheren Stückzahlen $N > 4$ zeigt, daß der Packungsvorsprung der Wurstpackung gegenüber der fcc-Clusterpackung sinkt. Andere Geheimnisse sollen zu diesem Thema hier noch nicht verraten werden. Sie sind — vielleicht erinnern Sie sich, lieber Leser, noch an das erste Kapitel — in der Wurstkatastrophe verborgen, die Gegenstand des nächsten Abschnitts ist.
Wir runden die Thematik ausgewählter Kugelpackungen zunächst in Analogie zum Vergleich ausgewählter Kreispackungen ab.

3.2.2.3 Vergleich: Hexagonale Clusterpackungen und flächenzentriert-kubische Clusterpackungen untereinander

Was den Vergleich von hexagonalen Clusterpackungen untereinander anbetrifft, so lassen sich die Ergebnisse über Kreispackungen aus dem Abschnitt 3.2.1.3 analog auf Kugelpackungen übertragen; dabei müssen natürlich die Vergleiche mit den infiniten Kugelgitterpackungen ausgeklammert werden.

Sehr schwierig ist die Situation bei den flächenzentriert-kubischen Clusterpackungen. Wir übertragen zunächst die in 3.2.1.3 betrachteten Beispiele in den Raum. Das dort genannte Beispiel 2 läßt sich schnell erledigen. Es soll jetzt Beispiel 1 sein.

Beispiel 1: Unter allen Clusterpackungen von 4-Kugeln $P(B^3, C_4)$ besitzt die fcc- oder tetraedrische Konfiguration $P(B^3, C_4^{tetr})$ maximale Packungsdichte.

Beweisskizze

Die Beweisskizze aus Abschnitt 3.2.1.3 läßt sich übertragen.   □

Weitaus problematischer ist die Übertragung der in 3.2.1.3 noch als Beispiel 1 bezeichneten Situation: Während es anschaulich völlig klar ist, daß sich um einen Kreis sechs andere Kreise gruppieren lassen, wissen wir aus unserer Erfahrung nicht so recht, wie viele Kugeln sich um eine ausgezeichnete Kugel anordnen lassen. Wir formulieren daher eine „schüchterne Frage".

Beispiel 2: Besitzt unter allen flächenzentriert-kubischen Kugelpackungen diejenige Konfigurationvon 13 Kugeln $P(B^3, C_{13}^{fcc})$, bei der eine Kugel von 12 anderen berührt wird (kuboktaedrische Konfiguration K_{13}), maximale Packungsdichte?

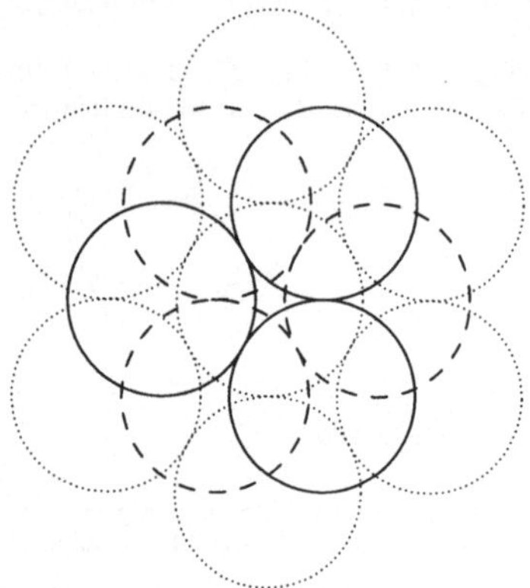

Bild 3.23 Kuboktaedrische Kugelkonfiguration K_{13}

Die Beweisskizze aus Abschnitt 3.2.1.3 läßt sich *nicht* übertragen. Die Abschätzung im Punkt 3 würde eher nahelegen, daß um die zentrale Kugel noch eine dreizehnte Kugel

paßt, was zu einem historisch bedeutsamen Streit zwischen Newton und Gregory führte (vgl. 3.5).
Untersucht man diese Frage weiter (vgl. Aufgabe 9), so stellt man fest, daß die kuboktaedrische Konfiguration K_{13} mit einer Packungsdichte von

$$d(B^3, K_{13}) \approx 0{,}6497$$

nicht ganz schlecht ist. Beispielsweise erreicht eine ikosaedrische Anordnung I_{13} nur eine Packungsdichte von

$$d(B^3, I_{13}) \approx 0{,}6359.$$

Andererseits gibt es aber eine fcc-Konfiguration C_{13} (vgl. Abbildung 3.24), bestehend aus einer Schicht aus 6 Kugeln (in der Form eines regulären Dreiecks angeordnet) und einer Schicht aus 7 Kugeln (in der Form eines regulären Sechsecks angeordnet), die eine größere Packungsdichte als K_{13} garantiert. Sie beträgt

$$d(B^3, C_{13}) \approx 0{,}6675.$$

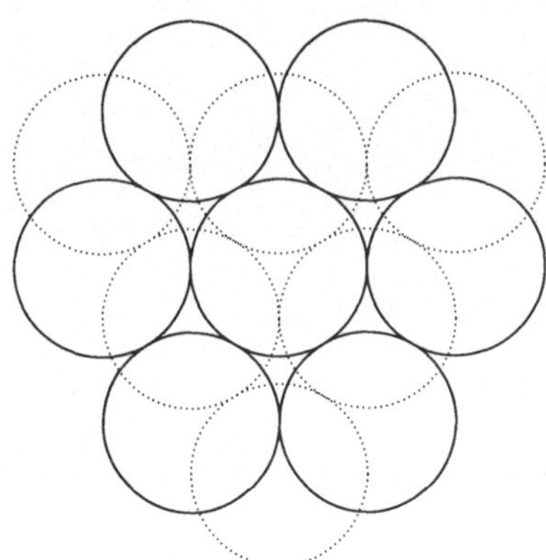

Bild 3.24 Kugelkonfiguration C_{13}

Dieses Ergebnis ist sehr verblüffend. Es widerlegt unsere vorsichtig formulierte Frage eindeutig. Einer zu anmaßenden Intuition würde es gar eine schallende Ohrfeige verpassen.

Damit zeigen diese Beispiele einen überaus merkwürdigen Aspekt finiter Kugelpakkungen, der im nächsten Abschnitt weiter herauskristallisiert wird. Andererseits lassen sie allerdings eine Frage unbeantwortet: Besitzt die Konfiguration C_{13} Konkurrenten mit gleicher oder gar größerer Packungsdichte?
In diesem Sinne gibt die in Beispiel 2 gestellte Frage wiederum einen Ausblick auf das offene Ende des soeben behandelten Abschnitts.

3.2.2.4   *Wieder ein ungelöstes Problem*

Wie sieht die allgemeine Lösung des folgenden Problems aus?

Gegeben ist eine Anzahl N von Einheitskugeln. Gesucht ist diejenige finite Packung $P(B^3, C_N)$, deren Packungsdichte maximal ist.

Bestimmt haben Sie, lieber Leser, wie im ebenen Fall auch, eine Ahnung davon, wie diese ideale Kugelpackung aussehen muß: Sie ist flächenzentriert-kubisch und die Form der konvexen Hülle ist so „kugelig" wie möglich.

Allerdings erwies sich diese Ahnung bei $N = 4$ als trügerisch (vgl. Notiz 3.5). Für $N = 5$ könnte man sie ebenfalls widerlegen. Bei größeren Stückzahlen, u. a. $N = 13$, fehlen strenge Beweise für die dichteste Clusterpackung und damit für die Vermutung, daß auch hier die Wurstpackung die dichtestmögliche ist. Eine exakte Lösung dieses Teilproblems wäre daher schon eine kleine mathematische Sensation.

Für große N — hier hat die Intuition recht — studieren wir dieses Problem im nächsten Abschnitt.

Aufgaben und Anregungen

Aufgaben zu 3.2.1

$\boxed{1}$ (a) Wie lautet Steiners Formel für Kreise rB^2 mit beliebigem Radius $r > 0$?
Dabei ist $rB^2 = \{\, rx \mid x \in B^2 \,\}$ und rx der mit r skalar multiplizierte
Ortsvektor x.

(b) Wie F und U läßt sich π formal durch eine Gesamtkrümmung C des ori-
entierten Randes $\mathrm{bd}\big(\mathrm{conv}(B^2 + C_N)\big)$ der konvexen Hülle $\mathrm{conv}\big(B^2 + C_N\big)$
ausdrücken: $C = 2\pi$.
Studiere in einem Lehrbuch der Differentialgeometrie die unterschiedlichen
Aspekte der Krümmung!

$\boxed{2}$ (a) Berechne die quadratische Packungsdichte für rechteckige, konvexe Hüllen
$\mathrm{conv}(C_N)$ bei vorgegebenem $N = a \cdot b$ $(a, b \geq 2)$ und führe sodann den
Vergleich Wurstpackung — quadratische Packung durch!

(b) Argumentiere im Sinne von Aufgabe 4 des letzten Abschnitts durch Abzäh-
len der „großen Luftkammern" A_{gr}.

$\boxed{3}$ (a) Rechne den 2. Fall des Beweises des Satzes 3.5 durch!

(b) Beweise den Satz 3.5, indem wiederum im Sinne von Aufgabe 4 des letzten Abschnitts „große Luftkammern" und „kleine Luftkammern" abgezählt
werden!

(c) Beweise in einer dritten Variante den Satz 3.5, indem im Geist von Aufgabe 3
in 2.3.2 die konvexe Hülle in DV-Zellen eingeteilt wird!

$\boxed{4}$ Berechne die Packungsdichte $\mathrm{d}\big(B^2, C_N\big)$ für eine hexagonale Kreispackung mit

(a) gleichseitig-dreieckigem Rand für

$$N = \frac{1}{2}k(k+1) \qquad (k \in \mathbb{N}),$$

(b) regulär-sechseckigem Rand für

$$N = 3k(k+1) + 1 \qquad (k \in \mathbb{N})$$

und bilde jeweils den Grenzwert

$$\lim_{N \to \infty} \mathrm{d}\big(B^2, C_N\big)!$$

$\boxed{5}$ (a) Beweise die Notiz 3.3, indem wiederum im Sinne von Aufgabe 3 des letzten Abschnitts „große Luftkammern" und „kleine Luftkammern" betrachtet
werden!
Implizit stecken beide Luftkammertypen auch in der im Buch vorgeführten
Beweisrechnung: Identifiziere die entsprechenden Terme in der Rechnung!

(b) Der Beweis nach L. F. Tóth beruht im wesentlichen auf der Methode der
DV-Zelle (vgl. Aufgabe 3 in 2.3.2).

i. Zeige, daß der Flächeninhalt einer inneren Zelle $A_i = \sqrt{12}$ beträgt!

ii. Zeige, daß für den Flächeninhalt einer äußeren Zelle gilt:

$$A_a \geq \frac{\pi}{2} + 2$$

Wann gilt das Gleichheitszeichen?

iii. Folgere aus $A_a > \sqrt{12}$ die Behauptung!

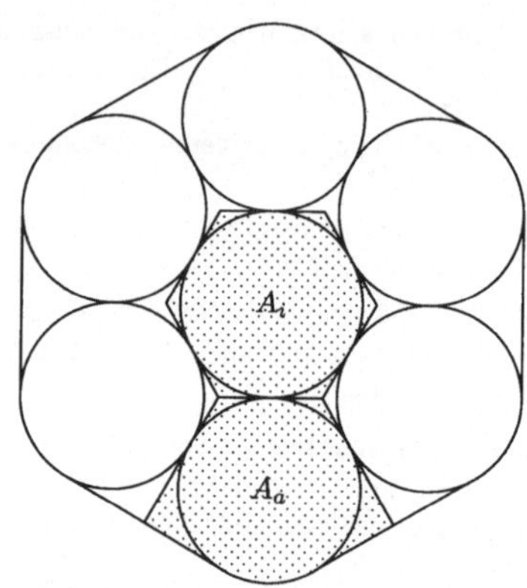

Bild 3.25 Innere DV-Zelle — Äußere DV-Zelle

$\boxed{6}$ Diskutiere die Funktion $(F + U)(\gamma)$ in der Beweisskizze von Beispiel 2!

$\boxed{7}$ Die im Beispiel 2 skizzierte Beweismethode kann man auch anwenden, um eine Beweisvariante für den Satz 2.13 der dichtesten Kreispackung zu gewinnen. Führe dies explizit aus!

$\boxed{8}$ Finde jeweils die dichtesten hexagonalen Kreispackungen von $N = 4$, 5, 6, ... Kreisen und beweise dies! (schwer)

Aufgaben zu 3.2.2

$\boxed{1}$ (a) Wie lautet Steiners Formel für Kugeln rB^3 mit beliebigem Radius $r > 0$? Dabei ist $rB^3 = \{\, rx \mid x \in B^3 \,\}$ und rx der mit r skalar multiplizierte Ortsvektor x.

(b) Wie V, F und M läßt sich 4π in $\frac{4\pi}{3}$ formal durch eine Gesamtkrümmung des orientierten Randes $\mathrm{bd}\big(\mathrm{conv}(B^3 + C_N)\big)$ der konvexen Hülle $\mathrm{conv}\big(B^3 + C_N\big)$ ausdrücken: $C = 4\pi$.

Studiere in einem Lehrbuch der Differentialgeometrie die unterschiedlichen Aspekte der Krümmung!

$\boxed{2}$ Die folgende Aufgabe soll zeigen, daß es kein räumliches Pendant zur Innenwinkelsumme von n-Ecken gibt. Dazu sind Kenntnisse in sphärischer Trigonometrie erforderlich, wie sie beispielsweise in dem Buch von H. Kern, J. Rung: Sphärische Trigonometrie; München [3]1991 vermittelt werden.

Wir berechnen die Rauminnenwinkelsumme eines regulären Tetraeders. Aus Symmetriegründen genügt es, einen Rauminnenwinkel zu bestimmen.

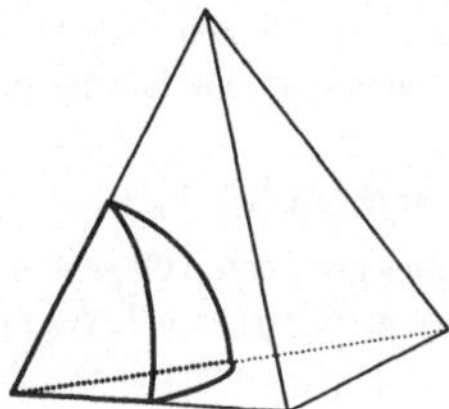

Bild 3.26 Rauminnenwinkel

Das Maß des Rauminnenwinkels einer Ecke sei dabei ausgedrückt durch die Fläche des Kugeldreiecks, dessen Dreikant durch die Tetraederkanten, die von dieser Ecke ausgehen, gebildet wird (vgl. Abbildung 3.26).

(a) Zeige, daß für den Schnittwinkel zweier Tetraederflächen gilt

$$\tan\alpha = 2\sqrt{2}.$$

(b) Berechne die Fläche des o. g. Kugeldreiecks!

(c) Vergleiche die Rauminnenwinkelsumme eines regulären Tetraeders mit der eines anderen Tetraeders (siehe z. B. Abbildung 2.27 und 2.28)!

$\boxed{3}$ Diskutiere die in 3.2.2.1 berechneten Funktionen (bzw. Folgen)

$$f: N \mapsto \mathrm{d}\left(B^3, S_{N^2}\right)$$
$$\text{sowie} \quad g: N \mapsto \mathrm{d}\left(B^3, C_{N^2}^{qu}\right)!$$

(a) Zeige $\mathrm{d}\left(B^3, S_{N^2}\right) = \mathrm{d}\left(B^3, C_{N^2}^{qu}\right)$ für $N = 1$!

(b) Zeige!

$$\lim_{N^2 \to \infty} \mathrm{d}\left(B^3, S_{N^2}\right) = \frac{2}{3} \quad \text{und} \quad \lim_{N^2 \to \infty} \mathrm{d}\left(B^3, C_{N^2}^{qu}\right) = \frac{\pi}{6}$$

(c) Zeige: f und g sind streng monoton fallend!

(d) Folgere daraus $\mathrm{d}\left(B^3, S_{N^2}\right) > \mathrm{d}\left(B^3, C_{N^2}^{qu}\right)$ für $N > 1$!

$\boxed{4}$ (a) Vergleiche die Packungsdichte der Wurstpackung von Kugeln $\mathrm{P}\left(B^3, S_{N^3}\right)$ mit der einer einfach-kubischen Kugelpackung $\mathrm{P}\left(B^3, C_{N^3}^{sc}\right)$!

(b) Vergleiche die beiden Packungsdichten mit der einer quadratischen Kugelpackung $\mathrm{P}\left(B^3, C_{N^2}^{qu}\right)$ hinsichtlich des Limes $N \to \infty$! (Interpretation?)

$\boxed{5}$ Führe die einzelnen Rechenschritte bei der Berechnung der Packungsdichte einer tetraedrischen Clusterpackung $\mathrm{d}\bigl(B^3, C_4^{tetr}\bigr)$ im Detail aus (vgl. Seite 112)!

$\boxed{6}$ (a) Berechne die Volumina V_R und V_M einer „Randluftkammer" und einer „mittleren Luftkammer" in Abbildung 3.17!

Zeige $$V_M - V_R = 2\sqrt{3} - \pi.$$

(b) Führe eine „Luftkammer"-Berechnung für die in Abbildung 3.22 dargestellten Kugelpackungen, insbesondere für die tetraedrische Clusterpackung durch!

$\boxed{7}$ Der Satz 3.6 in 3.2.2 gilt auch für beliebige ebene Clusterpackungen $\mathrm{P}\bigl(B^3, C_N\bigr)$.

(a) Widerlege anhand eines geeigneten Gegenbeispiels, daß für solche Packungen der Beweisschritt $\mathrm{F}\bigl(\mathrm{conv}(C_N)\bigr) = \sqrt{3} \cdot N_I$ falsch ist!

(b) Untersuche, wie

$$\mathrm{F}\bigl(\mathrm{conv}(C_N)\bigr) = \sqrt{3} \cdot N_I$$

abzuwandeln ist, und beweise die Aussage des Satzes 3.6 für beliebige ebene Clusterpackungen! (schwer)
(Hinweis: In dem Maße wie $\mathrm{F}\bigl(\mathrm{conv}(C_N)\bigr)$ kleiner wird, nimmt als „Kompensation" $\mathrm{U}\bigl(\mathrm{conv}(C_N)\bigr)$ zu!)

$\boxed{8}$ Versuche, die bei den Beispielen 1 und 2 im Text gegebenen Anmerkungen im Detail nachzuvollziehen!

$\boxed{9}$ Ziel dieser Aufgabe ist es, die im Rahmen des Beispiels 2 erwähnten Konfigurationen C_{13}^{fcc} näher zu betrachten.

(a) Zeige der Reihe nach (vgl. Seite 112)!

$$\mathrm{V}\bigl(\mathrm{conv}(C_{13})\bigr) = 16 \cdot \frac{2}{3}\sqrt{2} = 16 \cdot \mathrm{V}\bigl(\mathrm{conv}(C_4^{tetr})\bigr)$$

$$\mathrm{F}\bigl(\mathrm{conv}(C_{13})\bigr) = 22 \cdot \sqrt{3} = \frac{22}{4} \cdot \mathrm{F}\bigl(\mathrm{conv}(C_4^{tetr})\bigr)$$

$$\mathrm{M}\bigl(\mathrm{conv}(C_{13})\bigr) = 15 \cdot \pi - 12 \cdot \arctan(-2\sqrt{2}) = 15 \cdot \pi - 2 \cdot \mathrm{M}\bigl(\mathrm{conv}(C_4^{tetr})\bigr)$$

$$\mathrm{d}\bigl(B^3, C_{13}\bigr) = \frac{13 \cdot \frac{4\pi}{3}}{\frac{32}{3}\sqrt{2} + 22\sqrt{3} + 15\pi - 12 \cdot \arctan(-2\sqrt{2}) + \frac{4}{3}\pi} \approx 0{,}6675$$

(b) Zeige! (relativ kompliziert!)

$$\mathrm{d}\bigl(B^3, K_{13}\bigr) \approx 0{,}6497$$

(c) Zeige! (kompliziert!)

$$\mathrm{d}\bigl(B^3, I_{13}\bigr) \approx 0{,}6359$$

3.3 Wurstkatastrophe und Wurstvermutung

Im letzten Kapitel haben wir zwei Dinge über Kreis- und Kugelpackungen gelernt:
Zum einen, daß es schwierig ist, bei gegebener Stückzahl die optimale Clusterpackung
zu finden und dies nachzuweisen.
Zum anderen, daß zwar bei Kreispackungen unabhängig von der Stückzahl die Wurstkonfiguration einer Clusterkonfiguration unterliegt, aber bei Kugelpackungen das Pak-
kungsverhalten jedenfalls für kleine Stückzahlen umgekehrt ist.

Ganz natürlich ergibt sich daher die nicht so schwierige, aber hochinteressante Fragestellung: Welches Packungsverhalten zeigen die dichtesten finiten Kugelpackungen in
Abhängigkeit von der Stückzahl? Wie ist die Situation bei höherdimensionalen Kugeln?

3.3.1 Wurstkatastrophe

Anschaulich ausgedrückt: Wir wissen zwar nach dem letzten Abschnitt, daß die Wurstpackung von 3 oder 4 Tennisbällen hinsichtlich der Packungsdichte besser ist als der
Clusterpackungstyp von Orangen. Intuitiv haben wir jedoch das Gefühl, daß mehrere
Orangen (z. B. 6, 7, ...) in einem Netz irgendwann besser gepackt sein müssen als eine
gleiche Anzahl von Tennisbällen in einer Stange.

Diesem Gefühl gibt die Mathematik recht: Bis zu einer Stückzahl von ca. 55 ist die
Wurst vermutlich die optimale Packungskonfiguration. Bei weiter steigender Stückzahl
kommt es zur Wurstkatastrophe: Die zuvor dominierende Wurst zieht sich sprunghaft
zu einem kugeligen Cluster zusammen. Ab ca. 56 Stück sind dann Clusterpackungen
optimal.
Es wurde bisher genau gezeigt:

Satz 3.7 (Wurstkatastrophe[6] im $\mathbb{R}^3$, Gandini und Wills 1992): *Im 3-dimen-
sionalen Raum gibt es zu jeder Stückzahl $N \geq 56$ außer $N = 57$, 58, 63 und 64 eine
Clusterpackung* $P(B^3, C_N)$, *die dichter ist als die Wurstpackung* $P(B^3, S_N)$:

$$d(B^3, C_N) > d(B^3, S_N).$$

Es wird vermutet [Wil85], daß für die anderen Stückzahlen die Wurst die optimale Pak-
kungsdichte besitzt, wobei die Grenzen scharf sind. Das würde bedeuten, daß durch
Hinzunahme oder Wegnahme einer einzigen Kugel die optimale Packung sich sprung-
haft von der linearen Anordnung (Wurst) zum Cluster ändern würde. Daher heißt diese
Vermutung *Wurstkatastrophe*.
Ein Beweis dieser Vermutung, die erstmals 1985 von J. M. Wills ausgesprochen
wurde, ist noch völlig offen; es liegen nur einige computergestützte Teilergebnisse vor.
Die Schwierigkeiten liegen auf der Hand: Während es für $N \geq 56$ genügt, mit etwas
Glück und Intuition *eine* Clusterpackung zu finden, die dichter ist als die Wurst, muß
man für $N < 55$ die Wurst mit *der* dichtesten Clusterpackung vergleichen. Letzteres
ist technisch sehr schwierig und daher noch nicht gelöst.

---

[6] Der Satz gibt im strengen Sinn nur den bereits bewiesenen Teil der Wurstkatastrophe wieder (vgl.
nachfolgenden Text).

Der Beweis des Satzes 3.7 erfordert sehr komplexe, computergestützte Rechnungen, deren Ergebnisse man in [GW92] studieren kann. Wir beweisen den Satz für den Spezialfall tetraedrischer Cluster, der im wesentlichen die Beweisidee von [GW92] enthält.

Beweis des Satzes 3.7 für $N \in \mathcal{N} = \left\{ \binom{k+3}{3} \;\middle|\; k \in \mathbb{N} \right\}$ und $N \geq 120$

Für $N \in \mathcal{N}$ betrachten wir die Wurstpackung $P(B^3, S_N)$ und die tetraedrische Clusterpackung $P(B^3, C_N^{tetr})$. Dabei ist C_N^{tetr} folgendermaßen gewählt: Ist $\{a_1, a_2, a_3\}$ Tetraeder-Basis einer fcc-Kugelgitterpackung $GP(B^3, G_{fcc})$, so sei

$$C_N^{tetr} = \{\, n_1 a_1 + n_2 a_2 + n_3 a_3 \mid n_1, n_2, n_3 \in \{0, 1, \ldots, k\};\ n_1 + n_2 + n_3 \leq k \,\}$$

(vgl. Aufgabe 2).

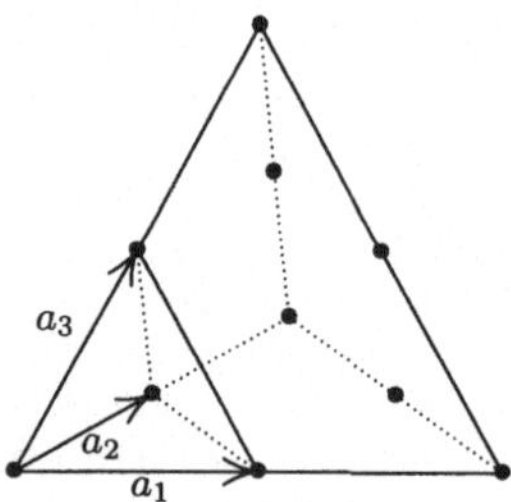

Bild 3.27 Tetraedrische Clusterkonfiguration C_{10}^{tetr}

C_N^{tetr} besteht also aus den Spitzen eines Tetraeders ka_1, ka_2, ka_3 und allen Gitterpunkten des fcc-Gitters innerhalb (und am Rand) des Tetraeders (vgl. Abbildung 3.27). C_N^{tetr} enthält damit

$$\left| C_N^{tetr} \right| = \binom{k+3}{3} = \frac{(k+1)(k+2)(k+3)}{1 \cdot 2 \cdot 3}$$

Punkte (vgl. Aufgabe 2).

Entsprechend der Definition 3.2 der Packungsdichte berechnen wir nun das Volumen der konvexen Hülle der Clusterpackung $\mathrm{conv}(B^3 + C_N^{tetr})$ und vergleichen mit der Wurstpackung $\mathrm{conv}(B^3 + S_N)$.

Für die tetraedrische Packung wenden wir dazu Lemma 3.2 (Formel von Steiner) an und modifizieren die Rechnung auf Seite 112.

1. Volumen des Tetraeders mit Kantenlänge $2k$:

$$\mathrm{V}\big(\mathrm{conv}(C_N^{tetr})\big) = \frac{2\sqrt{2}}{3} k^3$$

2. Oberfläche des Tetraeders mit Kantenlänge $2k$:

$$\mathrm{F}\big(\mathrm{conv}(C_N^{tetr})\big) = 4\sqrt{3} k^2$$

3. Mittlere Krümmung des Tetraeders mit Kantenlänge $2k$

$$M\big(\mathrm{conv}(C_N^{tetr})\big) = 6 \cdot \frac{\arctan(-2\sqrt{2})}{360°} \cdot 2\pi \cdot k \quad \text{im Gradmaß bzw.}$$
$$M\big(\mathrm{conv}(C_N^{tetr})\big) = 6 \cdot \arctan(-2\sqrt{2}) \cdot k \qquad \text{im Bogenmaß.}$$

4. Gesamtkrümmung des Tetraeders, unabhängig von der Kantenlänge:

$$C = \frac{4\pi}{3}.$$

Insgesamt haben wir

$$\mathrm{Vol}\big(\mathrm{conv}(B^3 + C_N^{tetr})\big) = \frac{2}{3}\sqrt{2}k^3 + 4\sqrt{3}k^2 + 6\arctan(-2\sqrt{2})k + \frac{4\pi}{3}.$$

Für die Wurst gilt nach Notiz 3.4 in 3.2.2

$$\mathrm{Vol}\big(\mathrm{conv}(B^3 + S_N)\big) = \pi \cdot 2 \cdot (N-1) + \frac{4}{3}\pi.$$

Mit $N = \dfrac{(k+1)(k+2)(k+3)}{1 \cdot 2 \cdot 3} = \dfrac{k^3 + 6k^2 + 11k + 6}{6}$ gilt:

$$\mathrm{Vol}\big(\mathrm{conv}(B^3 + S_N)\big) = 2\pi \left(\frac{k^3 + 6k^2 + 11k}{6} \right) + \frac{4}{3}\pi$$
$$= \frac{\pi}{3}k^3 + 2\pi k^2 + \frac{11}{3}\pi k + \frac{4}{3}\pi.$$

Wir setzen zur Vereinfachung

$$C(k) := \mathrm{Vol}\big(\mathrm{conv}(B^3 + C_N^{tetr})\big)$$
$$W(k) := \mathrm{Vol}\big(\mathrm{conv}(B^3 + S_N)\big)$$

und vergleichen beide Volumina miteinander (Tabelle 3.2).

Tabelle 3.2 Vergleich der Volumina von Wurst- und Clusterpackung

k	$C(k)$	$W(k)$
1	23,524	23,038
2	62,372	60,737
3	126,390	123,569
4	221,235	217,817
5	352,564	349,763
6	**526,034**	**525,691**
7	**747,301**	**751,888**
8	1022,022	1034,631
9	1355,855	1380,206

Da $C(7) = 747{,}301\ldots < 751{,}888\ldots = W(7)$ ist, und $C(k)$ stärker steigt als $W(k)$, ist für $k \geq 7$ bzw. $N \geq 120$ die Behauptung gezeigt. $\qquad\square$

Wir wollen wieder ein klein wenig verweilen und den Beweis diskutieren. In algebraischer Hinsicht sehen wir sofort die Ursache für zwei unterschiedliche Packungsbereiche in Abhängigkeit von der Stückzahl N bzw. k: Für kleine k ($k = 0$) werden die Polynome $C(k)$ und $W(k)$ vom konstanten Koeffizienten $\frac{4\pi}{3}$ dominiert; das ist der triviale Fall einer einzigen Kugel. Für große k ($k \to \infty$) werden hingegen die beiden Funktionen $C(k)$ und $W(k)$ vom Leitkoeffizienten dirigiert. Dies wirkt sich unmittelbar auch auf die Limites der Packungsdichten aus. Eine schnelle Rechnung ergibt für sie:

$$\lim_{N \to \infty} \mathrm{d}\big(B^3, C_N^{tetr}\big) = \frac{\pi}{3\sqrt{2}} = \delta\big(B^3, G_{fcc}\big),$$

$$\lim_{N \to \infty} \mathrm{d}\big(B^3, S_N\big) = \frac{2}{3}.$$

Wegen $\frac{2}{3} < \frac{\pi}{3\sqrt{2}}$ muß sich daher bei genügend hohen Stückzahlen die Clusterkonfiguration gegenüber der Wurstkonfiguration durchsetzen.

Der Übergangsbereich wird bestimmt vom linearen und quadratischen Koeffizienten von $C(k)$ und $W(k)$. Ein Vergleich zeigt mit $4\sqrt{3} \approx 6{,}928$; $2\pi \approx 6{,}283$ und $6 \arctan(-2\sqrt{2}) \approx 11{,}464$; $\frac{11}{3}\pi \approx 11{,}519$, daß der lineare Koeffizient von $C(k)$ bereits recht gut ist, wohingegen der quadratische Koeffizient noch Entwicklungspotential aufweist.

Wie erhält man eine in diesem Sinne bessere Funktion $C(k)$?

Man verwendet statt der eckigen und oberflächenmäßig wahrlich nicht optimierten Tetraederkonfiguration eine etwas kugeligere Konfiguration. Schneidet man beispielsweise vom Tetraeder C_{84}^{tetr} mit Kantenstückzahl $k = 6$ an zwei Ecken je einen Tetraeder C_4^{tetr} ($k = 2$) und an den anderen beiden Ecken je einen Tetraeder C_{10}^{tetr} ($k = 3$) ab, so verbleibt für $N = 56$ eine Clusterkonfiguration C_{56}, die dichter ist als die Wurstanordnung. Auf diesem Prinzip der Modifikation des Ausgangstetraeders bzw. Fundamentalparallelepipeds des fcc-Gitters beruht die Beweismethode für den allgemeinen Fall in [GW92].

Nach dieser eingehenden Behandlung der Wurstkatastrophe im $\mathbb{R}^3$ stellt sich von selbst die Frage nach dem optimalen Packungsverhalten von Kugeln in höheren Dimensionen. Die Antwort lautet: Im $\mathbb{R}^4$ ist die Situation ähnlich wie im $\mathbb{R}^3$.

In dieser Hinsicht wäre also ein Leben in einer 4-dimensionalen Welt mit 4-dimensionalen Tennisbällen, Orangen etc. nicht besonders aufregend. Folgendes wäre zu erwarten:

Satz 3.8 (Wurstkatastrophe[7] im $\mathbb{R}^4$, Gandini und Zucco 1992): *Im 4-dimensionalen Raum gibt es zu jeder Stückzahl $N \geq 375\,370$ eine Clusterpackung* $\mathrm{P}\big(B^4, C_N\big)$, *die dichter ist als die Wurstpackung* $\mathrm{P}\big(B^4, S_N\big)$:

$$\mathrm{d}\big(B^4, C_N\big) > \mathrm{d}\big(B^4, S_N\big).$$

Anders als im 3-dimensionalen Raum ist hier der vermutete Wert für den Sprung von Wurst- auf Clusterkonfiguration nur sehr vage bekannt. Für die Berechnung wurde das

---

sogenannte 24-Zell, ein besonders regelmäßiges 4-dimensionales Polytop, zugrundege-
legt [GZ92]. Es ist anzunehmen, daß die Aussage des Satzes durch mühsame Rechnungen noch verbessert werden kann.

Ein Beweis des Satzes beruht auf dem gleichen Prinzip wie im 3-dimensionalen Fall.
Anschaulich schwierig ist jedoch eine Übertragung der Steinerschen Formel auf den $\mathbb{R}^4$
und ihre Anwendung. Es würde den Rahmen des vorliegenden Buches sprengen. Wir
begnügen uns daher anstelle eines Beweises mit einer Plausibilitätsbetrachtung.

Plausibilitätsbetrachtung zum Satz 3.8

Zunächst dürfen wir annehmen, daß für jede Clusterpackung $\mathrm{P}(B^4, C_N)$, deren Konfiguration C_N das dichteste Kugelgitter $\mathrm{GP}(B^4, \Lambda_4)$ zugrundeliegt, gilt:

$$\lim_{N \to \infty} \mathrm{d}(B^4, C_N) = \delta(B^4, \Lambda_4) \tag{*}$$

Der Grund dafür liegt darin, daß für $N \to \infty$ Randeffekte unabhängig von der Dimensi-
on zu vernachlässigen sind. Wir haben dies oben ausführlich für den dreidimensionalen
Fall und früher in 3.2.1 für Kreispackungen diskutiert.
Ferner kennt man die Packungsdichte der dichtesten Kugelgitterpackung im $\mathbb{R}^4$:

$$\delta(B^4, \Lambda_4) = \frac{\pi^2}{16} \approx 0{,}617 \qquad [\text{Rog64, CS93}].$$

Andererseits kann man sich die Packungsdichte der Wurstanordnung $\mathrm{d}(B^4, S_N)$ auch
ohne Steinersche Formel elementar überlegen.

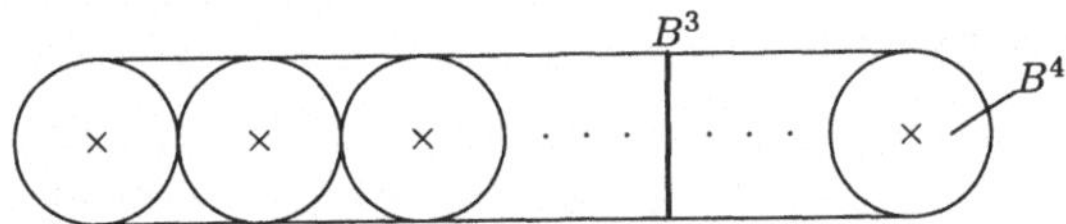

Bild 3.28 Vierdimensionale Wurst

Analog zur 2-dimensionalen Wurst, wo die Querschnittsfläche eine 1-dimensionale Kugel (Strecke der Länge 2) war, und analog zur 3-dimensionalen Wurst, wo die Querschnittsfläche eine 2-dimensionale Kugel (Kreisfläche) war, ist hier die Querschnittsfläche eine 3-dimensionale Kugel. Somit besteht die 4-dimensionale Wurst $\mathrm{P}(B^4, S_N)$
aus zwei Kugelkappen, die sich zu einer 4-dimensionalen Kugel B^4 ergänzen, und im
Mittelteil aus einem Hyperzylinder mit der oben hergeleiteten Querschnittsfläche und
der Länge $2(N-1)$.
Man hat also für das Wurstvolumen:

$$\mathrm{conv}(B^4 + S_N) = \mathrm{Vol}(B^4) + \mathrm{Vol}(B^3) \cdot 2(N-1) =$$

$$= \frac{\pi^2}{2} + \frac{4\pi}{3} \cdot 2(N-1)$$

und damit

$$d(B^4, S_N) = \frac{N \cdot \frac{\pi^2}{2}}{\frac{\pi^2}{2} + \frac{4\pi}{3} \cdot 2(N-1)}.$$

Es folgt

$$\lim_{N \to \infty} d(B^4, S_N) = \frac{3\pi}{16} \approx 0{,}589.$$

Wegen $d(B^4, S_N) < d(B^4, S_\infty) < \delta(B^4, \Lambda_4)$ gibt es daher bei Berücksichtigung von (*) ein X mit

$$d(B^4, S_N) < d(B^4, C_N) \qquad \text{für } N \geq X. \qquad \square$$

Der Vollständigkeit halber sei noch erwähnt, daß für kleine N die Wurstkonfiguration dichter ist als eine Clusterkonfiguration (vgl. Aufgabe 6), so daß die in der Plausibilitätsbetrachtung angegebene Schranke nichttrivial (d. h. $X > 1$) ist.

Wir fassen zusammen: Im $\mathbb{R}^3$ und $\mathbb{R}^4$ zeigen die dichtesten Kugelpackungen $P(B^4, C_N)$ in Abhängigkeit von der Stückzahl N folgendes Verhalten:

$$
\begin{array}{lll}
N \text{ klein:} & d(B^n, C_N) < d(B^n, S_N) & \text{für alle } C_N, \\
N \text{ groß:} & d(B^n, S_N) < d(B^n, C_N) & \text{für mindestens ein } C_N.
\end{array}
$$

Der Grenzbereich (Wurstkatastrophe) ist noch weitgehend unerforscht. Obere Schranken können vergleichsweise leicht angegeben werden (vgl. Sätze), Beweise für nichttriviale untere Schranken existieren bisher nicht.

3.3.2 Wurstvermutung

Nachdem wir wissen, welche optimale Packungsart man für Tennisbälle, Orangen usw. in Abhängigkeit von der Stückzahl zu wählen hat, interessieren wir uns nun wieder für höherdimensionale Perspektiven.

Zu dieser Frage hält die Mathematik eine verblüffende Vermutung bereit: Die optimale Packung von 5- und höherdimensionalen Kugeln ist unabhängig von der Stückzahl immer wurstförmig. Diese sogenannte **Wurstvermutung** wurde 1975 von L. F. Tóth ausgesprochen.

Sie konnte erstmals 1994 für Dimensionen höher als 13.386 bewiesen werden [BHW94a]. Nachdem mit dieser Pionierarbeit der Durchbruch gelungen war, konnte sie bereits 1995 für die Dimension 45 und höher gezeigt werden [Hen95], und 1997 kamen noch die Dimensionen 44, 43 und 42 hinzu [BH97]. So bleibt zu erwarten, daß ein Beweis in absehbarer Zeit auch für die noch verbleibenden Dimensionen 5 bis 41 gelingen wird. Wir halten fest:

Satz 3.9 (Wurstvermutung, Betke, Henk und Wills 1994–1997): *Im $\mathbb{R}^n$ ($n \geq$ 42) ist für jede Stückzahl N die Wurstpackung* $P(B^n, S_N)$ *dichter als irgendeine Clusterpackung* $P(B^n, C_N)$:

$$d(B^n, S_N) > d(B^n, C_N).$$

Ein Beweis des Satzes 3.9 erfordert nichtelementare Methoden. Wir müssen uns im Rahmen dieses Buches daher wieder mit einer Plausibilitätsbetrachtung begnügen.

Plausibilitätsbetrachtung zum Satz 3.9 für $n = 5, 6, 7, 8$

Wie im $\mathbb{R}^4$ (vgl. Plausbilitätsbetrachtung zum Satz 3.8) gilt im $\mathbb{R}^n$ ($n \geq 5$): Für jede Clusterpackung $P(B^n, C_N)$, deren Konfiguration C_N das dichteste Kugelgitter $GP(B^n, \Lambda_N)$ zugrundeliegt gilt:

$$\lim_{N \to \infty} d(B^n, C_N) = \delta(B^n, \Lambda_n)$$

Die Packungsdichten der dichtesten Kugelgitterpackungen im $\mathbb{R}^n$ kennt man für $n \leq 8$ (vgl. Abschnitt 2.5.5). Sie sind für $n = 5, 6, 7, 8$ in Tabelle 3.3 zusammengestellt.

Tabelle 3.3 Wurstvermutung — dichteste Kugelgitterpackugnen

$\delta\!\left(B^5, \Lambda_5\right)$	$\dfrac{\pi^2}{15\sqrt{2}}$	0,465
$\delta\!\left(B^6, \Lambda_6\right)$	$\dfrac{\pi^2}{48\sqrt{3}}$	0,373
$\delta\!\left(B^7, \Lambda_7\right)$	$\dfrac{\pi^3}{105}$	0,295
$\delta\!\left(B^8, \Lambda_8\right)$	$\dfrac{\pi^4}{384}$	0,254

Andererseits kann man wie im $\mathbb{R}^4$ die Packungsdichte der Wurstanordnung $d(B^n, S_N)$ berechnen. Es ist

$$d(B^n, S_N) = \frac{N \cdot \text{Vol}(B^n)}{\text{Vol}(B^n) + \text{Vol}(B^{n-1}) \cdot 2(N-1)}$$

und damit

$$\lim_{N \to \infty} d(B^n, S_N) = \frac{\text{Vol}(B^n)}{2 \cdot \text{Vol}(B^{n-1})} =$$

$$= \frac{1}{2} S_n = \begin{cases} \dfrac{\pi}{2} \cdot \dfrac{(n-1)(n-3) \cdot \ldots \cdot 3 \cdot 1}{n(n-2) \cdot \ldots \cdot 4 \cdot 2} & (n \text{ gerade}) \\[3mm] \dfrac{(n-1)(n-3) \cdot \ldots \cdot 4 \cdot 2}{n(n-2) \cdot \ldots \cdot 3 \cdot 1} & (n \text{ ungerade}) \end{cases}$$

(vgl. Aufgabe 3 in 2.3, Seite 41 f.),
insbesondere

$$d\!\left(B^5, S_\infty\right) = \frac{4 \cdot 2}{5 \cdot 3} = \frac{8}{15} \approx 0{,}533,$$

$$d\!\left(B^6, S_\infty\right) = \frac{\pi}{2} \cdot \frac{5 \cdot 3 \cdot 1}{6 \cdot 4 \cdot 2} = \frac{5\pi}{32} \approx 0{,}491,$$

$$d\left(B^7, S_\infty\right) = \frac{6 \cdot 4 \cdot 2}{7 \cdot 5 \cdot 3} = \frac{16}{35} \approx 0{,}457,$$

$$d\left(B^8, S_\infty\right) = \frac{\pi}{2} \cdot \frac{7 \cdot 5 \cdot 3 \cdot 1}{8 \cdot 6 \cdot 4 \cdot 2} = \frac{35\pi}{256} \approx 0{,}430.$$

Wir sehen also

$$d(B^n, S_\infty) > \delta(B^n, \Lambda_n) \qquad \text{für } 5 \le n \le 8.$$

Da andererseits (vgl. Aufgabe 1) für kleine Stückzahlen N wie im $\mathbb{R}^3$ und $\mathbb{R}^4$ Clusterpackungen ebenfalls der Wurst unterlegen sind:

$$d(B^n, S_N) > d(B^n, C_N),$$

erscheint die Wurstvermutung plausibel. $\qquad\qquad\qquad\qquad\qquad\qquad\qquad\qquad$ □

Die Originalformulierung der Wurstvermutung [Fej75], die im Aufgabenteil behandelt wird, enthält eine etwas feinere Plausibilitätsbetrachtung.
Wir fassen die Ergebnisse dieses und des vorausgegangenen Abschnitts zusammen:

1. Im $\mathbb{R}^2$ gibt es für jede Anzahl von Kreisen eine Clusterpackung, die dichter ist als die Wurstpackung (*Clustersatz*):

$$d\left(B^2, C_N\right) > d\left(B^2, S_N\right), \qquad N \text{ beliebig.}$$

2. Im $\mathbb{R}^n$ ($n = 3, 4$) ist bei kleinen Stückzahlen N die Wurstkonfiguration, ab einer bestimmten, dimensionsabhängigen Grenze N_n die Clusterkonfiguration dichter als der jeweils andere Packungstyp (*Wurstkatastrophe*):

$$d(B^n, S_N) > d(B^n, C_N), \qquad N \text{ klein}$$
$$d(B^n, C_N) > d(B^n, S_N), \qquad N \ge N_n.$$

3. Im $\mathbb{R}^n$ ($n \ge 5$) ist unabhängig von der Anzahl der n-dimensionalen Kugeln die Wurstpackung dichter als jede Clusterpackung (*Wurstvermutung*):

$$d(B^n, S_N) > d(B^n, S_N), \qquad N \text{ beliebig.}$$

Noch knapper könnte man formulieren: Im $\mathbb{R}^2$ findet die Wurstkatastrophe bei $N = 2$ statt, im $\mathbb{R}^3$ bei $N \le 56$, im $\mathbb{R}^4$ bei $N \le 375.370$, im $\mathbb{R}^n$ ($n \ge 5$) bei $N = \infty$. Im nächsten Kapitel werden wir das Geheimnis der Wurstkatastrophe und ihrer Dimensionsabhängigkeit aus der Perspektive der Randeffekte betrachten.

Aufgaben und Anregungen

Aufgaben zu 3.3.1

$\boxed{1}$ Berechne die Packungsdichten von $\mathrm{Vol}\big(\mathrm{conv}(B^3 + C_N^{tetr})\big)$ bzw. $C(k)$ und von $\mathrm{Vol}\big(\mathrm{conv}(B^3 + S_N)\big)$ bzw. $W(k)$

$$\text{für } N = 4,\ 10,\ 20,\ 35,\ 56,\ 84,\ 120,\ 165,\ 220$$
$$\text{bzw. } k = 1,\ \ 2,\ \ 3,\ \ 4,\ \ 5,\ \ 6,\ \ \ 7,\ \ \ 8,\ \ \ 9$$

(vgl. Tabelle 3.2).

$\boxed{2}$ Wir bauen die tetraedrische Konfiguration C_N^{tetr} sukzessive auf, indem wir von der Spitze ausgehend die Anzahl der Kugeln pro Schicht addieren. Dies soll Abbildung 3.29 verdeutlichen.

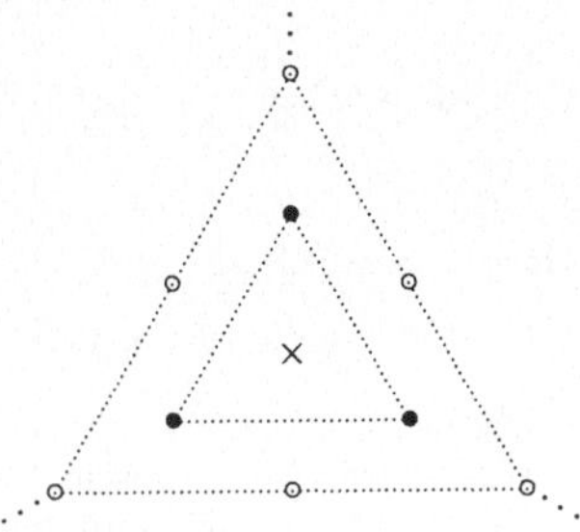

Bild 3.29 Sukzessiver Aufbau eines Tetraeders

Das ergibt bis zur $(k + 1)$-ten Schicht einen Tetraeder der Kantenlänge $2k$ und für die Anzahl der Einheitskugeln:

$$|C_N^{tetr}| = 1 + (1 + 2) + (1 + 2 + 3) + \cdots + \big(1 + 2 + 3 + \cdots + (k + 1)\big)$$

(a) Zeige:

$$1 + 2 + 3 + \cdots + (k + 1) = \frac{(k + 1)(k + 2)}{2} \qquad (k \in \mathbb{N})$$

Eine Anekdote erzählt, daß mit dieser Aufgabe für $k = 100$ der Grundschullehrer von Gauß seinen später so berühmten und damals bereits so genialen Schüler für einige Zeit beschäftigen wollte, um seine Klassenkameraden in die Kunst des Rechnens einzuführen. Das mißlang ihm jedoch, da der 6-jährige Gauß bereits nach wenigen Sekunden das Ergebnis präsentierte...

(b) Zeige:

$$1 + (1+2) + (1+2+3) + \cdots + \big(1+2+3+ \cdots +(k+1)\big) = \frac{(k + 1)(k + 2)(k + 3)}{2 \cdot 3}$$

(c) Zeige:

$$\frac{(k+1)(k+2)(k+3)}{2 \cdot 3} = \binom{k+1}{3}$$

Dabei heißt $\binom{k+1}{3}$ ein *Binomialkoeffizient*.
Er ist allgemein folgendermaßen definiert:

$$\binom{n}{k} = \frac{n!}{k!(n-k)!} \qquad (n, k \in \mathbb{N}_0;\ n \geq k)$$

mit

$$n! = 1 \cdot 2 \cdot 3 \cdot \ldots \cdot n,$$
$$0! = 1.$$

Seinen Namen hat er von der allgemeinen *binomischen Formel*

$$(a+b)^n = \sum_{k=0}^{n} \binom{n}{k} a^k b^{n-k},$$

die auch im Stochastikunterricht bewiesen wird.
In der bekannten binomischen Formel

$$(a+b)^2 = a^2 + 2ab + b^2$$

ist also 2 der Binomialkoeffizient $\binom{2}{1}$.
Binomialkoeffizienten spielen darüber hinaus in der Kombinatorik eine wichtige Rolle. $\binom{n}{k}$ ist die Anzahl aller Möglichkeiten, aus einer Menge mit n unterscheidbaren Gegenständen (z. B. Zahlen) k verschiedene Gegenstände ohne Berücksichtigung der Reihenfolge auszuwählen. $\binom{49}{6}$ gibt also die Anzahl aller Tippmöglichkeiten im Lotto „6 aus 49" an.

(d) Zeige, daß die Menge

$$C_N^{tetr} = \{\, n_1 a_1 + n_2 a_2 + n_3 a_3 \mid n_1, n_2, n_3 \in \{0, 1, \ldots, k\};\ n_1 + n_2 + n_3 \leq k \,\}$$

wobei $\{a_1, a_2, a_3\}$ eine Tetraeder-Basis ist, genau $\binom{k+3}{3}$ Elemente enthält!
(schwer!)

$\boxed{3}$ Wir berechnen jetzt eine Clusterkonfiguration von 56 Kugeln, die dichter gepackt ist als die entsprechende Wurstkonfiguration. Dazu betrachten wir den auf Seite 124 f. aus C_{84}^{tetr} gebildeten Cluster C_{56}.

(a) Berechne mit Hilfe der Formel von Steiner $\mathrm{Vol}\big(\mathrm{conv}(B^3 + C_{56})\big)$ und sodann $\mathrm{d}\big(B^3, C_{56}\big)$!
Hinweis: Die mittlere Krümmung $\mathrm{M}(C_{56})$ ist mit der des Ausgangstetraeders identisch:

$$\mathrm{M}(C_{56}) = \mathrm{M}\big(C_{84}^{tetr}\big)$$

(b) Vergleiche mit $\mathrm{d}\big(B^3, S_{56}\big)$!

$\boxed{4}$ Führe den Beweis des Satzes 3.7 durch für Konfigurationen C_N^{fcc}, denen anstelle eines Tetraeders die konventionelle Einheitszelle des fcc-Gitters zugrundeliegt!

$\boxed{5}$ Führe den Beweis des Satzes 3.7 durch für Konfigurationen C_N^{EZ}, denen ein Fundamentalparallelepiped des fcc-Gitters zugrunde liegt!

$$C_N^{EZ} = \left\{\, n_1 a_1 + n_2 a_2 + n_3 a_3 \mid n_1, n_2, n_3 \in \{0, 1, \ldots, k\} \,\right\}$$

wobei $\{a_1, a_2, a_3\}$ eine Basis des fcc-Gitters G_{fcc} ist. (schwer)
Hängt das Ergebnis von der Wahl des Fundamentalparallelepipeds ab?

$\boxed{6}$ Bestätige folgende Packungsdichten und vergleiche!

$$d(B^4, S_3) = \frac{9\pi}{3\pi + 32} \approx 0{,}682$$

$$d(B^4, C_3^{hex}) = \frac{9\pi^2}{3\pi^2 + 24\pi + 24\sqrt{3}} \approx 0{,}606$$

Die n-dimensionale Wurst

$\boxed{7}$ (a) Berechne $d(B^n, S_N)$ für $n = 5, 6, 7, 8$!

(b) Vergleiche $\lim\limits_{N \to \infty} d(B^n, S_N)$ mit $\delta(B^n, \Lambda_n)$! Interpretation?

Aufgaben zu 3.3.2

$\boxed{1}$ Berechne folgende Packungsdichten und vergleiche!

(a) $d(B^5, S_3)$ und $d(B^5, C_3^{hex})$

(b) $d(B^6, S_3)$ und $d(B^6, C_3^{hex})$

(c) $d(B^7, S_3)$ und $d(B^7, C_3^{hex})$

(d) $d(B^8, S_3)$ und $d(B^8, C_3^{hex})$

Das Original der Wurstvermutung

Die Originalfassung der Wurstvermutung ist mit unserem jetzigen Kenntnisstand gut lesbar und in weiten Teilen verständlich.
Folgende Fragen sollen als Anregung dienen!

$\boxed{2}$ (a) Welche Aussage wird über das Packungsproblem im $\mathbb{R}^2$ gemacht?

(b) Interpretiere die Ungleichung $c > \sqrt{12}k$ als Packungsdichte! Welche Aussagen haben wir bisher in diesem Buch gezeigt?
(Hinweis: Diese Ungleichung werden wir im nächsten Kapitel in einem anderen Zusammenhang zeigen!)

$\boxed{3}$ Welche Aussage macht der Autor im Jahre 1975 über das Packungsproblem im $\mathbb{R}^3$ und $\mathbb{R}^4$?

$\boxed{4}$ (a) Nach der Plausibilitätsbetrachtung ist

$$c_n = \lim_{N \to \infty} \mathrm{d}(B^n, S_N) = \begin{cases} \dfrac{\pi}{2} \cdot \dfrac{(n-1)(n-3)\cdot \ldots \cdot 3 \cdot 1}{n(n-2)\cdot \ldots \cdot 4 \cdot 2} & (n \text{ gerade}) \\[2ex] \dfrac{(n-1)(n-3)\cdot \ldots \cdot 4 \cdot 2}{n(n-2)\cdot \ldots \cdot 3 \cdot 1} & (n \text{ ungerade}). \end{cases}$$

Berechne mit dem Taschenrechner $c_n \cdot \sqrt{n}$ für $n = 1$ bis 20 und zeige auf diese Weise die (annähernde) Proportionalität $c_n \sim \dfrac{1}{\sqrt{n}}$!

(b) d_n läßt sich sehr grob abschätzen durch die quadratische bzw. einfach kubische Packung bzw. gleichgebaute Packungen höherer Dimensionen. Dann betrachtet man (in Analogie zu c_n) die Dichte einer Kugel in ihrem umbeschriebenen Würfel der Kantenlänge 2:

$$d_n \geq \frac{\mathrm{Vol}(B^n)}{\mathrm{Vol}(W^n)}$$

Berechne $\dfrac{\mathrm{Vol}(B^n)}{\mathrm{Vol}(W^n)}$ und zeige den exponentiellen Abfall! (schwer)
(Hinweis: Formel von Stirling, Aufgabe 6 in 2.3.1)

(c) Nimm nun der Einfachheit halber an

$$c_n = \frac{1}{\sqrt{n}}$$
$$d_n = \frac{1}{2^n}$$

und diskutiere die Funktionen für $n \geq 1$!

(d) Die Formel für b_n haben wir noch nicht kennengelernt. Wir beweisen sie im Abschnitt 4.3 (Notiz 4.4).

(e) Welche Aussage macht die Tabelle für c_n, b_n, d_n $(n = 2, \ldots, 7)$?

$\boxed{5}$ Welche Aussage macht die „sausage conjecture"?
(In dieser Aussage ist ein Druckfehler enthalten. Wo steckt er?)

Periodica Mathematica Hungarica Vol. 6 (2), (1975), pp. 197—199

RESEARCH PROBLEMS

EDITED BY A. HAJNAL

In this column Periodica Mathematica Hungarica publishes current research problems whose proposers believe them to be within reach of existing methods. Manuscripts should preferably contain the background of the problem and all references known to the author. The length of the manuscript should not exceed two doublespaced typewritten pages.

13. The problem we want to propose is to obtain any partial result in the following general problem: In Euclidean n-space arrange k non-overlapping unit balls so as to minimize the volume of their convex hull.

For $n = 2$ this problem seems to be difficult but not hopeless. It is conjectured that the discs (2-dimensional balls) must be arranged so as to make their convex hull h „as similar to a regular hexagon as possible" under the condition that each disc contained in the interior of h is touched by six other discs. The numbers $k = 3m(m + 1) + 1$ $(m = 1, 2, \ldots)$ are especially favourable for making h "similar" to a regular hexagon. The figure exhibits the favourable case of $k = 19$ discs and the very unfavourable case of $k = 20$ discs.

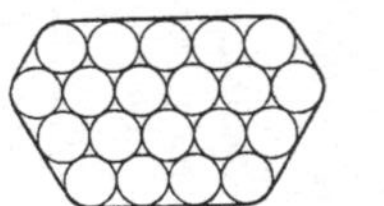
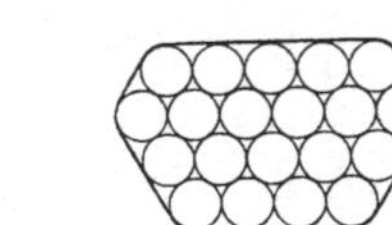

It is known [1] that the area a of the convex hull of $k > 1$ non-overlapping unit discs satisfies the inequality $a > \sqrt{12}\,k$. An exact lower bound for a in terms of k and the perimeter of h was given by GROEMER [2].

It is very likely that for $n = 3$ and 4, just as for $n = 2$, the solution of the above problem would imply the solution of the problem of the densest packing of equal balls. Since this problem is for $n > 2$ in itself a very hard long-standing unsolved problem, our problem must be considered for $n = 3$ and 4 as hopeless. On the other hand, for $n \geq 5$ the extremal arrangement is conjectured to be so simple that we have a chance to solve the problem completely.

In order to get an orientation of the solution to be expected for $n \geq 5$ let us rephrase our problem as follows: In n-space pack k unit balls so as to maximize their density in their convex hull. It is known [3] that in n-space the density d_n of the densest packing of equal balls tends exponentially to zero when $n \to \infty$. Therefore, distributing a great number of balls uniformly in all directions of the space we will obtain a small density. On the other hand, the density c_n of a ball in its circumscribed cylinder, though also tends to zero, but only in the order $1/\sqrt{n}$. Thus there is an integer N such that for $n \geq N$ we have $c_n > d_n$. From this dimension N on the character of the problem changes: instead of distributing the balls in all directions it is more efficient to arrange them along a line equally spaced with minimal distance so that their convex hull becomes a "sausage" of length $2k$.

The following table shows the approximative values of $c_n = v_n/2v_{n-1}$, where v_n is the volume of the unit ball, the upper bound $b_n = \dfrac{n+2}{2}\,2^{-n,2}$ for d_n due to BLICHFELDT [3], and the density D_n of the densest lattice-packing of balls which, for the respective values of n, is conjectured to be equal to d_n.

n	2	3	4	5	6	7
c_n	.785	.667	.589	.533	.491	.457
b_n	1.000	.844	.750	.619	.500	.398
D_n	.907	.740	.617	.465	.373	.295

Since $c_7 > b_7$, we presumably have $N \leq 7$. But there is a better upper bound of d_n than b_n, namely the bound s_n of ROGERS whose numerical computation, however, is difficult. The bound s_n is equal to the density of $n + 1$ equal balls mutually touching one another in the simplex spanned by their centers. Comparing the values $s_2 \approx .907$ and $s_3 \approx .780$ with b_2 and b_3, it seems to be very likely that $c_6 > s_6$. This would mean that, presumably, $N \leq 6$. Since, on the other hand, $c_5 \geq D_5$, we can risk the conjecture that $N = 5$ and formulate the following

Sausage conjecture. In n-space with $n \geq 5$ the volume of the convex hull of k non-overlapping balls is at least $2kv_{n-1} + v_n$. Equality is attained only if the centers are equally spaced on a line with distance 2.

REFERENCES

[1] L. FEJES TÓTH, *Lagerungen in der Ebene, auf der Kugel und im Raum*, Zweite Auflage, Springer-Verlag, Berlin—Heidelberg—New York, 1972.
[2] H. GROEMER, Über die Einlagerung von Kreisen in einen konvexen Bereich, *Math. Z.* 73 (1960), 285—294.
[3] C. A. ROGERS, *Packing and covering*, Cambridge University Press, Cambridge, 1964.

L. FEJES TÓTH

Bild 3.30 Original der Wurstvermutung [Fej75]

3.4　Containerpackungen

Zugegebenermaßen waren die finiten Packungen, die wir bisher in diesem Kapitel betrachteten, in einem naiven Sinn realitätsfern. Wer denkt bei Packungsproblemen nicht sofort an folgende Situation: Ein Reisekoffer faßt nicht alle Reiseutensilien, die man für den geplanten Urlaub vor dem Packen fein säuberlich zurechtgelegt hat. Hat man schließlich alles in Koffern, Reisetaschen, etc. verstaut, steht man vor dem nächsten Problem: Der Kofferraum ist zu klein oder nicht so nutzbar, wie man sich dies vorgestellt hat ...

Es geht also weniger um die Frage, wie sich eine Auswahl von Körpern ideal packen läßt, um dann für die volumenoptimierte Konfiguration die passende konvexe Hülle alias Kofferraum zu organisieren. Vielmehr ist es häufig so, daß ein gewisser Stauraum mit einer bestimmten Gestalt und definiertem Volumen vorgegeben ist, zu dem man dann erst die optimale Packungskonfiguration zu ermitteln hat.

Diese Situation veranlaßt uns, im mathematischen Modell zwischen *Freien Packungen* (*Bag Packing*), die wir bisher betrachteten und als finite Packungen bezeichneten, und *Container-Packungen* (*Bin Packing*), die Gegenstand dieses Abschnitts sein werden, zu unterscheiden.

Definition 3.10　Sei K^n ein offener konvexer Körper im $\mathbb{R}^n$ und S — der Container — ein konvexer Körper im $\mathbb{R}^n$. Ferner sei $N \in \mathbb{N}$ und $\mathrm{P}(K^n, C_N)$ eine finite Packung. Falls die konvexe Hülle $\mathrm{conv}(K^n + C_N)$ in S liegt

$$\mathrm{conv}(K^n + C_N) \subset S,$$

heißt $\mathrm{CP}(K^n, S, C_N)$ eine *Containerpackung*.

Im Vergleich zur Urlaubssituation idealisiert unsere Definition sehr stark: Die Koffer K^n sind alle identisch. Außerdem werden wir uns stillschweigend wieder mit schlichten Kugeln beschäftigen. Für diesen Fall illustriert Abbildung 3.31 die Definition.

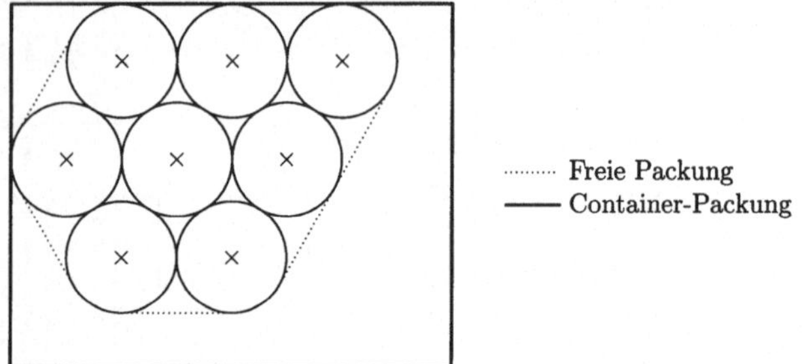

Bild 3.31　Containerpackung — Freie Packung

Die Packungsdichte einer Containerpackung läßt sich schnell im Sinne der Notiz 2.6 als Quotient aus „genutztem" und „benutztem" Volumen formulieren.

Definition 3.11 Sei $CP(K^n, S, C_N)$ eine Containerpackung. Dann heißt

$$d(K^n, S, C_N) = \frac{N \cdot \text{Vol}(K^n)}{\text{Vol}(S)}$$

die zugehörige *Containerpackungsdichte*.

Ein Vergleich dieser Definition mit derjenigen für die finite (freie) Packungsdichte (vgl. Definition 3.2)

$$d(K^n, C_N) = \frac{N \cdot \text{Vol}(K^n)}{\text{Vol}\big(\text{conv}(K^n + C_N)\big)}$$

zeigt recht schön die unterschiedlichen Ansätze von Freier Packung einerseits und Containerpackung andererseits.

Die Suche nach der optimalen Freien Packung bedeutet bei vorgegebenen Körpern K^n und Stückzahl N eine Suche nach derjenigen Konfiguration C_N mit minimalem Volumen $\text{Vol}\big(\text{conv}(K^n + C_N)\big)$. Dagegen ist eine Containerpackung optimal, wenn bei vorgegebenem Behälter S die Anzahl N der zu packenden Körper K^n (und mit ihnen die Konfiguration C_N) maximal ist. In algebraischer Hinsicht ist die finite (freie) Packungsdichte optimal, wenn der Nenner minimal ist, während die beste Containerpackungsdichte aus einem maximalen Zähler resultiert.

In methodisch-technischer Hinsicht lassen sich leider kaum Parallelen auffinden. Die Beweismethoden sind ebenso vielfältig wie die Probleme; tieferliegende Prinzipien sind bislang kaum erkennbar. Wir betrachten einige Beispiele.

Beispiel 1: Wie viele Kreise kann man in ein Quadrat der Seitenlänge $2n$ ($n \in \mathbb{N}$) einpassen?
Für kleine n ist hier die Antwort (fast) trivial: Es sind n^2 Kreise (vgl. Abbildung 3.32).

Der quadratische Container erzwingt also eine quadratische Anordnung. Bei größeren Containermaßen sind allerdings auch hexagonale Anordnungen möglich, so daß sich zwangsläufig die folgende Frage stellt: Ab welcher Seitenlänge $2n$ ergibt die hexagonale Anordnung eine höhere Stückzahl als die quadratische?

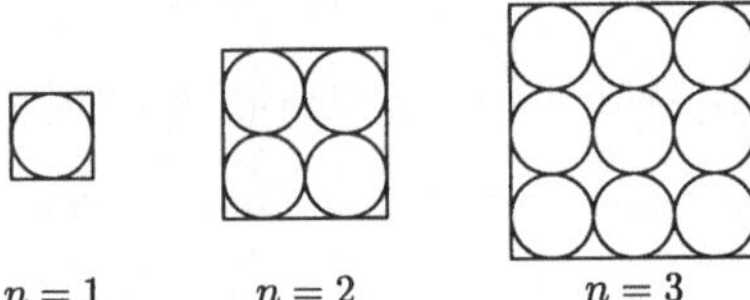

Bild 3.32 Containerpackung von wenigen Kreisen in einem Quadrat

Eine leichte Abschätzung ergibt $\sqrt{3} \cdot 7 \approx 12{,}12 > 12$, aber $\sqrt{3} \cdot 8 \approx 13{,}86 < 14$, so daß in ein Quadrat von Seitenlänge $2 \cdot 7 = 14$ anstelle der 7 quadratischen Reihen noch keine 8 hexagonalen Reihen passen, während in ein Quadrat von Seitenlänge $2 \cdot 8 = 16$ 9 hexagonale Reihen (mit insgesamt 68 Kreisen) passen (vgl. Abbildung 3.33).

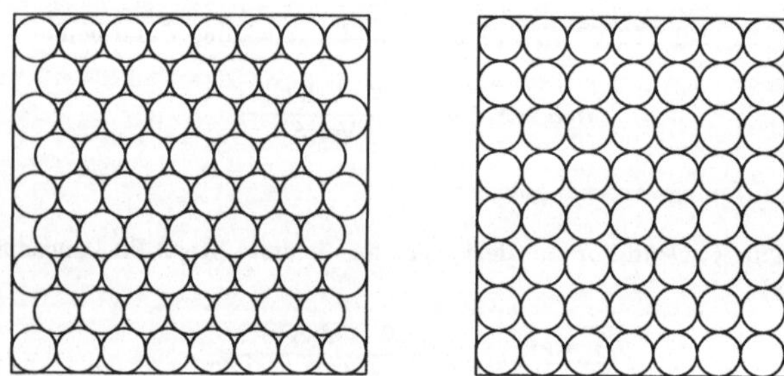

Bild 3.33 Quadratische und hexagonale Containerpackung

Es gibt wahrlich nichttriviale Beweise dafür, daß für $n \in \{4, 5, 6\}$ das Quadratgitter optimal ist [Wen83, Wen87, KW87]. Die Vermutung, daß für $n = 7$ dies auch zutrifft, ist noch nicht bewiesen.
Die Fälle für $n = 1$, $n = 2$ und $n = 3$ erledigt man leichter. Daran dürfen Sie sich, lieber Leser, in Aufgabe 4 versuchen.

Dieses Beispiel lehrt uns zwei Dinge: Erstens zeigt es, daß bei Containergrößen, die im Vergleich zu den zu packenden Körpern K^n klein sind, die Packungskonfiguration stark von der Containergestalt S bestimmt wird. Das ist die Ursache für eine beinahe unüberschaubare Anzahl von Arbeiten und Problemen der Gestalt: Wieviele Einheitskreise kann man in ein vorgegebenes Quadrat packen?
Zweitens demonstriert es sehr schön, daß bei sehr großen Containern deren Einfluß auf die optimale Packungskonfiguration zurückgeht und sich die dichteste infinite Anordnung durchsetzt. Daher definiert man die *Packungsdichte infiniter Nichtgitterpackungen* (vgl. Abschnitt 2.5.5) mit Hilfe der Containerpackungsdichte, indem man den Container S „aufbläst":

$$\lim_{\lambda \to \infty} \mathrm{d}\big(K^n, \lambda S, C_N(\lambda)\big)$$

Dabei bezeichnet λS das skalare Minkowski-Produkt $\lambda S = \{ \lambda \cdot s \mid s \in S \}$.

Das nächste Beispiel stellt eine Variation das Beispiels 1 dar.

Beispiel 2: Wie lassen sich in einem vorgegebenen Quadrat n Kreise mit möglichst großem Radius anordnen?
Abbildung 3.34 illustriert dieses Beispiel für $n \in \{1, 2, 3, 4, 5, 6\}$.
Wir sehen, daß wir die Fälle $n = 1$ bis $n = 5$ wohl intuitiv richtig gelöst hatten. Der Fall $n = 6$ erfordert dagegen schon etwas mehr Aufwand. Einen exakten Beweis kann man nachlesen in [Mel94]. Mit Hilfe eines Großrechners ließ sich dieses Problem bis $n = 20$ lösen [Pei94].

Das nächste Beispiel unterstreicht den Anwendungsbezug von Containerpackungen. Es ist aus den VDI-Nachrichten, Nr. 23, vom 7. Juni 1996 entnommen.

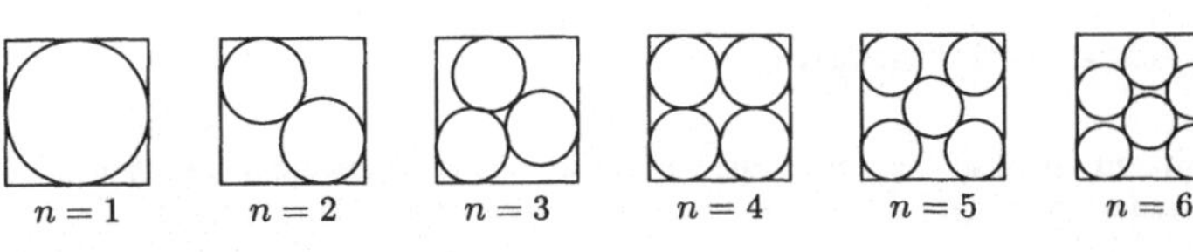

Bild 3.34 Kreise in einem Quadrat

Beispiel 3: „Kontaktkreise":
„In Anlehnung an Aufgabenstellungen bei Wälzlagern, in der Getriebetechnik bzw. im Maschinenbau allgemein ist folgendes Problem zu lösen: In einem Kreis mit konstantem Radius R sind innen $n = 2, 3, 4$, usw. kleinere Kreise (Radius r_n) so einzupassen, daß diese sich untereinander bzw. mit ihren „Nachbarn" gerade berühren und außerdem mit dem äußeren Kreis Kontakt haben. Die Abbildung 3.35 verdeutlicht die Aufgabenstellung für die Fälle $n = 2$ bis $n = 4$.

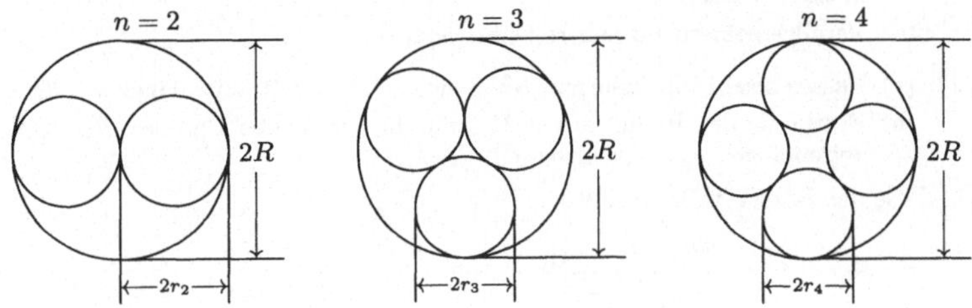

Bild 3.35 Wälzlager-Kontaktkreise

Frage: Wie lautet die allgemeine Beziehung $r_n = f(R, n)$ für beliebige $n \geq 2$?"
(VDI-Nachrichten, Nr. 23, 7. Juni 1996)

Dieses Rätsel sieht schwerer aus als es ist; man benötigt wirklich nur etwas Trigonometrie. Sie dürfen es daher, lieber Leser, als Übungsaufgabe 3 lösen.

Ein weiteres, historisch bedeutsames, Beispiel werden wir im nächsten Abschnitt kennenlernen. Bis dahin beenden wir vorläufig den Reigen von Beispielen und schließen zugleich den Abschnitt über Containerpackungen.

Aufgaben und Anregungen

$\boxed{1}$ In ein Quadrat der Seitenlänge a beschreibe man einmal einen großen Kreis, ein andermal n^2 ($n \in \mathbb{N}$) kleine Kreise in quadratischer Anordnung ein.

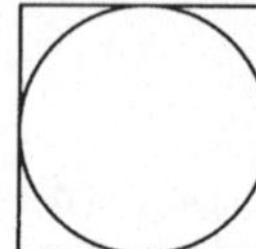 

Bild 3.36 Eine verblüffende Flächengleichheit

(a) Zeige: Die Fläche des einen großen Kreises ist so groß wie die Fläche der n^2 kleinen Kreise.

(b) Verallgemeinere auf höhere Dimensionen!

$\boxed{2}$ (a) Passen zwei Einheitskugeln B^3 in einen Würfel mit Seitenlänge $a = 3$?

(b) Bestimme den Radius zweier Kugeln, die gerade noch in einen Würfel mit Seitenlänge $a = 3$ hineinpassen!

$\boxed{3}$ Löse das Rätsel in Beispiel 3!

(Ergebnis: $r_n = \dfrac{\sin\left(\frac{180°}{n}\right)}{1 + \sin\left(\frac{180°}{n}\right)} R$)

$\boxed{4}$ Zeige das Beispiel 1 für die Fälle $n = 1$, $n = 2$ und $n = 3$!

Anregungen

Als Anregungen seien die bereits im Lehrtext zitierten Aufsätze von H. Melissen: „Densest Packing of Six Equal Circles in a Square" und von R. Peikert: „Dichteste Packungen von gleichen Kreisen in einem Quadrat"; beide erschienen in El. Math. **49** (1994), S. 16 ff bzw. S. 27 ff, wärmstens empfohlen. Während der erste ein klassischer Beweis ist, zeigt der zweite die Möglichkeiten, die sich durch den Einsatz eines Computer-Algebra-Systems auf einem Großrechner eröffnen.

3.5 Das Kissing-Number-Problem

Wenngleich man den Stammbaum der finiten Packungen bis zu Archimedes zurückverfolgen kann (vgl. 3.2.2.1), gilt als ihre Geburt das Newton-Gregory-Problem, das sich 1694 im zeitlichen Gefolge des Kepler-Problems (1611) herauskristallisierte.

Zu dieser Zeit herrschte in Cambridge ein wissenschaftlicher Disput zwischen Newton und Gregory. Letzterer von beiden behauptete, daß um eine Kugel 13 weitere, gleiche Kugeln so angeordnet werden können, daß alle die zentrale Kugel berühren. Die *Kußzahl* (Kissing-Number, s. u.) wäre also 13. Newton dagegen hielt 12 für die größtmögliche Kußzahl. Wer von beiden hatte recht?

Die Anschauung läßt uns bei diesem Problem leider ziemlich im Stich. Die Erinnerung an Bild 3.23 begründet vielleicht etwas mehr Sympathie für die Newtonsche Position. Newton konnte tatsächlich seinen Ruhm posthum vermehren, als zweieinhalb Jahrhunderte (1953) später Schütte und van der Waerden das Newton-Gregory-Problem zu seinen Gunsten lösten.
Mit welcher Argumentation konnte Gregory seine Position so lange stützen?

Bevor wir diese Frage klären können, formulieren wir das Newton-Gregory-Problem in unserer Terminologie der Containerpackungen. Die Verallgemeinerung auf beliebige Dimensionen befördert es zum Kissing-Number-Problem.

Kissing-Number-Problem
Es sei $CP(B^n, 3B^n, C_N)$ *eine Containerpackung mit* $o \in C_N$. *Für welche Stückzahl* N *ist die zugehörige Containerpackungsdichte* $d(B^n, 3B^n, C_N)$ *maximal? Die maximale Stückzahl heißt dann Kissing-Number[8] oder Kußzahl, auch Berührungszahl oder Newton-Zahl genannt.*

Leider geht in dieser Formulierung die Nuance des „Kissing" bzw. der Berührung zugunsten des allgemeineren Konzepts der Packungsdichte verloren. Der Kern des Problems ist jedoch der gleiche.

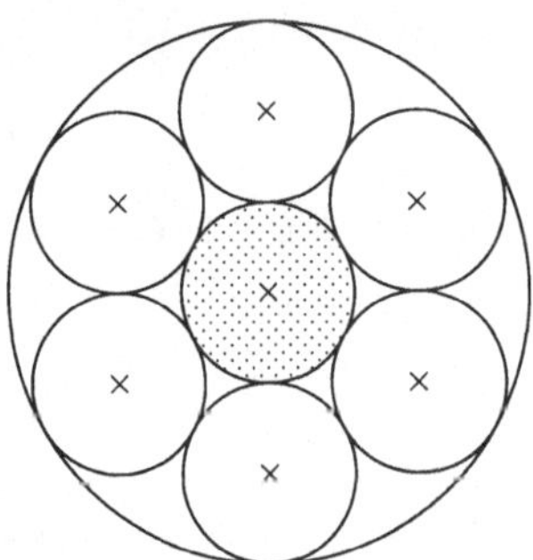

Bild 3.37 Ebene Kissing-Number-Konfiguration

---

[8]Der englische Begriff „kissing-number" kommt aus der Billard-Sprache.

In Abbildung 3.37 ist das ebene Kissing-Number-Problem illustriert. Der Mittelpunkt des zentralen Kreises fällt mit dem Ursprung des $\mathbb{R}^2$ zusammen; der Container ist ein Kreis mit Radius 3, der genau 6 weitere Kreise in hexagonaler Anordnung faßt. Dies ist trivial.

Im Raum garantiert eine fcc-Anordnung oder eine hcp-Anordnung mindestens 12 Kugeln, die die zentrale Kugel berühren.

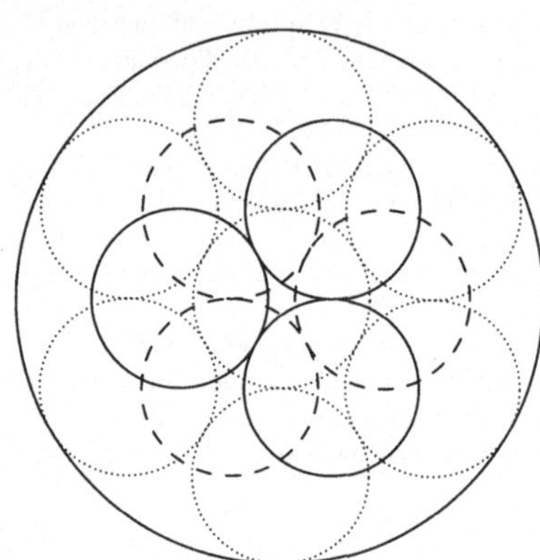

Bild 3.38 Räumliche Kissing-Number-Konfiguration in fcc-Anordnung

Wie kam Gregory zu der Vermutung, daß zwischen diesen 12 Kugeln noch eine weitere Kugel Platz finden müßte?

Dazu betrachten wir die Projektion einer „kissing"-Kugel auf die Container-Kugel (vgl. Abbildung 3.39); das Bild dieser Projektion ergibt eine Kugelkappe, deren Oberfläche sich zu

$$S = 2\pi r(r - h) =$$
$$= 2\pi \cdot 3 \left(3 - \frac{\sqrt{3}}{2} \cdot 3 \right) = 18\pi - 9\sqrt{3}\pi$$

berechnet. Ein Vergleich mit der Oberfläche der Containerkugel (36π) zeigt, daß dort bis zu

$$\frac{36\pi}{S} = \frac{4}{2 - \sqrt{3}} \approx 14{,}9,$$

also 14 Kugelkappen Platz finden könnten.

Gregorys Annahme, daß zwischen die von Newton genannten 12 Kugelkappen wenigstens eine weitere geschoben werden könnte, war also gar nicht so abwegig und erst recht nicht leicht zu widerlegen.

In höheren Dimensionen unterstreicht das Kissing-Number-Problem seine Kuriosität. So sind die Kußzahlen für B^2 und B^3 (6 bzw. 12) nur noch bekannt in den Dimensionen $n = 8$ (240) und $n = 24$ (196.560). Die Kußzahl 196.560 im 24-dimensionalen Raum

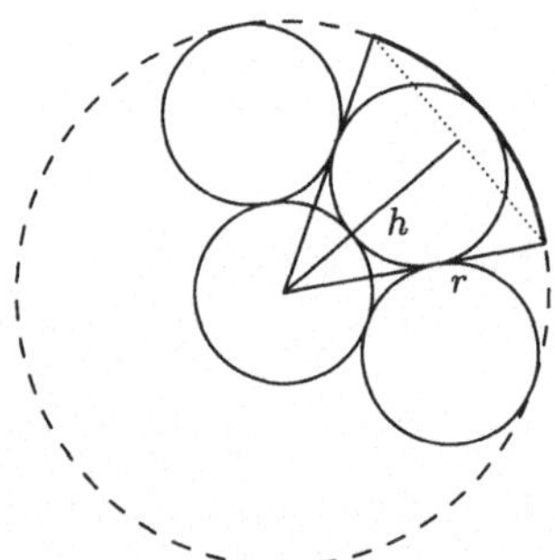

Bild 3.39 Kugelkappe

fanden Sloane und Odlyzko im Jahr 1979; seither munkelt man, daß sich in der ganzen
Welt Kugelpackungsexperten mit dieser „besonderen" Zahl zu erkennen geben. Für die
anderen Dimensionen zwischen $n = 4$ und $n = 23$ kennt man lediglich obere und untere
Schranken, zwischen denen die Kußzahl liegt. Beispielsweise ist sie für $n = 4$ entweder
$N = 24$ oder $N = 25$.

Wollen Sie, lieber Leser, noch mehr über das „Kissing-Number-Problem" erfahren,
so kann Ihnen als Gute-Nacht-Lektüre [Ste92b] I. Stewart: Mathematische Unterhaltungen; in: Spektrum der Wissenschaft; **9** (1992), S. 12 ff dienen.

Kapitel 4

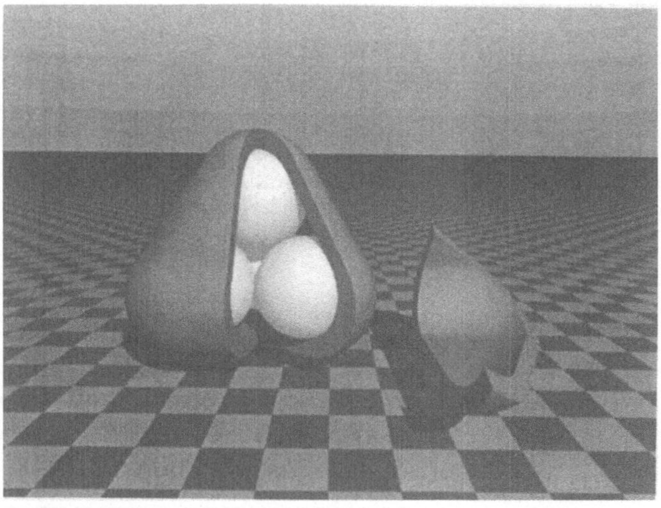

4 Die Dichtefunktion als übergeordnetes Ordnungsprinzip — Synthese von Wurstkatastrophe und Wurstvermutung

Welchen Einfluß hat die Dicke einer Verpackung auf die optimale Kugelkonfiguration?

Diese Frage läßt nicht nur Wurstkatastrophe und Wurstvermutung unter einem anderen mathematischen Licht erscheinen, sondern rückt auch finite Packungen und infinite Packungen näher zusammen. Grundlegende Bedeutung für ein Verständnis dieser Gedanken ist die *Dichtefunktion mit Randparameter* oder synonym dazu: die *parametrische Dichte* (4.1). Darauf aufbauend formulieren wir die zentrale Aussage dieses Kapitels, die *parameterinduzierte Wurstkatastrophe* (4.2). Ihre Existenz und Eindeutigkeit garantiert Satz 4.2. Dimensionsabhängige Konkretisierungen beinhalten die Sätze 4.3 bis 4.6. Dabei stellen die letzteren Verallgemeinerungen von Wurstkatastrophe und Wurstvermutung dar, während Satz 4.3 Kreispackungen beschreibt und als Geheimtip besonders empfehlenswert ist.

Ausgewählte Eigenschaften der Dichtefunktion (4.3), die zum Beweis von Blichfeldts Abschätzung (Notiz 4.4; Tabelle 2.2) für die maximale Packungsdichte infiniter Kugelgitterpackungen beliebiger Dimension führt, krönen dieses Kapitel. Sie sind jedoch nur für Fortgeschrittene, die über Mathematik-Kenntnisse aus Anfängervorlesungen verfügen, nachvollziehbar.

4.1 Die Dichtefunktion mit Randparameter — die parametrische Dichte

Im letzten Kapitel zeigten Clustersatz, Wurstkatastrophe und Wurstvermutung, daß die optimale Packungskonfiguration finiter Kugelpackungen stark von der Dimension des zugrundegelegten Raums beeinflußt wird: Im $\mathbb{R}^2$ ist der ideale Packungstyp unabhängig von der Stückzahl immer clusterförmig, während im $\mathbb{R}^n$ ($n \geq 5$) die Wurstpackung bevorzugt ist. Lediglich im $\mathbb{R}^3$ und $\mathbb{R}^4$ treten sowohl die Wurstkonfiguration (bei niedriger Stückzahl) als auch die Clusterkonfiguration (bei hoher Stückzahl) auf.

Eine eingehende Betrachtung der Beweise bzw. Plausibilitätsargumente weist auf eine weitere Ursache für die Konkurrenz zwischen Wurstpackung und gitterförmiger Clusterpackung hin: Es sind die Randeinflüsse finiter Packungen, die mit den Gittereinflüssen im Inneren einer Konfiguration konkurrieren. In diesem Sinne ermöglicht eine Wurstanordnung maximalen Randeinfluß, wohingegen eine möglichst kugelige Clusterpackung Randeffekte minimiert (vgl. Abbildung 4.1).

Um die Bedeutung des Randes unabhängig von der jeweiligen Konfiguration, der Stückzahl und der Dimensionalität untersuchen zu können, bietet sich die Einführung eines Randparameters an. Zwei Eigenschaften des Randes einer finiten Packung stehen für eine Modifizierung zur Verfügung, die Konvexität[1] und die Volumenlosigkeit.

---

[1] Die Konvexität ist natürlich strenggenommen keine Eigenschaft des Randes, sondern des gesamten Körpers.

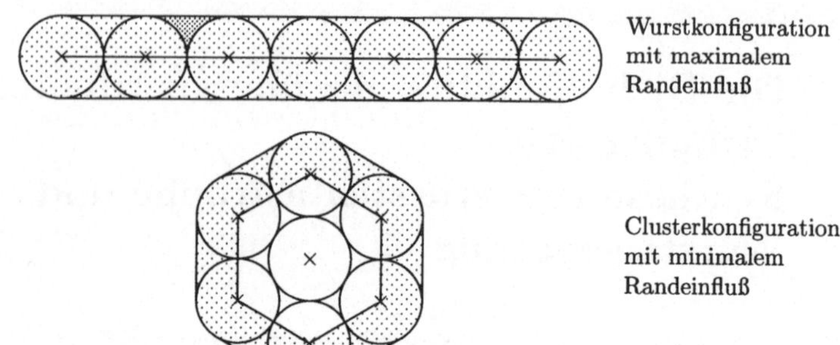

Bild 4.1 Randeffekte

Letztere ist technisch einfacher (vgl. Aufgabe 7) zu handhaben, zumal auf den Begriff des äußeren Parallelkörpers von Minkowski zurückgegriffen werden kann. In diesem Sinn wurde der Randparameter von Wills in [Wil93] eingeführt und die Formel von Steiner (vgl. Notiz 4.1) für Packungen verallgemeinert.

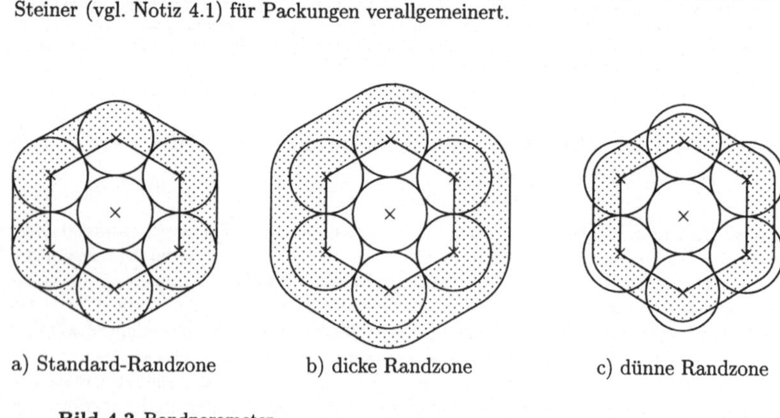

a) Standard-Randzone   b) dicke Randzone   c) dünne Randzone

Bild 4.2 Randparameter

Wir stellen uns nun eine Hülle vor, die nicht mehr volumenlos ist, sondern eine Dicke $\Delta > 0$ besitzt. Diese trägt dazu bei, daß die Randzone stärker ausgeprägt ist. Da jedoch nicht der Zuwachs der Randzone, sondern die Randzone als Ganzes quantitativ erfaßt werden soll, müssen wir die Idee der Dicke Δ etwas abändern (vgl. Abbildung 4.2).

Die Standardrandzone einer finiten Packung wird erzeugt von den Randkugeln mit Radius $\varrho = 1$ und deren konvexer Hülle.[2] Denkt man sich die Randkugeln auf den Radius $\varrho > 1$ aufgebläht mit der dazugehörigen Hülle, so gibt dies die Vorstellung

---

[2] Präziser müßte man formulieren: Die Standardrandzone besteht aus allen Punkten der konvexen Hülle mit Ausnahme der Punkte der konvexen Hülle der Kugelmittelpunkte.

eines Randes der Dicke $\Delta = \varrho - 1$ exakt wieder. Die Randzone ist dicker als die Standardrandzone.
Völlig analog erhält man eine dünnere Randzone für $0 \leq \varrho \leq 1$.

Wie wirkt sich der Randparameter ϱ auf die Packungsdichte einer finiten Kugelpackung aus?

Das genutzte Volumen $N \cdot \mathrm{Vol}(B^n)$ bleibt gleich — auch für Randparameter $\varrho < 1$. Das benutzte Volumen $\mathrm{Vol}\big(\mathrm{conv}(\varrho B^n + C_N)\big)$ hängt dagegen vom Randparameter ϱ ab. Es ist die konvexe Hülle, die von den um ϱ gestreckten Einheitskreisen

$$\varrho B^n = \{\, \varrho x \mid x \in B^n \,\}$$

erzeugt wird.
Aus der finiten Kugelpackungsdichte entsteht auf diese Weise die Dichtefunktion mit Randparameter ϱ.

Definition 4.1 Sei $\mathrm{P}(B^n, C_N)$ eine finite Kugelpackung. Dann heißt

$$\mathrm{d}(B^n, C_N, \varrho) = \frac{N \cdot \mathrm{Vol}(B^n)}{\mathrm{Vol}\big(\mathrm{conv}(\varrho B^n + C_N)\big)}$$

die dazugehörige *Dichtefunktion mit Randparameter* ϱ oder die *parametrische Dichte*.

Diese Definition läßt sich problemlos auf finite Packungen von konvexen Körpern K^n verallgemeinern. Dann kann man auch Dichtefunktionen von Quadraten, Würfeln etc. untersuchen (vgl. Aufgabe 6).

Doch zunächst illustrieren wir die Dichtefunktion an zwei einfachen, nichttrivialen Beispielen. Dazu betrachten wir eine Wurstpackung von drei Kreisen $\mathrm{P}\big(B^2, S_3\big)$ und eine hexagonale Clusterpackung von drei Kreisen $\mathrm{P}\big(B^2, C_3^{hex}\big)$.
Man errechnet leicht

$$\mathrm{d}\big(B^2, S_3, \varrho\big) = \frac{3\pi}{\varrho^2 \pi + \varrho \cdot 2 \cdot 4}$$

sowie

$$\mathrm{d}\big(B^2, C_3^{hex}, \varrho\big) = \frac{3\pi}{\varrho^2 \pi + \varrho \cdot 2 \cdot 3 + \sqrt{3}}.$$

Eine einfache Kurvendiskussion ergibt

$$\begin{aligned}
\mathrm{d}\big(B^2, S_3, \varrho_0\big) &= \mathrm{d}\big(B^2, C_3^{hex}, \varrho_0\big) && \text{für } \varrho_0 = \tfrac{\sqrt{3}}{2}, \\
\mathrm{d}\big(B^2, S_3, \varrho\big) &> \mathrm{d}\big(B^2, C_3^{hex}, \varrho\big) && \text{für } \varrho < \varrho_0, \\
\mathrm{d}\big(B^2, S_3, \varrho\big) &< \mathrm{d}\big(B^2, C_3^{hex}, \varrho\big) && \text{für } \varrho > \varrho_0, \text{ insbesondere für } \varrho = 1.
\end{aligned}$$

Die Graphen der beiden gebrochen-rationalen Dichtefunktionen sind in Abbildung 4.4 skizziert.

Das Beispiel zeigt eine Art randparameterinduzierte Wurstkatastrophe: Bei kleinem Randparameter $\varrho < \varrho_0$ weist die Wurstkonfiguration die größere Packungsdichte auf

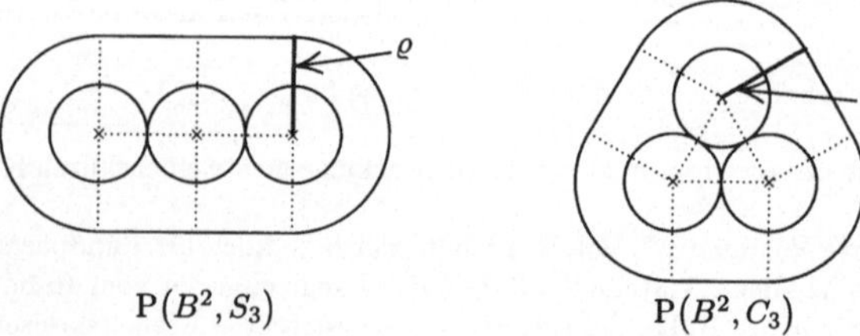

$\mathrm{P}(B^2, S_3)$ $\mathrm{P}(B^2, C_3)$

Bild 4.3 Wurst- und Clusterpackung

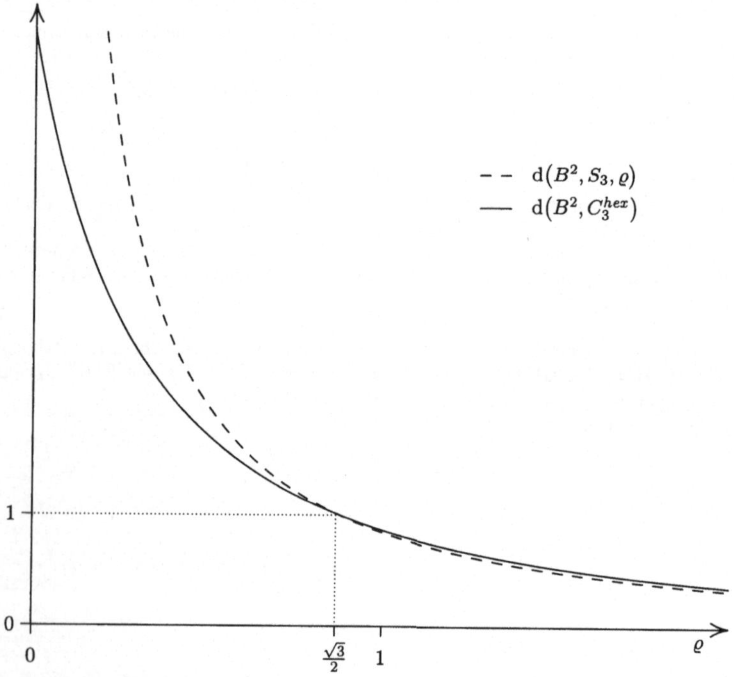

$- -$ $\mathrm{d}(B^2, S_3, \varrho)$

$-\!\!-$ $\mathrm{d}(B^2, C_3^{hex})$

Bild 4.4 Dichtefunktionen $\mathrm{d}(B^2, S_3, \varrho)$ und $\mathrm{d}(B^2, C_3^{hex}, \varrho)$

(„Wurstphase"), bei großem Randparameter $\varrho > \varrho_0$ ist die hexagonale Clusterkonfiguration dichter („Clusterphase") und bei $\varrho = \varrho_0$ ist das Packungsverhalten instabil (Wurstkatastrophe). Der Randparameter ϱ regiert also bei konstanter Stückzahl das Packungsverhalten, ähnlich wie bei konstantem Druck und konstanter Masse die Temperatur den Aggregatszustand von Wasser steuert. Man sagt dazu auch: Beim *kritischen*

Randparameter ϱ_0 findet ein *Phasenübergang* statt von der Wurstphase zur Clusterphase.

Außerdem sehen wir sofort die Ursache für $\varrho_0 = \frac{\sqrt{3}}{2}$.

algebraisch:	Die Nenner der beiden Dichtefunktionen sind gleich.
geometrisch:	Die Flächen von Randrechteck und Innendreieck sind gleich (vgl. Abbildung 4.3).
„eingeschlossene Luft":	Die eingeschlossenen Luftkammern sind gleich (vgl. Abbildung 4.3).

Diese Argumente lassen sich bei anderen Beispielen analog anwenden (vgl. Aufgaben).

Nachdem Sie, lieber Leser, sich anhand einiger konkreter Kugelpackungen mit dem Konzept der Dichtefunktion vertraut gemacht haben, werden Sie den nachfolgenden Eigenschaften beweislos zustimmen können.

Wie für die Packungsdichte gilt auch für die Dichtefunktion

$$0 < \mathrm{d}(B^n, C_N, \varrho) < 1 \qquad \text{für } \varrho \geq 1$$

und lediglich

$$0 < \mathrm{d}(B^n, C_N, \varrho) \qquad \text{für } \varrho < 1.$$

Der Vollständigkeit halber notieren wir, daß der Funktionswert der Dichtefunktion an der Stelle $\varrho = 1$ die „alte" Packungsdichte ist:

$$\mathrm{d}(B^n, C_N, 1) = \mathrm{d}(B^n, C_N).$$

Auch eine Übertragung der Formel von Steiner (vgl. Seite 94 und 105) gelingt ohne Probleme.

Notiz 4.1 (Verallgemeinerte Formel von Steiner):

1. Gegeben sei eine Clusterpackung $\mathrm{P}(B^2, C_N)$ von N Einheitskreisen. Dann gilt für die Fläche der konvexen Hülle:

$$\mathrm{Vol}(\mathrm{conv}(\varrho B^2 + C_N)) = \mathrm{F}(\mathrm{conv}(C_N)) + \varrho \cdot \mathrm{U}(\mathrm{conv}(C_N)) + \varrho^2 \pi.$$

2. Gegeben sei eine Clusterpackung $\mathrm{P}(B^3, C_N)$ von N Einheitskugeln. Dann gilt für das Volumen der konvexen Hülle:

$$\mathrm{Vol}(\mathrm{conv}(\varrho B^3 + C_N)) =$$

$$= \mathrm{V}(\mathrm{conv}(C_N)) + \varrho \cdot \mathrm{F}(\mathrm{conv}(C_N)) + \varrho^2 \cdot \mathrm{M}(\mathrm{conv}(C_N)) + \varrho^3 \cdot \frac{4\pi}{3}.$$

Entsprechend überträgt man die Formel für Wurstpackungen:

Notiz 4.2 Gegeben sei eine Wurstpackung $\mathrm{P}(B^n, S_N)$ von N Einheitskugeln. Dann gilt für das Volumen der konvexen Hülle:

$$\mathrm{Vol}(\mathrm{conv}(\varrho B^n + S_N)) = \varrho^n \cdot \mathrm{Vol}(B^n) + \varrho^{n-1} \cdot \mathrm{Vol}(B^{n-1}) \cdot 2(N - 1).$$

Daraus ergeben sich für die Dichtefunktion folgende Eigenschaften:

Notiz 4.3 (Eigenschaften der Dichtefunktion):

1. Jede Dichtefunktion $d(B^n, C_N, \varrho)$ ist streng monoton fallend.

2. Für jede Dichtefunktion $d(B^n, C_N, \varrho)$ gilt

$$\lim_{\varrho \to \infty} d(B^n, C_N, \varrho) = 0.$$

3. Für die Dichtefunktion einer Wurstpackung $d(B^n, S_N, \varrho)$ gilt

$$\lim_{\varrho \to 0} d(B^n, S_N, \varrho) = \infty.$$

4. Für die Dichtefunktion einer Clusterpackung $d(B^n, C_N, \varrho)$ gilt

$$\lim_{\varrho \to 0} d(B^n, C_N, \varrho) = d(B^n, C_N, \varrho = 0) = \frac{N \cdot \mathrm{Vol}(B^n)}{\mathrm{Vol}\big(\mathrm{conv}(C_N)\big)}.$$

Mit diesem Handwerkszeug werden wir in den nächsten Abschnitten weitere Beispiele untersuchen.

Aufgaben und Anregungen

$\boxed{1}$ Begründe die im Text auf Seite 147 angegebenen Ursachen für $\varrho_0 = \frac{\sqrt{3}}{2}$ im Detail!

(a) Zeige $d\left(B^2, C_3^{hex}, \frac{\sqrt{3}}{2}\right) = d\left(B^2, S_3, \frac{\sqrt{3}}{2}\right)$!

(b) Zeige die Flächengleichheit von Randrechteck und Innendreieck!

(c) Zeige die Flächengleichheit der eingeschlossenen „Luftkammern"!

$\boxed{2}$ Diskutiere die Dichtefunktionen von Wurstpackung $d(B^2, S_N, \varrho)$ und hexagonaler Clusterpackung $d(B^2, C_N^{hex}, \varrho)$ für N Kreise $(N \geq 4)$! Was fällt auf?

$\boxed{3}$ Diskutiere für N Kreise die Dichtefunktionen von Wurstpackung $d(B^2, S_N, \varrho)$ und quadratischer Clusterpackung $d(B^2, C_N^{qu}, \varrho)$!

$\boxed{4}$ Diskutiere für N Kugeln die Dichtefunktion der

(a) Wurstpackung $d(B^3, S_N, \varrho)$!

(b) quadratischen Clusterpackung $d(B^3, C_N^{qu}, \varrho)$!

(c) hexagonalen Clusterpackung $d(B^3, C_N^{hex}, \varrho)$!

$\boxed{5}$ Diskutiere für $N = \binom{k+1}{3}$ $(k \in \mathbb{N})$ die Dichtefunktion der

(a) Wurstpackung $d(B^3, S_N, \varrho)$ und der

(b) tetraedrischen Clusterpackung $d(B^3, C_N^{fcc}, \varrho)$!

$\boxed{6}$ Diskutiere die Dichtefunktionen $d(W^2, C_N, \varrho)$ für Quadrate W^2 und ausgewählte Konfigurationen C_N. Betrachte insbesondere die Fälle $\varrho < 1$, $\varrho = 1$ und $\varrho = 1+\varepsilon$, wobei ε für kleine positive Zahlen stehen soll!

$\boxed{7}$ Den Einfluß der Randzone auf das Packungsverhalten eines Kugelensembles könnte man mathematisch auch erfassen, indem man anstelle der Volumenlosigkeit des Randes die Konvexität des Randes[3] modifiziert. Die Abbildung 4.5 dient als Anregung.

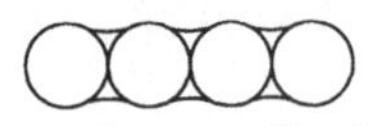
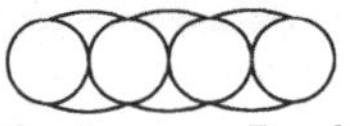

<table>
<tr><td>Standard-Rand</td><td>unterkonvexer Rand</td><td>überkonvexer Rand</td></tr>
</table>

Bild 4.5 Modifizierung der Konvexität

Diskutiere Vor- und Nachteile dieses Ansatzes im Vergleich zum Konzept des Randparameters ϱ!

---

[3] vgl. Fußnote auf Seite 143

4.2 Die verallgemeinerte Wurstkatastrophe

4.2.1 Die parameterabhängige Wurstkatastrophe

Das im letzten Abschnitt betrachtete Beispiel — ein Vergleich von $P(B^2, S_3)$ und $P(B^2, C_3^{hex})$ — zeigte, daß bei kleinem Randparameter ϱ die Wurstkonfiguration S_3 und bei großem Randparameter die Clusterkonfiguration C_3^{hex} bevorzugt ist. Beide Phasen trennt ein kritischer Randparameter ϱ_0 voneinander, der die randparameterinduzierte Wurstkatastrophe markiert.

Außerdem haben wir in Notiz 4.3 gesehen, daß für die Dichtefunktionen von Wurst bzw. Cluster gilt:

$$d(B^n, C_N, \varrho = 0) = \text{const.} \quad \text{bzw.} \quad d(B^n, S_N, \varrho \to 0) \to \infty$$

$$\text{und} \quad d(B^n, C_N, \varrho \to \infty) \to 0 \qquad \text{bzw.} \quad d(B^n, S_N, \varrho \to \infty) \to 0$$

Dieses Grenzverhalten garantiert jedoch noch nicht die Existenz eines kritischen Randparameters ϱ_0. Außerdem ist nicht ausgeschlossen, daß es mehrere kritische Randparameter gibt, daß also das ideale Packungsverhalten mehrmals springt.

Beides können Sie, lieber Leser, anhand einfacher Rechenbeispiele induktiv untersuchen. Die richtige Verallgemeinerung liefert einen konstruktiven Beweis unserer Vermutung.

Satz 4.2 (Parameterinduzierte Wurstkatastrophe): *Zu jeder Stückzahl N von Kugeln B^n gibt es einen Randparameter ϱ_0, so daß für mindestens eine Clusterkonfiguration C_N, deren Dichtefunktion $d(B^n, C_N, \varrho)$ größer ist als die Dichtefunktion $d(B^n, S_N, \varrho)$ der Wurstpackung, wenn nur $\varrho > \varrho_0$ erfüllt ist:*

$$d(B^n, C_N, \varrho) > d(B^n, S_N, \varrho) \qquad \textit{für } \varrho > \varrho_0.$$

Gilt Gleichheit an der Stelle $\varrho = \varrho_0$, so folgt daraus

$$d(B^n, C_N, \varrho) < d(B^n, S_N, \varrho) \qquad \textit{für } \varrho < \varrho_0.$$

Die Aussage des Satzes 4.2 können wir uns folgendermaßen veranschaulichen: Schwillt der Rand einer Wurstpackung von beispielsweise sechs Tennisbällen immer weiter an, so ist ab einer bestimmten Randdicke eine halbwegs clever ausgewählte Clusterkonfiguration besser als die lineare Anordnung. Da wir es im Alltag in der Regel bei Packungsproblemen mit ausgeprägten Rändern zu tun haben, wo wir intuitiv die jeweils dichteste Packung als Clusterpackung annehmen, versöhnt dieser Satz gewissermaßen unsere Intuition, die im letzten Kapitel durch die Wurstkatastrophe stark ins Wanken geriet, wieder mit der Mathematik.

Der Beweis des Satzes 4.2 ist methodisch lediglich eine Weiterentwicklung des Beweises des Clustersatzes 3.5.

Beweis des Satzes 4.2

Gegeben sei eine Anzahl N von Kugeln B^n. Wir suchen zunächst eine Clusterkonfiguration, deren Dichtefunktion für großes ϱ größere Werte annimmt als die der Wurstpackung.

1. Fall: N gerade

Wir wählen C_N^{hex}, wie in 3.2.1.2, als eine Art „Doppelwurst"

$$C_N^{hex} = \left\{ ma + nb \;\middle|\; 0 \leq m \leq \frac{N}{2} - 1; \; 0 \leq n \leq 1 \right\},$$

wobei $a = \begin{pmatrix} 2 \\ 0 \end{pmatrix}$, $b = \begin{pmatrix} 1 \\ \sqrt{3} \end{pmatrix}$ Basisvektoren des zugrundeliegenden hexagonalen Gitters seien.

Dann gilt nach der verallgemeinerten Formel von Steiner (Notiz 4.1) für

$$n = 2: \quad d\big(B^2, C_N^{hex}, \varrho\big) = \frac{N \cdot \text{Vol}\big(B^2\big)}{\text{Vol}(B^2)\varrho^2 + N \cdot 2 \cdot \varrho + (N-2) \cdot \sqrt{3}},$$

$$n = 3: \quad d\big(B^3, C_N^{hex}, \varrho\big) =$$

$$= \frac{N \cdot \text{Vol}\big(B^3\big)}{\text{Vol}(B^3)\varrho^3 + N \cdot \text{Vol}(B^2) \cdot \varrho^2 + (N-2) \cdot \sqrt{3} \cdot 2 \cdot \varrho},$$

und für beliebiges n verallgemeinert man schnell. Dabei hat man lediglich zu berücksichtigen, daß $\sqrt{3}$ die Dimension einer Fläche besitzt und für jede weitere Dimension der Faktor $2 \cdot \varrho$ dazutritt.

$$n \geq 2: \quad d\big(B^n, C_N^{hex}, \varrho\big) =$$

$$= \frac{N \cdot \text{Vol}(B^n)}{\text{Vol}(B^n)\varrho^n + N \cdot \text{Vol}(B^{n-1})\varrho^{n-1} + (N-2) \cdot \sqrt{3} \cdot 2^{n-2}\varrho^{n-2}}$$

Im Vergleich zu dieser „Doppelwurst" gilt für die „einfache" Wurst:

$$d(B^n, S_N, \varrho) = \frac{N \cdot \text{Vol}(B^n)}{\text{Vol}(B^n) \cdot \varrho^n + 2(N-1) \cdot \text{Vol}(B^{n-1})\varrho^{n-1}}$$

Gleichheit der Dichtefunktionen $d\big(B^n, C_N^{hex}, \varrho\big) = d(B^n, S_N, \varrho)$ hat man für

$$N \cdot \text{Vol}\big(B^{n-1}\big)\varrho^{n-1} + (N-2)\sqrt{3} \cdot 2^{n-2}\varrho^{n-2} \overset{!}{=} 2(N-1) \cdot \text{Vol}(B^{n-1})\varrho^{n-1}, \quad (*)$$

Das ergibt

$$\varrho_0 = \frac{\sqrt{3} \cdot 2^{n-2}}{\text{Vol}(B^{n-1})}.$$

Außerdem überzeugt man sich durch einen Blick auf die Ordnung der Exponenten von ϱ schnell, daß für $\varrho > \varrho_0$ die linke Seite in $(*)$ kleiner als die rechte Seite und damit

$$d\big(B^n, C_N^{hex}, \varrho\big) > d(B^n, S_N, \varrho) \qquad \text{für } \varrho > \varrho_0$$

erfüllt ist.

2. Fall: N ungerade

Diesen Fall erledigt man mit einem entsprechend modifizierten „Doppelwurstcluster" völlig analog zu 3.2.1.2 und zum 1. Fall (vgl. Übungsaufgabe 3).

Damit ist der erste Teil des Satzes 4.2 bewiesen.

Für den zweiten Teil des Satzes betrachten wir wiederum die Dichtefunktion einer Wurstpackung $P(B^n, S_N)$ und einer jetzt beliebigen Clusterpackung $P(B^n, C_N)$. Wir fokussieren der Einfachheit halber auf die Nenner.

Für die Wurstkonfiguration gilt:

$$\mathrm{Vol}\big(\mathrm{conv}(\varrho B^n + S_N)\big) = \mathrm{Vol}(B^n)\varrho^n + 2(N-1) \cdot \mathrm{Vol}\big(B^{n-1}\big)\varrho^{n-1}$$

Für eine beliebige Clusterkonfiguration C_N gilt:

$$\mathrm{Vol}\big(\mathrm{conv}(\varrho B^n + C_N)\big) = \mathrm{Vol}(B^n)\varrho^n + \sum_{i=0}^{n-1} a_i(C_N)\varrho^i$$

mit $a_i(C_N) \geq 0$, $a_0(C_N) > 0$.

C_N sei nun so gewählt, daß es die Voraussetzung des Satzes erfüllt. Dann gibt es ein $\varrho_0 > 0$ mit

$$\mathrm{Vol}\big(\mathrm{conv}(\varrho_0 B^n + C_N)\big) = \mathrm{Vol}\big(\mathrm{conv}(\varrho_0 B^n + S_N)\big), \tag{*}$$

Daraus werden wir

$$\mathrm{Vol}\big(\mathrm{conv}(\varrho B^n + C_N)\big) > \mathrm{Vol}\big(\mathrm{conv}(\varrho B^n + S_N)\big) \qquad \text{für } \varrho < \varrho_0$$

folgern, was die Behauptung ergibt.

Wir betrachten dazu die Funktion

$$f(\varrho) = \sum_{i=0}^{n-1} a_i(C_N)\frac{\varrho^i}{\varrho^{n-1}}.$$

Diese Funktion besitzt wegen (*) eine $2(N-1) \cdot \mathrm{Vol}\big(B^{n-1}\big)$-Stelle, d. h. es gibt ein ϱ_0 mit

$$f(\varrho_0) = 2(N-1) \cdot \mathrm{Vol}\big(B^{n-1}\big).$$

Außerdem ist sie als Summe von Hyperbelfunktionen streng monoton fallend. Daraus folgt

$$f(\varrho) > 2(N-1) \cdot \mathrm{Vol}\big(B^{n-1}\big) \qquad \text{für } \varrho < \varrho_0,$$

eingesetzt

$$\sum_{i=0}^{n-1} a_i(C_N)\frac{\varrho^i}{\varrho^{n-1}} > 2(N-1) \cdot \mathrm{Vol}\big(B^{n-1}\big) \qquad \text{für } \varrho < \varrho_0,$$

also

$$\mathrm{Vol}\big(\mathrm{conv}(\varrho B^n + C_N)\big) > \mathrm{Vol}\big(\mathrm{conv}(\varrho B^n + S_N)\big) \qquad \text{für } \varrho < \varrho_0.$$

Damit ist der Satz gezeigt. $\qquad\qquad\square$

Nachdem der Satz 4.2 garantiert, daß es zu jeder Stückzahl N von Kugeln B^n immer eine Clusterkonfiguration gibt, die für genügend kleines ϱ_0 eine Wurstkatastrophe bewirkt, wollen wir nun nach optimalen Clusterkonfigurationen suchen, mit deren Hilfe sich ϱ_0 maximieren läßt. Dies führt uns unmittelbar zurück zur Fragestellung des letzten Kapitels.

4.2.2 Der verallgemeinerte Clustersatz — eine randparameterunabhängige Wurstkatastrophe

Im vorangegangenen Abschnitt zeigten wir, daß es für jede Stückzahl N von Kugeln B^n, unabhängig von der Dimension, eine randparameterinduzierte Wurstkatastrophe gibt. Sie tritt am kritischen Randparameter ϱ_0 auf, der jedoch stark von der Clusterkonfiguration $\mathrm{P}(B^n, C_N)$ abhängt. Daher liegt es auf der Hand, wie im letzten Kapitel, nach den optimalen Clusterkonfigurationen zu suchen, die bei gegebener Stückzahl N einen größtmöglichen kritischen Randparameter ϱ_0 garantieren.
Wir beginnen dabei mit dem einfachsten Fall, den ebenen Kreispackungen, und experimentieren hier wiederum zunächst mit den einfachsten Konfigurationen.

Ein Vergleich der Wurstpackung von drei Kreisen $\mathrm{P}(B^2, S_3)$ und der dazugehörigen hexagonalen Clusterpackung $\mathrm{P}(B^2, C_3^{hex})$ ergibt (vgl. Seite 145 und Abbildung 4.3) für den kritischen Randparameter

$$\varrho_0 = \frac{\sqrt{3}}{2}.$$

Führt man diesen Vergleich für $N = 4$ Kreise fort, so ergibt sich — die optimale Clusterpackung nehmen wir wiederum als hexagonal an — folgende Rechnung:

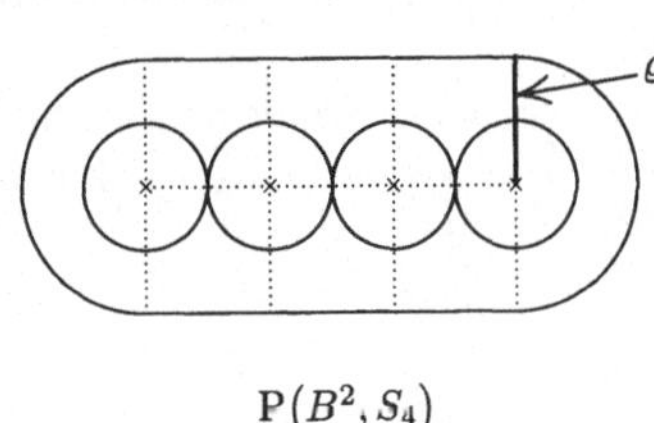

$$\mathrm{P}(B^2, S_4)$$

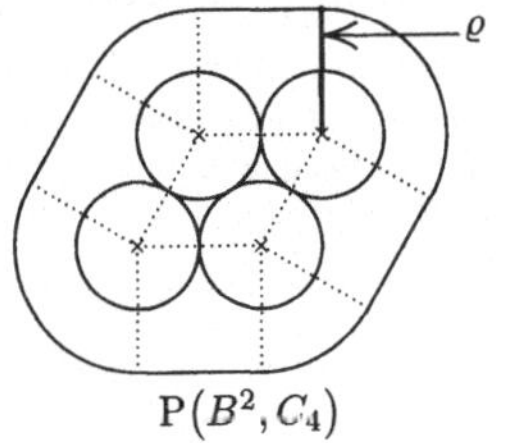

$$\mathrm{P}(B^2, C_4)$$

Bild 4.6 Wurst- und Clusterpackung

Für die Dichtefunktionen gilt nach Notiz 4.1:

$$d(B^2, S_4, \varrho) = \frac{4\pi}{\varrho^2 \pi + \varrho \cdot 2 \cdot 6}$$

und

$$\mathrm{d}\big(B^2, C_4^{hex}, \varrho\big) = \frac{4\pi}{\varrho^2\pi + \varrho \cdot 2 \cdot 4 + 2 \cdot \sqrt{3}}.$$

Daraus erhält man verblüffenderweise wiederum

$$\varrho_0 = \frac{\sqrt{3}}{2}.$$

Weiteres Experimentieren mit höheren Stückzahlen (vgl. Aufgabe 5) läßt vermuten, daß der maximale kritische Randparameter ϱ_0 unabhängig von der Stückzahl N ist. In diesem Sinne liegt also eine Art statische Wurstkatastrophe vor.

Satz 4.3 (Statische Wurstkatastrophe): *Der maximale kritische Randparameter ϱ_0 ebener Kreispackungen ist unabhängig von der Stückzahl N und beträgt $\varrho_0 = \frac{\sqrt{3}}{2}$. Dieser Wert wird nur von hexagonalen Kreiskonfigurationen $\mathrm{P}\big(B^2, C_N^{hex}\big)$ angenommen.*

Dieser Satz stellt damit eine echte Verallgemeinerung des Clustersatzes 3.5 dar, der — in die Terminologie der Dichtefunktion übersetzt — lediglich besagt, daß der maximale kritische Randparameter ϱ_0 größer als 1 sein muß. Zum Beweis benötigen wir u. a. einige Argumente aus den Beweisen der Sätze 4.2 und 3.6, insbesondere des Lemmas 3.3.

Beweis des Satzes 4.3

Wir beweisen den Satz aus didaktischen Gründen in drei Stufen, zunächst für spezielle hexagonale Packungen, dann für alle hexagonalen Packungen und schließlich für alle Clusterpackungen. Der mathematisch versierte Leser darf sofort in III. einsteigen; die ersten beiden Stufen dienen lediglich als didaktische Hinführung zum allgemeinen Fall.

I. Die Behauptung des Satzes ist richtig für eine „Doppelwurst" der Gestalt

$$C_N^{hex} = \left\{ ma + nb \;\middle|\; 0 \leq m \leq \frac{N-1}{2}; \; 0 \leq n \leq 1 \right\},$$

für ungerades N, wobei $a = \begin{pmatrix} 2 \\ 0 \end{pmatrix}$ und $b = \begin{pmatrix} 1 \\ \sqrt{3} \end{pmatrix}$ Basivektoren des zugrundeliegenden hexagonalen Gitters seien.

Dies zeigt der Beweis des Satzes 4.2, den wir für $n = 2$ spezialisieren. Für gerades N ist (vgl. Seite 151)

$$\varrho_0 = \frac{\sqrt{3} \cdot 2^{n-2}}{\mathrm{Vol}(B^{n-1})} = \frac{\sqrt{3}}{2};$$

gleiches gilt für ungerades N (vgl. Aufgabe 3).

II. Nun sei $\mathrm{P}\big(B^2, C_N^{hex}\big)$ eine beliebige hexagonale Kreispackung.
Dann läßt sich nach Lemma 3.3 die konvexe Hülle $\mathrm{conv}\big(C_N^{hex}\big)$ in Innendreiecke und Randseiten zerlegen, so daß gilt

$$N_I + N_R = 2(N - 1),$$

wobei N_I die Anzahl der Innendreiecke und N_R die Anzahl der Randseiten bezeichnet.

Damit lassen sich im Hinblick auf die verallgemeinerte Formel von Steiner (Notiz 4.1) Fläche und Umfang der konvexen Hülle $\mathrm{conv}(C_N^{hex})$ ausdrücken:

$$F\big(\mathrm{conv}(C_N^{hex})\big) = \sqrt{3} \cdot N_I$$
$$U\big(\mathrm{conv}(C_N^{hex})\big) \geq 2 \cdot N_R,$$

wobei Gleichheit nur für Randseiten der Länge 2 gilt (vgl. Beweis des Satzes 3.6). Eingesetzt in die Formel von Steiner, erhält man für die Fläche der konvexen Hülle

$$\mathrm{Vol}\big(\mathrm{conv}(\varrho B^2 + C_N^{hex})\big) = F\big(\mathrm{conv}(C_N^{hex})\big) + \varrho \cdot U\big(\mathrm{conv}(C_N^{hex})\big) + \varrho^2\pi \geq$$
$$\geq \sqrt{3} \cdot N_I + \varrho \cdot 2 \cdot N_R + \varrho^2\pi. \qquad (*)$$

Ein Vergleich mit der konvexen Hülle der Wurstkonfiguration $P(B^2, S_N)$

$$\mathrm{Vol}\big(\mathrm{conv}(\varrho B^2 + S_N)\big) = \varrho \cdot 2 \cdot 2 \cdot (N-1) + \varrho^2\pi =$$
$$= \varrho \cdot 2 \cdot N_I + \varrho \cdot 2 \cdot N_R + \varrho^2\pi.$$

ergibt für Gleichheit in (*):

$$\varrho_0 = \frac{\sqrt{3}}{2}.$$

Andernfalls gilt gemäß der Definition der Dichtefunktion

$$\varrho_0 < \frac{\sqrt{3}}{2}.$$

In jedem Fall ist also $\varrho_0 \leq \frac{\sqrt{3}}{2}$, wobei Gleichheit nur dann gilt, wenn keine Randseite länger als 2 ist. Damit ist der Satz für hexagonale Clusterpackungen gezeigt.

III. Wir betrachten zunächst den Spezialfall $P(B^2, C_3)$ für 3 Kreise.

Da man im allgemeinen Fall eines beliebigen, auch stumpfwinkligen Dreiecks kein nichttriviales Infimum für die Fläche der konvexen Hülle $F\big(\mathrm{conv}(C_3)\big)$ mehr angeben kann, empfiehlt es sich, sie gekoppelt mit dem Umfang $U\big(\mathrm{conv}(C_3)\big)$ zu betrachten. Man zeigt mit etwas Analysis leicht, daß gilt (vgl. Aufgabe 4)

$$F\big(\mathrm{conv}(C_3)\big) + U\big(\mathrm{conv}(C_3)\big) \geq \sqrt{3} + 6,$$

sowie für $\varrho \geq \frac{\sqrt{3}}{2}$:

$$F\big(\mathrm{conv}(C_3)\big) + \varrho \cdot U\big(\mathrm{conv}(C_3)\big) \geq \sqrt{3} + \varrho \cdot 6,$$

wobei das Gleichheitszeichen nur im Falle eines gleichseitigen Dreiecks gilt.

Den allgemeinen Fall erledigen wir nun durch eine Art Mittelwertbildung über alle Teildreiecke.

Es sei $P(B^2, C_N)$ eine beliebige Kreispackung, deren konvexe Hülle $\mathrm{conv}(C_N)$ wiederum nach Lemma 3.3 in Innendreiecke und Randdreiecke zerlegt sei, so daß gilt

$$N_I + N_R = 2 \cdot (N - 1),$$

wobei N_I die Anzahl der Innendreiecke und N_R die Anzahl der Randseiten bezeichnet.

Dann gilt für jedes Innendreieck Δ_i ($1 \leq i \leq N_I$) nach dem Spezialfall für $N = 3$

$$\mathrm{F}(\Delta_i) + \varrho \mathrm{U}(\Delta_i) \geq \sqrt{3} + \varrho \cdot 6 \qquad \text{für } \varrho \geq \tfrac{\sqrt{3}}{2}$$

und Gleichheit nur im Falle eines gleichseitigen Dreiecks.

Die Summe aller Beiträge der Innendreiecke ergibt

$$\sum_{i=1}^{N_I} (\mathrm{F}(\Delta_i) + \varrho \mathrm{U}(\Delta_i)) \geq N_I \cdot (\sqrt{3} + \varrho \cdot 6),$$

also

$$\mathrm{F}\big(\mathrm{conv}(C_N)\big) + \sum_{i=1}^{N_I} \varrho \mathrm{U}(\Delta_i) \geq \sqrt{3} \cdot N_I + \varrho \cdot 6 \cdot N_I.$$

Wir subtrahieren nun mit Blick auf das Ziel des Beweises die zuviel gezählten Innenseiten — es sind $3N_I - N_R$ an der Zahl — von der Umfangssumme:

$$\mathrm{F}\big(\mathrm{conv}(C_N)\big) + \sum_{i=1}^{N_I} \varrho \mathrm{U}(\Delta_i) - \varrho \cdot 2(3N_I - N_R) \geq$$
$$\geq \sqrt{3}N_I + \varrho \cdot 6N_I - \varrho \cdot 2 \cdot 3N_I + \varrho \cdot 2N_R,$$

also

$$\mathrm{F}\big(\mathrm{conv}(C_N)\big) + \sum_{i=1}^{N_I} \varrho \mathrm{U}(\Delta_i) - \varrho \cdot 2 \cdot 3N_I + \varrho \cdot 2N_R \geq$$
$$\geq \sqrt{3}N_I + \varrho \cdot 2N_R.$$

Dabei gilt Gleichheit nur für gleichseitige Dreiecke. Unter dieser Bedingung ist dann aber

$$\sum_{i=1}^{N_I} \varrho \mathrm{U}(\Delta_i) = \sum_{i=1}^{N_I} \varrho \cdot 6 = \varrho \cdot 6 \cdot N_I,$$

und die linke Seite der Ungleichung vereinfacht sich zu

$$\mathrm{F}\big(\mathrm{conv}(C_N)\big) + \varrho \cdot \mathrm{U}\big(\mathrm{conv}(C_N)\big).$$

Damit ist

$$\mathrm{Vol}\big(\mathrm{conv}(\varrho B^2 + C_N)\big) - \varrho^2 \pi = \mathrm{F}\big(\mathrm{conv}(C_N)\big) + \varrho \mathrm{U}\big(\mathrm{conv}(C_N)\big) \geq \sqrt{3}N_I + \varrho \cdot 2N_R.$$

Ein Vergleich (s. oben) mit der konvexen Hülle der Wurstkonfiguration $\mathrm{P}\big(B^2, S_N\big)$

$$\mathrm{Vol}\big(\mathrm{conv}(\varrho B^2 + S_N)\big) - \varrho^2 \pi =$$
$$= \varrho \cdot 2 \cdot 2(N - 1) =$$
$$= \varrho \cdot 2 \cdot N_I + \varrho \cdot 2 \cdot N_R$$

ergibt $\varrho_0 \leq \tfrac{\sqrt{3}}{2}$.

Dabei tritt Gleichheit nur für ausnahmslos gleichseitige Innendreiecke (und Randseiten der Länge 2) ein, also für eine hexagonale Konfiguration C_N. $\square$

4.2.3 Wurstkatastrophe und Wurstvermutung im Gewand der Dichtefunktion

Wurstkatastrophe und Wurstvermutung beleuchteten das Packungsverhalten von Kugeln aus der Perspektive wachsender Stückzahlen und — davon entkoppelt — wachsender Dimensionalität. Sie bildeten die gleichermaßen verblüffenden wie zentralen Aussagen des vorherigen Kapitels. Im vorliegenden Kapitel wurde dieses Doppelgestirn bereits in 4.2.1 entzaubert. Aus dem Blickwinkel der Randeinflüsse auf das optimale Packungsverhalten von Kugeln existiert für jede Stückzahl und Dimension eine randparameterinduzierte Wurstkatastrophe. Daher sind keine dimensionsabhängigen Überraschungen mehr zu erwarten.

Wir übersetzen zunächst die Wurstkatastrophe im $\mathbb{R}^3$ (Satz 3.7) in die Sprache der Dichtefunktion:

Satz 4.4 (Wurstkatastrophe im $\mathbb{R}^3$, Gandini und Wills 1992): *Für den maximalen kritischen Randparameter ϱ_0, bei dem die Dichtefunktion von Wurst- und dichtester Clusterpackung dreidimensionaler Kugeln übereinstimmen:*

$$\mathrm{d}\left(B^3, S_N, \varrho_0\right) = \mathrm{d}\left(B^3, C_N, \varrho_0\right),$$

gilt:

$$\varrho_0 < 1 \quad \textit{für} \quad N \geq 56$$
$$\textit{außer} \quad N = 57, 58, 63 \textit{ und } 64.$$

Für Puristen könnte man diesen Satz weiter formalisieren:

Satz 4.4 (Wurstkatastrophe im $\mathbb{R}^3$, Gandini und Wills 1992):

$$\forall N \in \{\, a \in \mathbb{N} | a \geq 56 \,\} \backslash \{57, 58, 63, 64\} : \quad \varrho_0(N) < 1, \textit{ wobei}$$

$$\varrho_0(N) = \max_{C_N \in \{\, C_N \mid (B^3, C_N) \textit{ Clusterpackung}\,\}} \{\, \varrho \mid \mathrm{d}(B^3, S_N, \varrho) = \mathrm{d}(B^3, C_N, \varrho) \,\}$$

Im Beweis orientieren wir uns an der wortreicheren Version — der wortkarge Leser möge selbst komprimieren.

Beweis des Satzes 4.4

Nach Satz 3.7 gibt es für $N \geq 56$, außer $N = 57, 58, 63$ und 64, eine Clusterkonfiguration C_N, für die gilt:

$$\mathrm{d}\left(B^3, S_N, \varrho = 1\right) < \mathrm{d}\left(B^3, C_N, \varrho = 1\right)$$

Andererseits gilt nach Notiz 4.3

$$\lim_{\varrho \to 0} \mathrm{d}\left(B^3, S_N, \varrho\right) = +\infty \quad \text{und}$$

$$\lim_{\varrho \to 0} \mathrm{d}\left(B^3, C_N, \varrho\right) = \text{const.}$$

Es gibt also ein $0 < \varrho^* < 1$ mit

$$\mathrm{d}\big(B^3, S_N, \varrho = \varrho^*\big) > \mathrm{d}\big(B^3, C_N, \varrho = \varrho^*\big).$$

Da beide Dichtefunktionen, $\mathrm{d}\big(B^3, S_N, \varrho\big)$ und $\mathrm{d}\big(B^3, C_N, \varrho\big)$, stetig sind und daher die Zwischenwerteigenschaft besitzen, existiert ein $\varrho_0 \in \,]\varrho^*; 1[$ mit

$$\mathrm{d}\big(B^3, S_N, \varrho_0\big) = \mathrm{d}\big(B^3, C_N, \varrho_0\big).$$

Damit ist der Satz auf der Basis des Satzes 3.7 gezeigt. $\qquad\qquad\qquad\square$

Wir wollen rückblickend diesen Satz noch etwas näher betrachten.

Man erkennt sofort, daß eine Formulierung in der Terminologie der Dichtefunktion für die Wurstkatastrophe (Satz 3.7) lediglich eine Art Face-Lifting darstellt. Dies wird besonders deutlich, wenn man den Beweis des Satzes 3.7 überträgt.
Dann erhält man mit den dortigen Bezeichnungen

$$\mathrm{Vol}\big(\mathrm{conv}(\varrho B^3 + C_N^{tetr})\big) = \frac{2}{3}\sqrt{2}k^3 + 4\sqrt{3}k^2\varrho + 6\arctan(-2\sqrt{2})k\varrho^2 + \frac{4\pi}{3}\varrho^3$$

und

$$\mathrm{Vol}\big(\mathrm{conv}(\varrho B^3 + S_N)\big) = \left(\frac{\pi}{3}k^3 + 2\pi k^2 + \frac{11}{3}\pi k\right)\varrho^2 + \frac{4\pi}{3}\varrho^3.$$

Für den kritischen Randparameter ϱ_0 gilt

$$\mathrm{d}\big(\varrho B^3, C_N^{tetr}, \varrho_0\big) = \mathrm{d}\big(\varrho B^3, S_N, \varrho_0\big),$$

also

$$\mathrm{Vol}\big(\mathrm{conv}(\varrho_0 B^3 + C_N^{tetr})\big) = \mathrm{Vol}\big(\mathrm{conv}(\varrho_0 B^3 + S_N)\big)$$

und damit

$$\left(\frac{\pi}{3}k^3 + 2\pi k^2 + \left(\frac{11}{3}\pi - 6\arctan(-2\sqrt{2})\right)k\right)\cdot\varrho_0^2 - 4\sqrt{3}k^2\varrho_0 - \frac{2}{3}\sqrt{2}k^3 = 0.$$

ϱ_0 ist die, gemäß Satz 4.2 eindeutige, positive Lösung dieser quadratischen Gleichung. Sie ist in Tabelle 4.1 in Abhängigkeit von k notiert.

Tabelle 4.1 Kritische Randparameter zur Wurstkatastrophe

k	N	ϱ_0
1	4	1,05863
2	10	1,03998
3	20	1,02569
4	35	1,01504
5	56	1,00691
6	**84**	**1,00052**
7	**120**	**0,99538**
8	165	0,99116
9	220	0,98763

Der praktische Nutzen der Dichtefunktion bzw. des kritischen Randparameters gegenüber der Version im Kapitel 3 besteht darin, daß der Randparameter ϱ_0 eine Aussage darüber macht, wie weit man von der Wurstkatastrophe bei $\varrho = 1$ noch entfernt ist. Beispielsweise gibt der Wert von $\varrho_0 \approx 1{,}05863$ für $k = 1$ bzw. $N = 4$ an, daß bei einer realen Kugelpackung von 4 Kugeln und einer Randdicke von ca. 6% des Kugelradius bereits die Clusterpackung der Wurstpackung vorzuziehen ist.

Bestimmt sind Sie nun, lieber Leser, davon überzeugt, daß eine Übertragung der anderen Aussagen zu Wurstkatastrophe und Wurstvermutung ebenfalls wenig geheimnisvoll ist. Wir erledigen daher diese Pflichtübung ganz schnell und ohne Kommentar.

Satz 4.5 (Wurstkatastrophe im $\mathbb{R}^4$, 1992): *Für den maximalen kritischen Randparameter ϱ_0, bei dem die Dichtefunktionen von Wurst- und dichtester Clusterpackung vierdimensionaler Kugeln übereinstimmen:*

$$d\left(B^4, S_N, \varrho_0\right) = d\left(B^4, C_N, \varrho_0\right),$$

gilt:

$$\varrho_0 < 1 \qquad \textit{für } N \geq 375\,370.$$

Satz 4.6 (Wurstvermutung, 1997): *Für den maximalen kritischen Randparameter ϱ_0, bei dem die Dichtefunktionen von Wurst- und dichtester Clusterpackung n-dimensionaler Kugeln (n $\geq$ 42) übereinstimmen:*

$$d\left(B^n, S_N, \varrho_0\right) = d\left(B^n, C_N, \varrho_0\right),$$

gilt:

$$\varrho_0 > 1 \qquad \textit{für alle } N \in \mathbb{N}.$$

Im folgenden Abschnitt kehren wir zurück zur Idee der randparameterinduzierten Wurstkatastrophe und werden darauf aufbauend neue und tiefgründigere Eigenschaften der Dichtefunktion betrachten.

Aufgaben und Anregungen

Aufgaben zu 4.2.1

$\boxed{1}$ Berechne den kritischen Randparameter ϱ_0 zu den Dichtefunktionen $\mathrm{d}\big(B^3, S_3, \varrho\big)$ und $\mathrm{d}\big(B^3, C_3^{hex}, \varrho\big)$!

$\boxed{2}$ Gib eine Clusterkonfiguration C_3 von drei Kreisen an, deren Dichtefunktion stets kleiner ist als die Wurstkonfiguration!

$$\mathrm{d}\big(B^2, C_3, \varrho\big) < \mathrm{d}\big(B^2, S_3, \varrho\big) \qquad \text{für alle } \varrho \in \mathbb{R}^+$$

$\boxed{3}$ Rechne den 2. Fall des Beweises des Satzes 4.2 explizit durch!

$\boxed{4}$ Berechne den kritischen Randparameter ϱ_0 zu den Dichtefunktionen

   (a) $\mathrm{d}\big(W^2, S_3, \varrho\big)$ und $\mathrm{d}\big(W^2, C_3, \varrho\big)$!

   (b) $\mathrm{d}\big(W^3, S_3, \varrho\big)$ und $\mathrm{d}\big(W^3, C_3, \varrho\big)$!

Dabei sollen W^2 das Einheitsquadrat und W^3 den Einheitswürfel bezeichnen. C_3 stehe für die jeweilige Konfiguration mit maximaler Packungsdichte.

$\boxed{5}$ Berechne den kritischen Randparameter ϱ_0 zu den Dichtefunktionen

   (a) $\mathrm{d}\big(B^2, S_4, \varrho\big)$ und $\mathrm{d}\big(B^2, C_4, \varrho\big)$!

   (b) $\mathrm{d}\big(B^2, S_5, \varrho\big)$ und $\mathrm{d}\big(B^2, C_5, \varrho\big)$!

   (c) $\mathrm{d}\big(B^2, S_N, \varrho\big)$ und $\mathrm{d}\big(B^2, C_N^{hex}, \varrho\big)$! (schwer)

Aufgaben zu 4.2.2

$\boxed{1}$ Berechne den kritischen Randparameter für $\mathrm{P}\big(B^2, C_4^{qu}\big)$ und vergleiche mit dem für $\mathrm{P}\big(B^2, C_4^{hex}\big)$!

$\boxed{2}$ Berechne den kritischen Randparameter für $\mathrm{P}\big(B^2, C_N^{hex}\big)$ $(N \geq 5)$ und vergleiche mit anderen Konfigurationen!

$\boxed{3}$ Führe den ersten Schritt des Beweises von Satz 4.3 für gerades N durch!

$\boxed{4}$ Zeige! (vgl. Aufgabe 6 zu 3.2.1)

   (a) $\mathrm{F}\big(\mathrm{conv}(C_3)\big) + \mathrm{U}\big(\mathrm{conv}(C_3)\big) \geq \sqrt{3} + 6$
     Dabei gilt das Gleichheitszeichen nur für $C_3 = C_3^{hex}$.

   (b) $\mathrm{F}\big(\mathrm{conv}(C_3)\big) + \varrho \cdot \mathrm{U}\big(\mathrm{conv}(C_3)\big) \geq \sqrt{3} + \varrho \cdot 6$ für $\varrho \geq \frac{\sqrt{3}}{2}$
     Dabei gilt das Gleichheitszeichen ebenfalls nur für $C_3 = C_3^{hex}$.

$\boxed{5}$ (a) Folgere aus Satz 4.3 die verallgemeinerte Notiz 3.3 (vgl. Seite 99):
     Für die Packungsdichte ebener Clusterpackungen $\mathrm{P}\big(B^2, C_N\big)$ *gilt:*

$$\mathrm{d}\big(B^2, C_N\big) < \frac{\pi}{2\sqrt{3}}.$$

(b) Folgere aus Satz 4.3 den verallgemeinerten Satz 3.6 (vgl. Seite 108):
Für jede Stückzahl $N \geq 3$ von Einheitskugeln besitzt die Wurstpackung $P(B^3, S_N)$ eine größere Packungsdichte als jede beliebige, ebene Cluster-packung $P(B^3, C_N)$.

6 Den dritten Schritt im Beweis des Satzes 4.3 könnte man auch anders führen, in-dem man anstelle einer Zerlegung in „halbe Fundamentalparallelogramme" eine Zerlegung in „Luftkissen" durchführt. Dann müßte man, wie in Bild 4.7 ange-deutet, zerlegen:

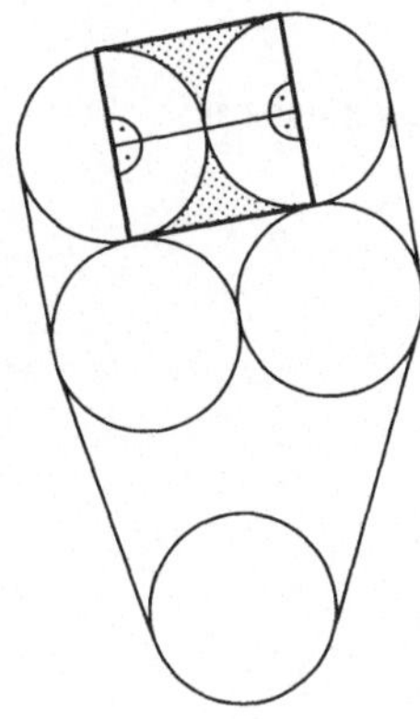 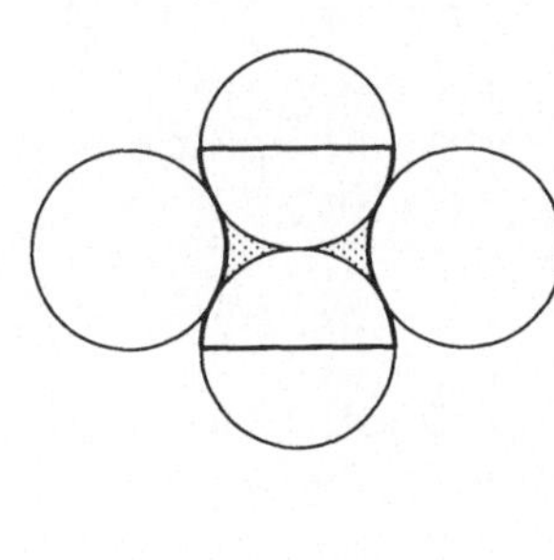

minimales Luftkissen

Bild 4.7 Zerlegung in Luftkissen-Einheiten

Durch die Zentralen zweier benachbarter Kreise erhält man auf natürliche Weise Einheiten mit zwei Halbkreisen und den dazwischen und (u. U. von Nachbar-kreisen) eingeschlossenen Luftkissen. Eine Einheit mit Minimal-Luftkissen, das Analogon zu den im Satz 4.3 verwendeten gleichseitigen Dreiecken, ist in Bild 4.7 rechts gezeichnet.
Beweise den dritten Schritt des Satzes 4.3 mit Hilfe der Luftkissen-Einheiten!

7 Eine weitere Beweis-Alternative des dritten Schrittes von Satz 4.3 benutzt die Idee der DV-Zelle.
Führe dies aus! (schwer, vgl. Aufgabe 5 zu 3.2.1)

Die Ursache für diese Schwierigkeit liegt im Verzicht auf das Mittelwertargument, das sowohl im Lehrtext, wo der Überlapp der Ränder der Teildreiecke aus dem Innern zum Rand befördert wird, als auch in Aufgabe 6, wo sich die Halbkreise zweier benachbarter Einheiten überlappen und erst im Mittel jeweils einen Kreis bilden, angewandt wird.

Aufgaben zu 4.2.3

$\boxed{1}$ Rechne die in Tabelle 4.1 angegebenen Werte für den kritischen Randparameter ϱ_0 nach!

$\boxed{2}$ Berechne den kritischen Randparameter ϱ_0 für Clusterpackungen $P\left(B^3, C_N^{fcc}\right)$, denen (anstelle eines Tetraeders in C_N^{tetr}) die konventionelle Einheitszelle des fcc-Gitters zugrundeliegt! (vgl. Aufgabe 4 zu 3.3.1)

$\boxed{3}$ Beweise

   (a) den Satz 4.5

   (b) den Satz 4.6

auf der Grundlage der entsprechenden Sätze aus Kapitel 3!

4.3 Eigenschaften der Dichtefunktion

Die vorangegangenen Abschnitte über die Dichtefunktion waren geprägt von dem im letzten Kapitel begründeten Gegensatz zwischen Wurstpackung und dichtestgepackter Clusterpackung. Dieser Wettbewerb um die beste Packungskonfiguration, der in der Suche nach dem maximalen kritischen Randparameter gipfelte, tritt nun zurück. Unser Interesse gilt jetzt dem Änderungsverhalten der Dichtefunktion möglichst dichter Packungen in Abhängigkeit von Randparameter, Dimension und Stückzahl.

Dabei haben wir mit einem gravierenden Problem zu kämpfen: Die jeweils dichteste Packungskonfiguration ist in der Regel unbekannt und damit auch die maximale Dichtefunktion. Man kann sie daher nicht direkt untersuchen. Stattdessen beschreibt man ihr Änderungsverhalten mit Hilfe von Schrankenfunktionen, zwischen denen sich die maximale Dichtefunktion bewegt.

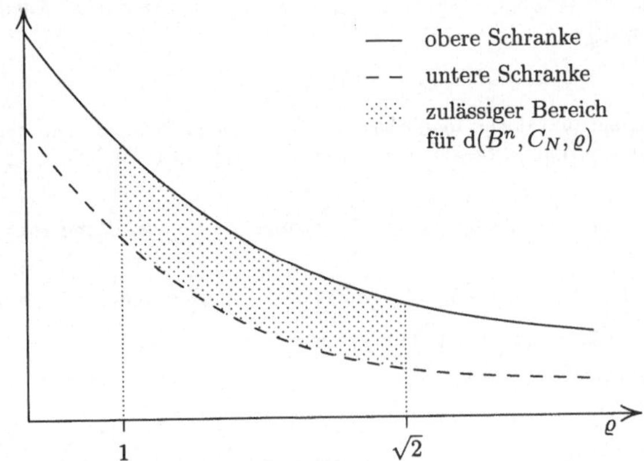

Bild 4.8 Schrankenfunktionen

Wie hängen gute Schrankenfunktionen von ϱ ab?

Dazu betrachten wir die Dichtefunktion $d(B^n, C_N, \varrho)$ einer beliebigen Konfiguration. Im 3-dimensionalen Fall gilt nach der verallgemeinerten Formel von Steiner (Notiz 4.1) für das Volumen der konvexen Hülle

$$\mathrm{Vol}\big(\mathrm{conv}(\varrho B^3 + C_N)\big) =$$
$$= \frac{4\pi}{3}\varrho^3 + \mathrm{M}\big(\mathrm{conv}(C_N)\big)\varrho^2 + \mathrm{F}\big(\mathrm{conv}(C_N)\big)\varrho + \mathrm{V}\big(\mathrm{conv}(C_N)\big),$$

also $\quad \mathrm{Vol}\big(\mathrm{conv}(\varrho B^3 + C_N)\big) = \dfrac{4\pi}{3}\varrho^3 + O(\varrho^2), \quad$ für $\varrho \to +\infty$.

Das Symbol $O(\varrho^2)$ — es geht auf den Mathematiker Landau zurück — drückt dabei aus, daß die Restterme nicht stärker als quadratisch steigen. Für „genügend große" ϱ können daher die Terme quadratischer und niedrigerer Ordnung vernachlässigt werden. Das Verhalten von $\mathrm{Vol}\big(\mathrm{conv}(\varrho B^3 + C_N)\big)$ wird dann vom kubischen Term dirigiert.

Der noch unbedarfte Leser darf das O-Symbol ohne Scheu intuitiv lesen, zumal in diesen Zeilen ohnehin nur das Ziel des Abschnitts skizziert werden soll; für Experten sei noch darauf hingewiesen, daß hinter einem O-Symbol oft eine Taylorreihenentwicklung steckt, deren Existenz bzw. Konvergenz in Physiker-Manier einfach angenommen wird. In diesem Sinne folgern wir für das Verhalten der Dichtefunktion:

$$d\big(B^3, C_N, \varrho\big) = \frac{N \cdot \mathrm{Vol}\big(B^3\big)}{\mathrm{Vol}\big(\mathrm{conv}(\varrho B^3 + C_N)\big)} =$$

$$= \frac{N \cdot \mathrm{Vol}\big(B^3\big)}{\frac{4\pi}{3}\varrho^3 + O(\varrho^2)} = \frac{3N \cdot \mathrm{Vol}\big(B^3\big)}{4\pi}\varrho^{-3} + O\big(\varrho^{-4}\big), \quad \text{für } \varrho \to +\infty.$$

Das Symbol $O\big(\varrho^{-4}\big)$ steht hier für Terme der Gestalt ϱ^{-4}, ϱ^{-5} usw., die vernachlässigt werden. Dabei ist eine saubere Begründung des letzten Gleichheitszeichens in der Tat ohne Gefühl für Taylorreihen nichttrivial.

Problemlos ist dagegen eine Verallgemeinerung für n Dimensionen. Allgemein kann man daher erwarten:

$$d(B^n, C_N, \varrho) = \mathrm{const} \cdot \varrho^{-n} + O\big(\varrho^{-(n+1)}\big)$$

Die Kunst besteht nun darin, möglichst gute Konstanten für eine obere und eine untere Schrankenfunktion zu finden. Ein Blick in die Literatur [Wil97] liefert folgendes Ergebnis:

Satz 4.7 *Zu vorgegebenen Werten des Randparameters ϱ, der Dimension n und der Stückzahl N sei*

$$d(B^n, N, \varrho) = \max \big\{\, d(B^n, C_N, \varrho) \mid \mathrm{P}(B^n, C_N) \text{ ist eine finite Packung} \big\}$$

die maximale Dichtefunktion mit Randparameter ϱ.

1. *Dann ist die Funktion*

$$\mathbb{R}^+ \to \mathbb{R}$$

$$\varrho \mapsto \left(\left(1 - \frac{1}{N}\right)\frac{2\mathrm{Vol}\big(B^{n-1}\big)}{\varrho\mathrm{Vol}(B^n)} + \frac{1}{N}\right)^{-1}\varrho^{-n}$$

eine untere Schrankenfunktion:

$$d\big(B^2, N, \varrho\big) \geq \left(\left(1 - \frac{1}{N}\right)\frac{2\mathrm{Vol}\big(B^{n-1}\big)}{\varrho\mathrm{Vol}(B^n)} + \frac{1}{N}\right)^{-1}\varrho^{-n}.$$

2. *Und es ist die Funktion*

$$[1; \sqrt{2}\,] \to \mathbb{R}$$

$$\varrho \mapsto \left(1 - \frac{n\varrho^2}{2(n+2)}\right)^{-1}\varrho^{-n}$$

eine obere Schrankenfunktion:

$$d(B^n, N, \varrho) \leq \left(1 - \frac{n\varrho^2}{2(n+2)}\right)^{-1}\varrho^{-n} \qquad \text{für } \varrho \in [1; \sqrt{2}\,].$$

Der Beweis von Teil 1 ist fast trivial: Wir werden die Infimumsfunktion als Dichtefunktion der Wurstkonfiguration enttarnen.

Der Beweis von Teil 2 benötigt vergleichsweise tiefgehende Methoden, die auf Blichfeldt (1929) zurückgehen, und Grundkenntnisse über das Lebesgue-Integral. (Sollten Sie, lieber Leser, darüber nicht verfügen, dürfen Sie sich getrost mit der nackten Aussage des Satzes begnügen.) Dennoch besitzt Teil 2 wegen des eingeschränkten Definitionsbereichs $[1; \sqrt{2}\,]$ von ϱ einen Schönheitsfehler.

Beweis des Satzes 4.7, Teil 1

Für die Wurstkonfiguration (vgl. Plausibilitätsbetrachtung zum Satz 3.9) gilt:

$$\mathrm{Vol}\big(\mathrm{conv}(\varrho B^n + S_N)\big) = \mathrm{Vol}(B^n) \cdot \varrho^n + 2(N-1)\mathrm{Vol}\big(B^{n-1}\big) \cdot \varrho^{n-1}.$$

Daraus folgt für die Dichtefunktion:

$$\mathrm{d}(B^n, S_N, \varrho) = \frac{N \cdot \mathrm{Vol}(B^n)}{\mathrm{Vol}(B^n)\varrho^n + 2(N-1)\mathrm{Vol}(B^{n-1})\varrho^{n-1}} =$$

$$= \frac{N \cdot \mathrm{Vol}(B^n)}{\big(\mathrm{Vol}(B^n) + 2(N-1) \cdot \mathrm{Vol}(B^{n-1})\varrho^{-1}\big)\varrho^n} =$$

$$= \left(\frac{1}{N} + \frac{2(N-1) \cdot \mathrm{Vol}\big(B^{n-1}\big)}{N \cdot \mathrm{Vol}(B^n)\varrho} \right)^{-1} \varrho^{-n} =$$

$$= \left(\frac{1}{N} + \left(1 - \frac{1}{N}\right) \frac{2\mathrm{Vol}\big(B^{n-1}\big)}{\varrho\mathrm{Vol}(B^n)} \right)^{-1} \varrho^{-n}.$$

Da das Maximum aller Dichtefunktionen nicht kleiner ist als die spezielle Dichtefunktion für die Wurstkonfiguration, folgt die Behauptung. $\square$

Bevor wir den Beweis von Teil 2 notieren, sei die Idee mit wenigen Worten skizziert.

In der Lebesgueschen Theorie läßt sich das Volumen eines Körpers, z. B. einer Kugel, ausdrücken als (anschaulich) Summe aller Punkte bzw. (formal) Integral der charakteristischen Funktion χ dieses Körpers.

$$\mathrm{Vol}(B^n) = \int_{\mathbb{R}^n} \chi_{B^n}\, d\lambda = \int_{B^n} 1\, d\lambda,$$

$$\text{wobei} \quad \chi_{B^n}(x) = \begin{cases} 1 & \text{für } x \in B^n \\ 0 & \text{sonst.} \end{cases}$$

Natürlich kann man die Punkte, die die Kugel bilden, etwas anders verteilen, beispielsweise radialsymmetrisch komprimieren oder dehnen. Die Punktdichte ist dann nicht mehr konstant und gleich 1, sondern wird durch eine *Dichtefunktion*[4] $\tau(r)$ (r sei der Radius) beschrieben; aus der homogenen Kugel B^n wird ein inhomogener Softball H^n. Es gilt:

---

[4]Diese Dichtefunktion hat nichts mit der eingangs definierten Dichtefunktion mit Randparameter bzw. parametrischen Dichte zu tun.

Als Physiker kann man sich diese Dichtefunktion als Beschreibung einer zwar nicht homogenen, aber radialsymmetrischen Massenverteilung vorstellen.

$$\mathrm{Vol}(B^n) = \int_{\mathbb{R}^n} \tau^* \, d\lambda = \int_{H^n} \tau^* \, d\lambda,$$

$$\text{wobei} \qquad \tau^* = \begin{cases} \tau(|x|) & \text{für } x \in H^n \\ 0 & \text{sonst.} \end{cases}$$

Zur Auswertung des Integrals zerlegt man den Integrationsbereich $\mathbb{R}^n$ in Bereiche, wo die Dichtefunktion konstant ist. Im Falle von Radialsymmetrie sind dies (anschaulich) Zwiebelschalen kugelig gedachter Zwiebeln bzw. (formal) $(n-1)$-Sphären S^{n-1}, über die man nach Fubini-Tonelli sukzessive integriert. Dabei ist die Funktionaldeterminante r^{n-1} zu berücksichtigen.

$$\mathrm{Vol}(B^n) = \int_{\mathbb{R}^n} \tau(r) \, d\lambda = \int_{\mathbb{R}_0^+} \int_{S^{n-1}} \tau(r) r^{n-1} \, d\omega \, dr =$$

$$= \int_{S^{n-1}} \left(\int_{\mathbb{R}_0^+} \tau(r) r^{n-1} \, dr \right) d\omega =$$

$$= \left(\int_{S^{n-1}} d\omega \right) \cdot \left(\int_{\mathbb{R}_0^+} \tau(r) r^{n-1} \, dr \right) =$$

$$= \int_{S^{n-1}} d\omega \cdot \int_{\mathbb{R}_0^+} \tau(r) r^{n-1} dr =$$

$$= n \cdot \mathrm{Vol}(B^n) \cdot \int_{\mathbb{R}_0^+} \tau(r) r^{n-1} \, dr.$$

Die Dichtefunktion τ muß hier also der Eigenschaft

$$1 = n \cdot \int_{\mathbb{R}_0^+} \tau(r) r^{n-1} \, dr \qquad\qquad (*)$$

genügen. Beispielsweise gewährleistet dies die von der charakteristischen Funktion χ_{B^n} abgeleitete, triviale Dichtefunktion

$$\tau_\chi(r) = \begin{cases} 1 & \text{für } 0 \leq r \leq 1 \\ 0 & \text{sonst.} \end{cases}$$

Wir werden als Dichtefunktion

$$\tau(r) = \begin{cases} 1 - \frac{r^2}{2} & \text{für } 0 \leq r \leq \sqrt{2} \\ 0 & \text{sonst} \end{cases}$$

verwenden.

(Wie man leicht nachrechnet, erfüllt diese Dichtefunktion natürlich nicht die Eigenschaft $(*)$. Vielmehr werden wir in Lemma 4.1 die für unseren Zweck der Abschätzung der parametrischen Dichte nötigen Eigenschaften definieren.)

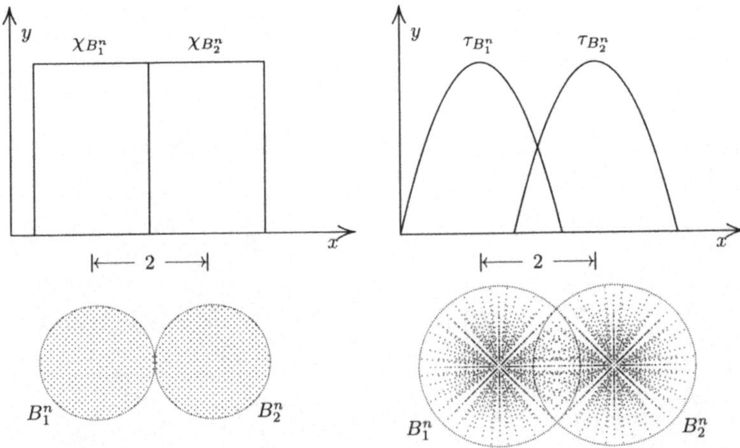

Bild 4.9 Charakteristische Funktion und Dichtefunktion

Sie dehnt die Kugeln zu Materiewolken (vgl. Abbildung 4.9). Gleichzeitig wird gewährleistet, daß die Dichte im Durchdringungsbereich nie größer wird als 1, die Dichte der Kugeln.

Der Clou des Beweises besteht nun darin, daß wir das Volumen der konvexen Hülle mit aufgeblähten Kugeln „auslegen".

Beweis des Satzes 4.7, Teil 2

Die Hauptaussage spalten wir in zwei Lemmata auf, die wir dann zusammenfügen. Dabei orientieren wir uns an Blichfeldts Darstellung, wie sie in [Wil97] wiedergegeben ist.

Lemma 4.1 *Gegeben seien $n \geq 2$, $N \in \mathbb{N}$, $\varrho \geq 1$ und eine Lebesgue-integrierbare Dichtefunktion τ, die für jede Packung $\mathrm{P}(B^n, C_N)$ und jeden Punkt $x \in \mathbb{R}^n$ folgende Eigenschaften erfüllt:*

1. $\displaystyle\sum_{i=1}^{N} \tau\big(|x - c_i|\big) \leq 1,$

wobei $|\cdot|$ die Standardnorm im $\mathbb{R}^n$ ist.

2. $\tau(r) = 0$ *für* $r > \varrho$.

Dann gilt

$$\mathrm{d}(B^n, N, \varrho) \leq \left(n \cdot \int_0^{\varrho} \tau(r) r^{n-1} \, dr \right)^{-1}.$$

Die Eigenschaft 1 garantiert, daß die Materiedichte (vgl. Abbildung 4.9) an keinem Punkt des Raums größer ist als 1. In der Summe existiert also kein Volumenüberlapp. Die Eigenschaft 2 verhindert allzu weites Ausfransen.

Beweis des Lemmas 4.1

Gegeben seien $n \geq 2$, $N \in \mathbb{N}$, $\varrho \geq 1$ und eine finite Packung $\mathrm{P}(B^n, C_N)$. τ besitze die oben genannten Eigenschaften. Dann gilt:

$$\mathrm{Vol}\big(\mathrm{conv}(\varrho B^n + C_N)\big) \quad = \int\limits_{\mathrm{conv}(\varrho B^n + C_N)} 1 \, d\lambda \qquad \geq$$

$$\geq \int\limits_{\mathrm{conv}(\varrho B^n + C_N)} \sum_{i=1}^{N} \tau\big(|x - c_i|\big) \, d\lambda \quad = \quad \sum_{i=1}^{N} \int\limits_{\mathrm{conv}(\varrho B^n + C_N)} \tau\big(|x - c_i|\big) \, d\lambda \quad \geq$$

$$\geq \sum_{i=1}^{N} \int\limits_{\varrho B^n + c_i} \tau\big(|x - c_i|\big) \, d\lambda \quad = \quad \sum_{i=1}^{N} \int\limits_{\varrho B^n} \tau\big(|x|\big) \, d\lambda \quad =$$

$$\geq N \cdot \int\limits_{\varrho B^n} \tau\big(|x|\big) \, d\lambda \quad \overset{\text{vgl. Vorbem.}}{=} \quad N \cdot \int\limits_{S^{n-1}} d\omega \cdot \int\limits_{0}^{\varrho} \tau(r) r^{n-1} \, dr \quad =$$

$$= N \cdot n \cdot \mathrm{Vol}(B^n) \cdot \int\limits_{0}^{\varrho} \tau(r) r^{n-1} \, dr.$$

Somit folgt für die Packungsdichte

$$\mathrm{d}(B^n, C_N, \varrho) \leq \frac{N \cdot \mathrm{Vol}(B^n)}{N \cdot n \cdot \mathrm{Vol}(B^n) \cdot \int\limits_{0}^{\varrho} \tau(r) r^{n-1} \, dr}$$

und damit die Behauptung des Lemmas 4.1. $\qquad\qquad\Box$

Lemma 4.2 *Gegeben sei eine finite Packung* $\mathrm{P}(B^n, C_N)$ *mit ihrer Konfiguration* C_N. *Dann gilt für jeden Punkt* $x \in \mathbb{R}^n$

$$\sum_{i=1}^{N} |x - c_i|^2 \geq 2(N - 1).$$

Die Summe der Abstandsquadrate von einem beliebigen Punkt aus ist also größer als die Länge der Wurstkonfiguration $\mathrm{conv}(S_N)$.

Beweis des Lemmas 4.2

Für beliebige, reelle Zahlen $\eta_1, \ldots, \eta_N \in \mathbb{R}$ gilt:

$$\sum_{i,j=1}^{N} (\eta_i - \eta_j)^2 = \sum_{i,j=1}^{N} (\eta_i^2 - 2\eta_i\eta_j + \eta_j^2) =$$

$$= \sum_{i,j=1}^{N} (\eta_i^2 + \eta_j^2) - 2 \sum_{i,j=1}^{N} \eta_i\eta_j =$$

$$= \sum_{i,j=1}^{N} \eta_i^2 + \sum_{i,j=1}^{N} \eta_j^2 - 2\left(\sum_{i=1}^{N} \eta_i\right) \cdot \left(\sum_{j=1}^{N} \eta_j\right) =$$

$$= N \cdot \sum_{i=1}^{N} \eta_i^2 + N \cdot \sum_{j=1}^{N} \eta_j^2 - 2\left(\sum_{i=1}^{N} \eta_i\right)^2 \leq$$

$$\leq 2N \cdot \sum_{i=1}^{N} \eta_i^2.$$

Angewandt auf Vektoren $y_i \in \mathbb{R}^n$ $(1 \leq i \leq N)$ erhält man mit $y_i = \begin{pmatrix} y_{i1} \\ y_{i2} \\ \vdots \\ y_{in} \end{pmatrix}$

$$\sum_{i,j=1}^{N} |y_i - y_j|^2 = \sum_{i,j=1}^{N} \sum_{d=1}^{n} (y_{id} - y_{jd})^2 =$$

$$= \sum_{d=1}^{n} \sum_{i,j=1}^{N} (y_{id} - y_{jd})^2 \leq$$

$$\leq \sum_{d=1}^{n} 2N \cdot \sum_{i=1}^{N} y_{id}^2 = 2N \sum_{i=1}^{N} \sum_{d=1}^{n} y_{id}^2 =$$

$$= 2N \sum_{i=1}^{N} |y_i|^2.$$

Wir setzen $y_i = x - c_i$ $(1 \leq i \leq N)$ ein und erhalten

$$2N \sum_{i=1}^{N} |x - c_i|^2 \geq \sum_{i,j=1}^{N} |x - c_i - (x - c_j)|^2 = \sum_{i,j=1}^{N} |c_i - c_j|^2.$$

Eine Auswertung der Summe $\displaystyle\sum_{i,j=1}^{N} |c_i - c_j|^2$ über die Einzelsummanden

$$|c_i - c_j| \geq 2 \qquad \text{für } i \neq j \qquad \text{(Voraussetzung für } C_N)$$
$$|c_i - c_j| = 0 \qquad \text{für } i = j \qquad \text{(trivial)}$$

ergibt

$$\sum_{i,j=1}^{N} |c_i - c_j|^2 \geq 4N(N-1).$$

Insgesamt folgt daraus

$$2N \sum_{i=1}^{N} |x - c_i|^2 \geq 4N(N - 1),$$

also
$$\sum_{i=1}^{N} |x - c_i|^2 \geq 2(N - 1).$$

Das ist die Behauptung des Lemmas 4.2.

Mit Hilfe der beiden Lemmata beweisen wir nun den zweiten Teil des Satzes 4.7: Gegeben sei eine finite Packung $P(B^n, C_N)$. Als Dichtefunktion definieren wir

$$\tau(r) = \begin{cases} 1 - \frac{1}{2}r^2 & \text{für } 0 \leq r \leq \sqrt{2} \\ 0 & \text{sonst.} \end{cases}$$

Dazu erhält man mit Lemma 4.2

$$\sum_{i=1}^{N} \tau(|x - c_i|) = \sum_{i=1}^{N} \left(1 - \frac{1}{2}|x - c_i|^2\right) \leq N - \frac{1}{2} \cdot 2(N - 1) = 1.$$

Für diese Dichtefunktion und $\varrho \in [1; \sqrt{2}\,]$ wenden wir Lemma 4.1 an:

$$d(B^n, N, \varrho) \leq \left(n \int_0^{\varrho} \left(1 - \frac{r^2}{2}\right) r^{n-1}\, dr\right)^{-1} = \left(\varrho^n - \frac{n}{2(n+2)}\varrho^{n+2}\right)^{-1}$$

Daraus folgt die Behauptung des Satzes 4.7.

Wir wollen Teil 2 des Satzes 4.7 noch ein klein wenig betrachten:
Für $\varrho = 1$ liefert die obere Schranke

$$d(B^n, N, \varrho) \leq \left(1 - \frac{n}{2(n+2)}\right)^{-1} = \frac{2n+4}{n+4}.$$

Damit ist sie immer schlechter als die in 4.1 erwähnte, triviale obere Schranke

$$d(B^n, N, \varrho) \leq 1.$$

Erst für $\varrho \to \sqrt{2}$ ergeben sich nichttriviale Aussagen.
Für $\varrho = \sqrt{2}$ ist die obere Schranke

$$d(B^n, N, \varrho) \leq \left(1 - \frac{n \cdot 2}{2(n+2)}\right)^{-1} (\sqrt{2})^{-n} = \frac{n+2}{2} \cdot 2^{-\frac{n}{2}}.$$

Sie ist unabhängig von der Stückzahl N.
Da außerdem im Limes $N \to \infty$ Randeinflüsse vernachlässigt werden können, haben wir auf diese Weise eine sehr wichtige Abschätzung für infinite Packungen gewonnen (vgl. Aufgabe 5).

Notiz 4.4 (Blichfeldt, 1929): Für die Packungsdichte infiniter Kugelgitterpackungen gilt:

$$\delta(B^n, G) \leq \frac{n+2}{2} 2^{-\frac{n}{2}}.$$

Auf dieser Abschätzung basiert auch die von L. F. Tóth 1975 formulierte Wurstvermutung (vgl. Aufgaben zu 3.3.2, insbesondere Aufgabe 4c).

Der mittlerweile bewiesene Teil (vgl. Satz 3.9) der Wurstvermutung gibt einen Dimensionsbereich an, in dem die untere Schranke mit der maximalen Dichtefunktion zusammenfällt. Das gibt Anlaß zu einer Formulierungsalternative des Satzes 3.9.

Notiz 4.5 (Wurstvermutung, 1997): Für die maximale Dichtefunktion gilt:

$$d(B^n, N, \varrho) = d(B^n, S_N, \varrho) = \left(\left(1 - \frac{1}{N} \right) \frac{2\mathrm{Vol}(B^{n-1})}{\varrho \mathrm{Vol}(B^n)} + \frac{1}{N} \right)^{-1} \varrho^{-n}$$

für $\varrho = 1$, $n \geq 42$ und $N \in \mathbb{N}$.

Für $1 < \varrho < \sqrt{2}$ läßt sich die Wurstvermutung verallgemeinern. In diesem Bereich gibt es immer noch eine Dimensionsgrenze, ab der die Wurstkonfiguration maximale Dichte aufweist.

Satz 4.8 (Verallgemeinerte Wurstvermutung, 1996): *Für jedes $\varrho < \sqrt{2}$ gibt es ein $n(\varrho) \in \mathbb{N}$, so daß für die maximale Dichtefunktion gilt:*

$$d(B^n, N, \varrho) = d(B^n, S_N, \varrho) = \left(\left(1 - \frac{1}{N} \right) \frac{2\mathrm{Vol}(B^{n-1})}{\varrho \mathrm{Vol}(B^n)} + \frac{1}{N} \right)^{-1} \varrho^{-n},$$

für $n \geq n(\varrho)$ und $N \in \mathbb{N}$.

Der Beweis dieses Satzes [BHW94b] ist nichtkonstruktiv, so daß man nicht einmal konkrete Dimensionsgrenzen $n(\varrho)$ angeben kann. Darüber hinaus ist er so schwierig, daß seine Darstellung den Rahmen dieses Buches sprengen würde.

Wir fassen die Ergebnisse dieses Kapitels zusammen:
Die parametrische Dichte erklärt das Phänomen der Wurstkatastrophe, indem sie eine Brücke schlägt zwischen Wurstkonfiguration einerseits und dichtester Clusterkonfiguration andererseits. Der Randparameter löst die Dimension als Bestimmungsgröße ab: Ein kleiner Randparameter resultiert letztendlich in einer Wurstkonfiguration, ein großer Randparameter bedeutet eine Clusterkonfiguration.
Diese Idee wenden wir zusammen mit dem Kalkül der Dichtefunktion im nächsten Kapitel auf eine Fragestellung aus der Kristallphysik bzw. Kristallchemie an.
Darüber hinaus konnte jüngst in [Wil96] und [Sch97] gezeigt werden, daß große Cluster von Gitterpackungen für bestimmte Parameterwerte die Gestalt von idealen Kristallen besitzen.

Aufgaben und Anregungen

$\boxed{1}$ Berechne mit Hilfe von Notiz 4.4 für Dimensionen $1 \leq n \leq 8$ die Obergrenze der infiniten Kugelgitterpackungen! Vergleiche mit den in Tabelle 2.2 verzeichneten, exakten Werten!

$\boxed{2}$ Berechne $\displaystyle\int\limits_{S^{n-1}} d\omega = n \cdot \mathrm{Vol}(B^n)$

    (a) in der Theorie des Lesgue-Integrals (bzw. Riemann-Integrals)!

    (b) elementar mit Hilfe einer n-dimensionalen Kugelschale!

$\boxed{3}$ (a) Berechne für die Konfiguration C_3^{hex} mit x als Schwerpunkt des von C_3^{hex} gebildeten Dreiecks die Summe $\displaystyle\sum_{i=1}^{3} |x - c_i|^2$!

    (b) Finde weitere Beispiele des Lemmas 4.2, für die das Gleichheitszeichen zutrifft!

$\boxed{4}$ Führe den Beweis des Satzes 4.7 für andere Dichtefunktionen, die die Eigenschaften des Lemmas 4.1 erfüllen, durch! (schwer!)

$\boxed{5}$ Begründe das Argument, das zur Notiz 4.4 führte:

$$\delta(B^n, G) \leq \limsup_{N \to \infty} \; d(B^n, N, \varrho)$$

für $n \in \mathbb{N}$, G Gitter, $\varrho \geq 1$.

$\boxed{6}$ In der Theorie der Dichtefunktionen wurden weitere Sätze gefunden. Ordne die folgenden Aussagen in den Zusammenhang ein!

Satz 4.9

    (a) Für $\varrho \geq 2$ gilt:

$$\limsup_{N \to \infty} \; d(B^n, N, \varrho) = \delta(B^n),$$

    wobei $\delta(B^n)$ die Packungsdichte der dichtesten infiniten Kugelpackung (nicht notwendigerweise Gitterpackung) bezeichne.

    (b) Für $\varrho \geq n + 1$ gilt:

$$\limsup_{N \to \infty} \; d(K^n, N, \varrho) = \delta(K^n),$$

    wobei K^n einen konvexen Körper bezeichne.   *[BHW94a]*

Satz 4.10 *Für $\varrho \leq \frac{1}{24} n^{-3/2}$ gilt*

$$d(K_0^n, N, \varrho) = d(K_0^n, S_N, \varrho),$$

wobei K_0^n einen punktsymmetrischen konvexen Körper bezeichne.   *[BHW94b]*

Kapitel 5

5 Goldoberflächen im Licht der Kugelpackungen

Das vorliegende Kapitel erhebt im Vergleich zu den vorangegangenen nicht den Anspruch einer tragenden Säule. Vielmehr stellt es — um im architektonischen Bild zu bleiben — ein Fenster dar, durch das wir vom Tempel der Mathematik wieder einen Blick hinaus in die Natur werfen. Es ist gerade die mathematische Theorie der Kugelpackungen, die unser geistiges Auge schärfte, Schönheiten in der Natur in einer Tiefe wahrzunehmen, für die der nur naive Beobachter blind ist.
Als Beispiel soll uns ein Goldkristall mit einer ausgewählten Oberfläche dienen.

Wie lassen sich Goldoberflächen beobachten? Dies geschieht beispielsweise mit Hilfe eines Rastertunnelmikroskops, wie es im Abschnitt 5.1 vorgestellt wird. Die Beobachtungen erklären wir anschließend mit Hilfe von Kugelpackungsmodellen in Abschnitt 5.2. Dabei werden wir ein in physikalisch-chemischer wie auch in mathematischer Hinsicht tiefes Funkeln von Goldatomen entdecken.

5.1 Die Phänomenologie ausgewählter Goldoberflächen

Bei der Untersuchung von Goldoberflächen erwiesen sich niederindizierte Goldoberflächen, insbesondere die (111)-Fläche[1], und die (110)-Fläche, als besonders interessant. Man erhält sie durch geeignete Schnitte eines Goldkristalls, die in Abbildung 5.1 skizziert sind.

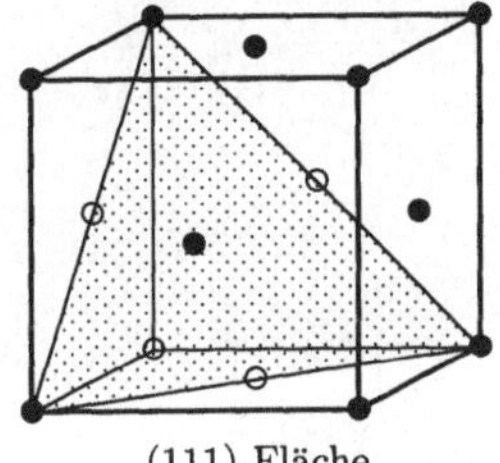

(111)-Fläche

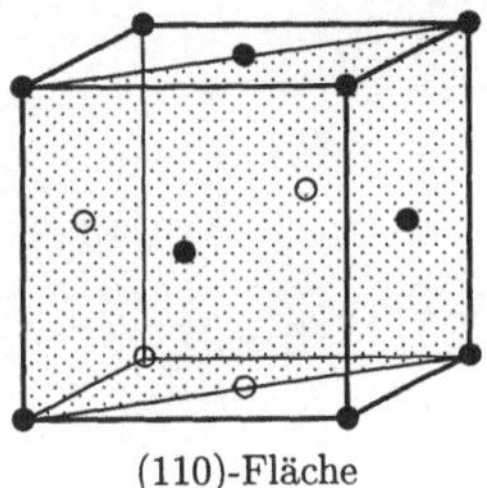

(110)-Fläche

Bild 5.1 (111)-Fläche und (110)-Fläche im fcc-Kristallgitter

5.1.1 Präparation von Kristalloberflächen

Im Labor stellt man die obengenannten Goldoberflächen her, indem man einen Goldeinkristall, den man ähnlich gewinnt wie einen Siliziumkristall, entsprechend zersägt und die Schnittfläche poliert. Durch Tempern des Kristalls über dem Bunsenbrenner

---

[1] Die Nomenklatur der sogenannten Millerschen Indizes (vgl. 2.2.2) ist zum Verständnis des nachfolgenden Textes nicht unbedingt nötig.

bis zur Rotglut lassen sich Verletzungen der Kristallstruktur an der Oberfläche „ausheilen". Darüber hinaus werden auf diese Weise Verschmutzungen der Kristalloberfläche oxidiert, so daß die präparierte Kristalloberfläche auch chemisch rein ist. Sie steht dann für Oberflächenuntersuchungen, beispielsweise mit dem Rastertunnelmikroskop, zur Verfügung.

5.1.2   Das Rastertunnelmikroskop

Das Rastertunnelmikroskop[2] ist eine Erfindung aus dem Jahre 1981. Gemacht haben sie ein schweizer und ein deutscher Physiker, Heinrich Rohrer und Gerd Binning, die beide dafür zusammen mit Ernst Ruska, dem Erfinder des Elektronenmikroskops, mit dem Nobelpreis für Physik im Jahre 1986 ausgezeichnet wurden.

Bild 5.2 zeigt das Herzstück eines Rastertunnelmikroskops, wie es derzeit in physikalischen und chemischen Laboratorien verwendet wird.

 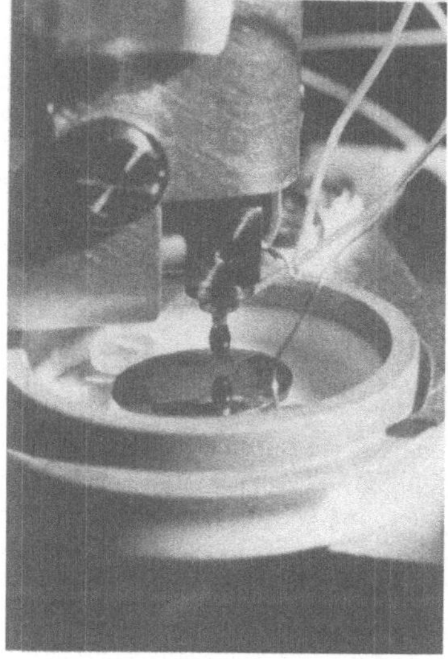

Bild 5.2 Rastertunnelmikroskop

Die Funktionsweise beruht — der Begriff des Rastertunnelmikroskops ist selbstredend — auf zwei grundlegenden Prinzipien, dem Rasterprinzip und dem Tunnelprinzip.

Das erste besagt, daß ein Ausschnitt aus einer Kristalloberfläche zeilenweise von einer Sonde abgetastet wird, so wie beispielsweise auch ein Fernsehbild zeilenweise erzeugt wird.

---

[2]kurz: STM von engl. Scanning Tunnelling Microscope

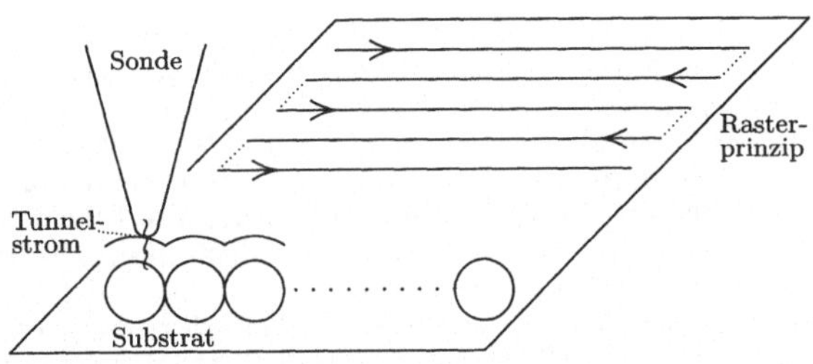

Bild 5.3 Rasterprinzip und Tunnelprinzip

Das zweite gibt eine Auskunft über die Art und Funktionsweise der Sonde. Es handelt sich hierbei meist um einen atomar spitz zulaufenden Wolfram-Draht, der so nah über der Oberfläche geführt wird, daß ein Tunnelstrom zwischen Substratoberfläche und Sondenspitze fließen kann. Der Tunnelstrom ist eine Folge des quantenphysikalischen Tunneleffekts. Er besagt, daß zwischen zwei Metallen, die durch eine nur wenige Atomdurchmesser dicke Vakuumschicht getrennt sind, dennoch Strom fließen kann. (Dieses Phänomen ist vergleichbar mit einem Funkenüberschlag zwischen zwei Metallenden, auch wenn hier die Ursache ganz banal ist.) Der Tunnelstrom I_t nimmt dabei mit steigender Dicke d der Vakuumschicht exponentiell ab:

$$I_t = I_0 \cdot e^{-\mathrm{const}\cdot d}$$

Von dieser Abhängigkeit macht man experimentell zunächst keinen Gebrauch.[3] Man führt stattdessen die Sonde im Modus konstanten Tunnelstroms über das Substrat, so daß die Sondenspitze die Oberflächenstruktur des Substrats nachzeichnet.

Die Steuerung der Sonde erfolgt dabei mit Hilfe piezoelektrischer Kristalle, die in x-, y- und z-Richtung orientiert sind und deren Länge sich mit Hilfe von elektrischer Spannung regulieren läßt. (In manchen Feuerzeugen nutzt man den umgekehrten Effekt: Druck auf einen piezoelektrischen Kristall erzeugt eine Spannung, deren Funkenentladung Gas entzündet.) Umgekehrt dienen die Spannungen an den „Piezos" als Signale zur Meßwerterfassung und -auswertung mit Hilfe moderner PCs.

Bei den beiden recht einfachen Prinzipien, die dem Rastertunnelmikroskop zugrundeliegen, stellt sich natürlich die Frage, weshalb diese Art von Mikroskop nicht bereits früher erfunden wurde. Was die Präparation von guten Kristalloberflächen und einer atomar zulaufenden Spitze anbelangt, konnte man auf tradiertes Know-How aus der Kristallographie bzw. der Feldionenmikroskopie zurückgreifen. Problematisch war hingegen, zu gewährleisten, daß die Spitze sich zwar dicht über dem Substrat befindet, aber unter keinen Umständen sich in dieses hineinbohrt. Dann wären sowohl Sonde als auch Substratstruktur zerstört. Aus diesem Grund bedeuten Schwingungen jeder Art den Tod für jedes Rastertunnelmikroskop. Anfänglich verwendeten Binning und Rohrer daher in ihrem IBM-Forschungslabor in Rüschlikon bei Zürich monströse, supraleitende Spulen, die Schwingungen nach dem Prinzip der Wirbelströme dämpfen sollten. Erst

---

[3]Sie sorgt jedoch indirekt für eine extrem gute vertikale Auflösung im Vergleich zur horizontalen Auflösung eines Rastertunnelmikroskops

später fand man heraus, daß einfache Kupferplatten (vgl. Bild 5.2) mit dazwischen gelagertem Viton, einem Spezialkunststoff, zusammen mit einer Aufhängung des Rastertunnelmikroskops an Expandern (in Bild 5.2 nicht sichtbar) das gleiche bewirken. Die Bedeutung des Schwingungsproblems zeigt folgende Beobachtung:
In der Anfangszeit der Rastertunnelmikroskopie hinterließ in einem Münchner Laboratorium sogar die in der Nähe des Hauses vorbeifahrende Trambahn ihre Spuren auf STM-Aufnahmen, so daß dort nur in der zweiten Nachthälfte, wenn die Tram in ihrem Depot stand, problemlos geforscht werden konnte.

Weitere technische Probleme bestanden in einer hinreichend schnellen Meßwerterfassung, wie sie nur moderne PCs gewährleisten, und in der Präparation von sauberen Substratoberflächen. Diese lassen sich prinzipiell auf zwei Arten gewährleisten. Die erste Möglichkeit besteht darin, daß man die Substratoberfläche in einer Ultrahochvakuum (UHV)-Kammer präpariert und untersucht, wo sie von Verunreinigungsmöglichkeiten vollständig abgeschirmt ist. Als zweite, wesentlich kostengünstigere Möglichkeit bietet sich eine Elektrolytumgebung an: Verunreinigungen aus der Umgebungsluft werden dann an der Oberfläche des Elektrolyten zurückgehalten, ähnlich wie Fettaugen auf einer Suppe schwimmen. Dieser Typ ist in Abbildung 5.2 dargestellt. Deutlich zu erkennen ist das schüsselartige Gefäß, das den Goldkristall enthält und mit einem Elektrolyten aufgefüllt werden kann.

Im Betrieb befindet sich in der elektrochemischen Zelle noch eine Referenzelektrode, gegenüber der man an die Goldoberfläche verschiedene Potentiale anlegen kann. Die Potentialdifferenz zwischen Referenzelektrode und Goldkristall läßt sich dann als Spannung am Goldkristall auffassen. Auf diese Weise kann man die Struktur einer Kristalloberfläche in Abhängigkeit von der angelegten Spannung untersuchen.

5.1.3 Die Gold(111)-Oberfläche, mit dem Auge des Rastertunnelmikroskops betrachtet

Betrachtet man eine Gold(111)-Oberfläche mit Hilfe des Rastertunelmikroskops, so ergibt die Auswertung der Meßdaten ein Bild, wie es Abbildung 5.4 zeigt. (Hochliegende Sondenpunkte sind hell eingefärbt, tiefliegende dunkel.) Sehr schön lassen sich darauf die einzelnen Oberflächenatome in ihrer hexagonalen Struktur erkennen: Goldatom neben Goldatom in einem Abstand von $2{,}7 \cdot 10^{-10}$ m.

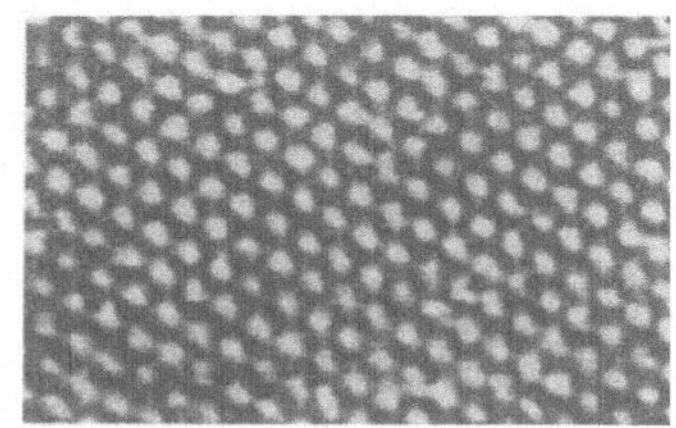

Bild 5.4 Gold(111)-Fläche — unrekonstruiert (aus [Mag93])

Lagrange hätte wohl seine Freude gehabt bei dieser wahrhaft edlen Realisierung einer dichtesten, hexagonalen Kreisgitterpackung. Vielleicht protestieren Sie nun, lieber Leser, daß in Abbildung 5.4 die Goldatome ja gar nicht dicht liegen. Der scheinbare Zwischenraum ist jedoch eine Art optische Täuschung, die durch das Bildgebungsverfahren entsteht. Ein Vergleich mit dem Durchmesser des viel kleineren Wasserstoffatoms von $1{,}0 \cdot 10^{-10}$ m entkräftet diesen Einwand sehr schnell.

Auf den ersten Blick besitzt die Abbildung 5.4 jedoch aus der Warte der Mathematik einen Schönheitsfehler: Die Gold(111)-Oberfläche sieht nur bei stark positiver Spannung[4] so aus. Bei neutraler und negativer Spannung[5], ebenso wie unter Ultrahochvakuumbedingungen, beobachtet man jedoch noch eine zusätzliche Ordnungsstruktur, die der hexagnoalen Struktur überlagert ist. Die Goldoberfläche ist dann etwas umgeordnet. Man sagt: Sie ist *rekonstruiert*. (Im Gegensatzu dazu bezeichnet man die in Abbildung 5.4 dargestellte Gold(111)-Fläche als *unrekonstruiert*.)

Bild 5.5 Gold(111)-Fläche — rekonstruiert (aus [Mag93])

Die in Abbildung 5.5 hellen Streifen stellen dabei Bereiche dar, in denen die Goldatome etwas höher liegen. Eine genaue Untersuchung (vgl. Abbildung 5.6) zeigt, daß die Atome in der [1$\bar{1}$0]-Richtung komprimiert sind. Betrachtet man darüber hinaus die Stapelfolge (vgl. 2.5.2) der unter der Oberflächenschicht liegenden Stapel, so stellt sich heraus, daß die Streifen hcp-Bereiche von den ursprünglichen fcc Bereichen trennen. Im Übergangsbereich der Streifen müssen dann zwangsläufig die Goldatome höher liegen.

Weshalb bevorzugt nun eine Gold(111)-Oberfläche in der Regel die rekonstruierte Oberfläche gegenüber der von der Kristallgeometrie erwarteten, hexagonalen Konfiguration?

---

[4] $\Phi > 0{,}3$ V SCE (von engl.: Saturated Calomel Electrode)
[5] $\Phi < 0{,}2$ V SCE

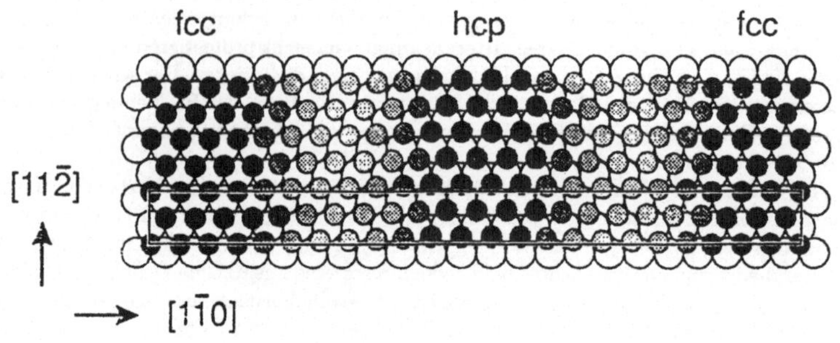

Bild 5.6 Modell der rekonstruierten Gold(111)-Fläche (aus [Mag93])

Diese Frage spielt eine zentrale Rolle im vorliegenden Kapitel. Wir wollen sie im nächsten Abschnitt mit Hilfe der Dichtefunktion klären. Einen ganz anderen Erklärungsansatz verfolgt die Physik, den wir der Vollständigkeit halber bereits hier skizzieren.

Bemerkung:
Die Physik erklärt die Genese der rekonstruierten Gold(111)-Oberfläche in der Thermostatistik als Folge des Wechselspiels von Energie und Entropie. Die hcp-Bereiche, die an der rekonstruierten Oberfläche existieren (vgl. Abbildung 5.6), sind zwar energetisch gegenüber den fcc-Bereichen etwas benachteiligt; jedoch ist dieser Energieverlust kleiner als der Entropiegewinn durch das Vorliegen zweier verschiedener Bereiche. Umgekehrt liegt die unrekonstruierte Gold(111)-Oberfläche vor, falls die Energie über die Entropie „dominiert".

Wir fassen die phänomenologischen Ergebnisse zusammen: Die Gold(111)-Fläche liegt bei positiver Spannung unrekonstruiert vor, bei neutraler und negativer Spannung ist sie dagegen rekonstruiert. Die Spannung steuert das Packungsverhalten der Goldatome an der (111)-Oberfläche.

5.2 Die parametrische Dichte der Gold(111)-Oberflächen

Wie läßt sich die im letzten Abschnitt vorgestellte Rekonstruktion der Gold(111)-Fläche im Rahmen der bisher entwickelten Theorie der Kugelpackungen verstehen? Intuitiv erkennt man schnell die Verwandtschaft des spannungsgesteuerten Übergangs von der rekonstruierten zur unrekonstruierten Konfiguration mit dem parameterinduzierten Übergang von der Clusteranordnung zur Wurstanordnung und umgekehrt. Aus dieser Parallelität erwachsen jedoch auch Fragen, die sich nicht ad hoc beantworten lassen:
Wie hängt der physikalische Steuerparameter mit dem mathematischen Parameter der Dichtefunktion zusammen?
Welche Konfiguration der Gold(111)-Fläche entspricht welcher Konfiguration in der Theorie der parametrischen Dichte?

Wir wollen zunächst eine elementare Antwort auf die erste Frage finden. Die Spannung, die am Goldkristall anliegt, steuert wie bei einem Kondensator die Ladung auf der Goldoberfläche, damit die Anzahl der Elektronen pro Oberflächenatom und somit den Durchmesser seiner Elektronenhülle, also letztendlich den Radius der kugelförmig gedachten Oberflächenatome. Je negativer die an die Goldoberfläche angelegte Spannung ist, desto größer ist der Radius der kugelförmigen Goldatome. Ein genauerer, quantitativer Zusammenhang zwischen der makroskopisch kontrollierbaren Spannung und dem mikroskopischen Atomradius wäre in diesem Kontext aus physikalischer Hinsicht hochinteressant. Da wir jedoch mehr an den mathematischen Beziehungen interessiert sind, soll uns diese qualitative Antwort genügen. Die zweite, oben zur Diskussion gestellte Frage läßt sich freilich nach eingehenden Betrachtungen der Dichtefunktion beantworten.

5.2.1 Die Dichtefunktion der rekonstruierten Gold(111)-Oberfläche — ein zweidimensionales Modell

Wie läßt sich die Dichtefunktion der rekonstruierten Gold(111)-Fläche modellieren?

Bedenkt man, daß die Theorie den Übergang von der rekonstruierten zur unrekonstruierten Fläche erklären soll, so zeigt eine Betrachtung von Abbildung 5.7, daß sich bei diesem Übergang die vertikale Position der Atome der obersten Schicht am meisten längs der $[1\bar{1}0]$-Richtung[6] nicht jedoch längs der $[11\bar{2}]$-Richtung ändert. Aus diesem Grund bietet es sich an, den Goldkristall nicht in seiner räumlichen Ausdehnung zu modellieren, sondern lediglich in einem ebenen Schnitt senkrecht zur $[11\bar{2}]$-Richtung. Einen solchen Querschnitt zeigt Abbildung 5.7.

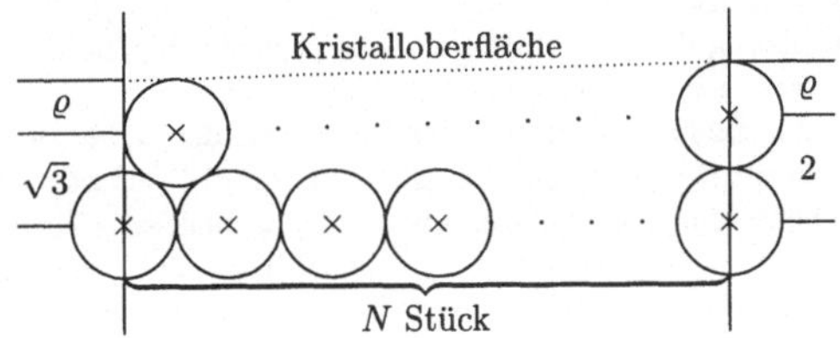

Bild 5.7 Ebener Schnitt durch eine rekonstruierte Gold(111)-Fläche

Der Verlust einer Dimension wirkt sich, wie in 4.2.1 gezeigt wurde, lediglich auf den Betrag des kritischen Parameters, nicht jedoch prinzipiell auf das parameterabhängige Packungsverhalten aus.

Nach dieser Vorarbeit gilt unsere Aufmerksamkeit nun der Dichtefunktion. Wir lassen uns wie in den Kapiteln 2 und 3 auch hier von der Interpretation der Packungsdichte als Verhältnis von „benutztem" Volumen (Fläche) zu „genutztem" Volumen (Fläche) leiten. Die Hauptschwierigkeit besteht jedoch darin, daß eine Kristalloberfläche sowohl

---

[6]Auch hier ist eine Kenntnis des Systems der Millerschen Indizes zum Verständnis der Mathematik nicht nötig.

einen infiniten Charakter — die Gitterstruktur des Kristalls hat einen Einfluß auf dessen Oberflächenkonfiguration — als auch einen finiten Charakter besitzt.

Wir analysieren zunächst die Begrenzung der „benutzten" Fläche von oben: Dabei orientieren wir uns an der Konvexität der Hülle finiter Packungen. Strenggenommen hieße das aber, die Spitzen der exponierten Atome durch eine Gerade zu verbinden. Dadurch würde mit den in den Mulden liegenden Atome viel Luft miteingeschlossen werden. Physikalisch gesehen werden jedoch Elektronen, die in grober Näherung kugelförmig um die an den Gitterpunkten festen Atomrümpfen gebunden[7] sind, gepackt. Sie können allenfalls mit den Nachbaratomrümpfen wechselwirken[8]. Somit liegt es viel näher, anstelle von globaler Konvexität mit lokaler Konvexität[9] einer „Reichweite" von Atom zu Atom zu operieren. Als gute Näherung eines solchen lokal konvexen Abschlusses nach „oben" ist der Tangentenabschnitt an die (beiden) jeweils tiefsten und höchsten Oberflächenatome in Abbildung 5.7 eingezeichnet.

Der infinite Teil der „benutzten" Fläche ist weniger anspruchsvoll. In horizontaler Richtung beschränkt man sich aus Symmetriegründen auf die in Abbildung 5.7 in der „unteren" Schicht eingezeichneten N ($N \in \mathbb{N}$) Kreise. Dabei ist N ein Parameter des mathematischen Modells; man könnte ihn als Meßwert (Naturkonstante), den man leicht aus Abbildung 5.5 ermitteln kann, in die Theorie einfließen lassen. Dies ist aber gar nicht nötig, wie wir später sehen werden.

Was die vertikale Begrenzung der „benutzten" Fläche im Kristallinneren anbelangt, lassen wir unsere Intuition walten: Da das Modell ein Oberflächenphänomen beschreiben soll, wird man so wenig wie möglich Kristallinneres in die Berechnung miteinbeziehen. Nötig sind jedoch in phänomenologischer Hinsicht die Mulden der Atomschicht, die sich unmittelbar unter der obersten Lage befindet. Somit erhält man die ebenfalls in Abbildung 5.7 eingezeichneten Verbindungsgeraden der Kreismittelpunkte der zweitobersten Atomschicht.

Die seitliche Begrenzung der „benutzten" Fläche liegt auf der Hand. Wir beschränken uns auf die kleinstmögliche Einheit.

Die „genutzte" Fläche ergibt sich aus der Projektion der Goldatome. Da deren Volumen von Randparameter abhängt, modifizieren wir die Definition 4.1, namentlich den Zähler der Dichtefunktion entsprechend. Diese kosmetische Korrektur hat keine Auswirkungen auf den kritischen Randparameter. Insgesamt erhalten wir damit für die Fläche, die innerhalb der lokal-konvexen Hülle von Kreisen bedeckt ist („genutzte" Fläche),

$$\left(\frac{3}{2}N + \frac{1}{2}\right)\pi\varrho^2,$$

für die Fläche, die die lokal-konvexe Hülle einschließt („benutzte" Fläche),

$$N\left(\sqrt{3} + 2\right) + 2N\varrho,$$

und für die Dichtefunktion der rekonstruierten Gold(111)-Oberfläche $R_{\mathrm{Au(111)}}$:

---

[7]Jedenfalls an der Oberfläche. Im Kristallinneren sind sie natürlich delokalisiert (Elektronengas).

[8]Die Möglichkeit dieses quantenmechanischen Tunnelns (Bloch-Funktionen, Kronig-Penney-Modell u. a., vgl. [Kit86]) ist die physikalische Ursache für die in der Natur beobachteten, typischen Gitterkonstanten von Kristallen.

[9]Einen vergleichbaren, mathematischen Ansatz findet man in [Weg86]. Er wurde allerdings in der Fachliteratur nicht weiterverfolgt.

$$d\big(B^2, R_{\mathrm{Au(111)}}, \varrho, N\big) = \frac{(3N+1)\pi\varrho^2}{2N\big(\sqrt{3}+2\big) + 4N\varrho}$$

Viele der hier dargelegten Gedanken lassen sich problemlos übertragen auf die Konfiguration der unrekonstruierten Gold(111)-Oberfläche.

5.2.2 Die Dichtefunktion der unrekonstruierten Gold(111)-Oberfläche

Zur Berechnung der parametrischen Dichte der unrekonstruierten Gold(111)-Fläche orientieren wir uns an der selbstredenden Abbildung 5.8.

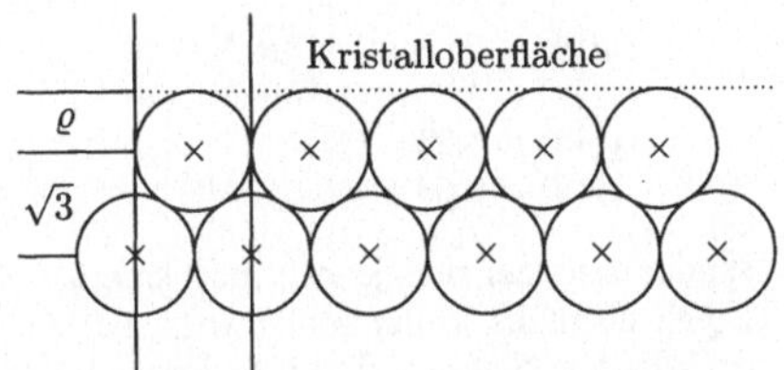

Bild 5.8 Ebener Schnitt durch eine unrekonstruierte Gold(111)-Fläche

Die gesamte Fläche beträgt $\frac{3}{2}\pi\varrho^2$, die „benutzte" Fläche $2\sqrt{3}+2\varrho$ und damit die Dichtefunktion der unrekonstruierten Gold(111)-Oberfläche $U_{\mathrm{Au(111)}}$:

$$d\big(B^2, U_{\mathrm{Au(111)}}, \varrho\big) = \frac{3\pi\varrho^2}{4\sqrt{3}+4\varrho}$$

Im Gegensatz zur Dichtefunktion der unrekonstruierten Oberfläche hängt diese Dichtefunktion von keinem zusätzlichen Stückzahlparameter N ab.

5.2.3 Diskussion der Dichtefunktionen für die unrekonstruierte und rekonstruierte Gold(111)-Oberfläche

Ziel einer Diskussion ist in mathematischer Hinsicht ein Vergleich der parametrischen Dichten von unrekonstruierter und rekonstruierter Gold(111)-Fläche in Abhängigkeit des Randparameters. In physikalischer Hinsicht interessiert eine konsistente Interpretation der spannungsabhängigen Konfiguration und der randparameterabhängigen Anordnung der Gold(111)-Fläche.

Wir beginnen zunächst mit der Suche nach dem kritischen Randparameter ϱ_0, bei dem sich das Packungsverhalten möglicherweise ändert. Notwendige Bedingung hierfür ist

$$d\big(B^2, U_{\mathrm{Au(111)}}, \varrho\big) = d\big(B^2, R_{\mathrm{Au(111)}}, \varrho, N\big)$$

also

$$\frac{3\pi\varrho^2}{4\sqrt{3}+4\varrho} = \frac{(3N+1)\pi\varrho^2}{2N\big(\sqrt{3}+2\big)+4N\varrho}$$

Daraus folgt $\varrho_0 = 0$ bzw.

$$\varrho_0(N) = \left(3 - \frac{3}{2}\sqrt{3}\right)N - \sqrt{3}.$$

Die erste Lösung $\varrho_0 = 0$ ist physikalisch sinnlos, so daß sie im nachfolgenden vernachlässigt werden kann. $\varrho_0(N)$ ist eine einfache Nullstelle der Differenzfunktion

$$d\left(B^2, U_{\text{Au(111)}}, \varrho\right) - d\left(B^2, R_{\text{Au(111)}}, \varrho, N\right),$$

also liegt tatsächlich ein kritischer Randparameter vor.
Eine nähere Betrachtung von $\varrho_0(N)$ ergibt

$$\begin{aligned}
\varrho_0(N) &< 0 && \text{für } N < 5 \\
\varrho_0(N) &> 1 && \text{für } N > 6 \\
\varrho_0(5) &\approx 0{,}28 \\
\varrho_0(6) &\approx 0{,}68
\end{aligned}$$

Negative Werte des Randparameters sind jedoch mathematischer und physikalischer Unsinn; Werte über 1 sind ebenfalls in der Modellvorstellung einander nicht durchdringender Kugeln physikalischer Nonsens. Sinnvolle Werte liegen also nur für $N = 5$ und $N = 6$ vor. Vergleicht man diese aus der Theorie gewonnenen Werte mit dem experimentellen Wert, für den sich die Natur entscheidet, so liest man aus den Abbildungen 5.7 und 5.8 im Sinne unseres ebenen Modells ab:

$$N = \frac{22}{4} = 5{,}5.$$

Eine so gute Übereinstimmung zwischen Theorie und Experiment überrascht, zumal im zweidimensionalen Modell die dreidimensionale Realität stark vereinfacht wurde. Deswegen stimmt uns die gerade bestandene Feuertaufe zuversichtlich, das gesteckte Ziel zu erreichen.

Eine Standard-Kurvendiskussion der beiden Dichtefunktionen $d\left(B^2, U_{\text{Au(111)}}, \varrho\right)$ und $d\left(B^2, R_{\text{Au(111)}}, \varrho, N = 5{,}5\right)$ ergibt:

$$d\left(B^2, R_{\text{Au(111)}}, \varrho, 5{,}5\right) < d\left(B^2, U_{\text{Au(111)}}, \varrho\right) \qquad \text{für } 0 < \varrho < \varrho_0(5{,}5) \approx 0{,}48$$

und

$$d\left(B^2, R_{\text{Au(111)}}, \varrho, 5{,}5\right) > d\left(B^2, U_{\text{Au(111)}}, \varrho\right) \qquad \text{für } \varrho_0 < \varrho \leq 1.$$

Die Graphen der beiden Dichtefunktionen sind in Abbildung 5.9 dargestellt.
Nun gilt es wieder, die Brücke von der mathematischen Theorie zur physikalischen Phänomenologie zu schlagen:

Im Experiment beobachtet man bei stark positiver Spannung[10] die unrekonstruierte Phase, dann eine kritische Zone der Koexistenz beider Phasen[11], ehe bei neutraler und negativer Elektrodenspannung[12] die rekonstruierte Phase vorliegt. Da die Spannung über den Radius der kugelförmig gedachten Goldatome mit dem Randparameter ϱ

---

[10] $0{,}3\,\text{V SCE} < \Phi$
[11] $0{,}2\,\text{V SCE} < \Phi < 0{,}3\,\text{V SCE}$
[12] $\Phi < 0{,}2\,\text{V SCE}$

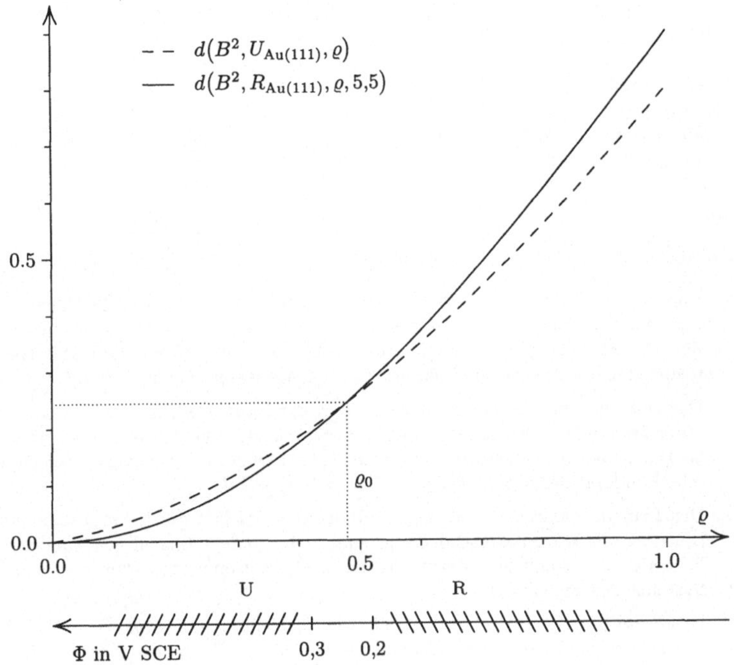

Bild 5.9 Phasenübergang der Gold(111)-Fläche

korrespondiert — dies wurde bereits oben erläutert — lassen sich den experimentell beobachteten Potentialbereichen die zugehörigen Randparameterbereiche der Theorie zuordnen. Dies ist ebenfalls in Abbildung 5.9 veranschaulicht.

Nun erkennen wir die mathematischen Ursachen für die Existenz einer zunächst so merkwürdig anmutenden, rekonstruierten Gold(111)-Oberfläche und für den spannungsgesteuerten Phasenübergang zur unrekonstruierten Gold(111)-Oberfläche: In Abhängigkeit von der angelegten Spannung bzw. dem Radius der Goldatome liegt jeweils diejenige Oberflächenkonfiguration vor, die die größte Packungsdichte aufweist. Bei kleinen Radien (stark positiven Spannungen) ist dies die unrekonstruierte Anordnung, bei großen Radien (schwach positiven bzw. negativen Spannungen) dagegen die rekonstruierte Anordnung.

Haben Goldatome also die Theorie der infiniten und finiten Packungen studiert und nehmen von selbst jeweils die Konfiguration an, die die größte Packungsdichte aufweist? Sind sie intelligenter als Orangen oder Tennisbälle, die selbst nicht die optimale Konfiguration annehmen? — Fragen solcher Art sind natürlich unzulässig.

Wir müssen die Perspektive umkehren. Dann sehen wir, daß es uns im Rahmen der Theorie der parametrischen Dichte gelang, das Phänomen der Oberflächenrekonstruktion der Gold(111)-Fläche und des spannungsabhängigen Phasenübergangs vom rekonstruierten zum unrekonstruierten Zustand zu erklären. Das zugrundeliegende Erklärungsprinzip kann man als *Prinzip maximaler Packungsdichte* bezeichnen. Dabei handelt es sich um ein Extremalprinzip, das man in der Mathematik und Physik als besonders schön empfindet.

Weniger an der Physik interessierte Leser dürfen die folgende Bemerkung getrost überlesen.

Bemerkung:

1. Das Prinzip der maximalen Packungsdichte zählt zu den Extremalprinzipien, wie z. B. das Hamiltonsche Prinzip der kleinsten Wirkung, das Prinzip der kürzesten Zeit zur Erklärung von Reflexion und Brechung oder thermodynamische Extremalprinzipien (Energieminimumprinzipien, Entropiemaximumprinzip).

2. Das elektrochemische Potential Φ, im Text der Einfachheit halber als Spannung bezeichnet, ist ein thermodynamischer Kontrollparameter, also eine intensive Größe. Die zugeordnete extensive Größe ist eine Art Oberflächenladung Q. Die Gibbssche Fundamentalform lautet damit $dU = \Phi\, dQ + T\, ds$.

3. Das Prinzip maximaler Packungsdichte ist eine Spielart des Entropiemaximumprinzips: Größere Packungsdichte bedeutet eine größere Anzahl von Tunnelmöglichkeiten und somit in der statistischen Interpretation eine größere Entropie des Systems und umgekehrt.

4. Hysterese-Effekte des potentialabhängigen Phasenübergangs der Gold(111)-Fläche vermag der diskutierte Aufsatz nicht zu erklären. Dazu muß man wohl die an der Helmholtz-Schicht unterschiedlich stark spezifisch adsorbierenden Anionen in Erwägung ziehen.

Wie die Gold(111)-Fläche zeigt auch die Gold(110)-Fläche ein spannungsabhängiges Rekonstruktionsverhalten, das sich wieder mit Hilfe des Prinzips maximaler Packungsdichte erklären läßt (vgl. [Lep94]).

Die Untersuchung von Kristalloberflächen ist keineswegs l'art pour l'art: Im Gegenteil — die physikalische Methode der Rastertunnelmikroskopie, angewandt auf elekrolytbedeckte Festkörperoberflächen, beflügelte ganz entscheidend die Vision von einem tiefergehenden Verständnis für Katalysatoren, die immer noch nach mehr alchemistisch anmutenden Methoden denn mit systematischer Einsicht kreiert werden. Dabei spielt ein mikroskopisch fundierter Packungsdichtebegriff, der eine Unterscheidung von dichtgepackten, katalytisch inaktiven Oberflächen und weniger dichtgepackten, katalytisch aktiven Oberflächen zuläßt, eine wichtige Rolle. Das hier betrachtete Gold ist natürlich erfahrungsgemäß ein denkbar schlechtes Modell, um katalytische Eigenschaften zu studieren, es besitzt aber den Vorzug leichter experimenteller Handhabung: Goldoberflächen sind vergleichsweise verschmutzungsresistent. Daher hofft man, die experimentellen Erfahrungen in absehbarer Zeit auf wirklichkeitsnähere Modelle für Katalysatoren übertragen zu können.

Trotz dieses Wermutstropfens ist ein Goldkristall mit einer (111)-Oberfläche in dreifacher Packungshinsicht ein Edelmetall: Die mathematische Ästhetik einer Kugel- bzw. Kreisanordnung in einem fcc-Gitter bzw. in einem hexagonalen Gitter als Ausdruck maximaler Packungsdichte durften wir bereits in Kapitel 2 erfahren. In diesem Kapitel lernten wir, das potentialabhängige Rekonstruktionsverhalten einer Gold(111)-Oberfläche als Ausdruck des Prinzips maximaler Packungsdichte zu verstehen. Die mathematische Theorie der Kugelpackungen, die in Kapitel 1 exemplarisch am Goldkristall ihren Lauf nahm, ist nun wieder dorthin zurückgekehrt.

Abbildungsverzeichnis

Tabellenverzeichnis

Literaturverzeichnis

Da es abgesehen von [Rog64] und [Fej72] kaum Lehrbücher zum Thema Kugelpakkungen gibt, benennt das Literaturverzeichnis auch viele bisher nur in Aufsatzform veröffentlichte Schriftstücke. Aus Gründen der Übersichtlichkeit erschien daher eine Trennung in die beiden Kategorien Lehrbücher und andere Bücher sowie Aufsätze in Fachzeitschriften einschließlich Diplomarbeiten u. ä. sinnvoll.

Lehrbücher und andere Bücher

[Beu95]   A. Beutelspacher: Lineare Algebra; Braunschweig/Wiesbaden ^{2}1995

[Big84]   H.-G. Bigalke: Kugelgeometrie; Frankfurt am Main 1984

[Bur95]   D. Burger: Silvestergespräche eines Sechsecks; Köln ^{7}1995

[Cox61]   H. S. M. Coxeter: Introduction to Geometry; New York 1961

[CS93]   J. H. Conway, N. J. A. Sloane: Sphere Packings, Lattices and Groups; New York ^{2}1993

[Ebe94]   W. Ebeling: Lattices and Codes; Braunschweig/Wiesbaden 1994

[Fej72]   L. Fejes Tóth: Lagerungen in der Ebene, auf der Kugel und im Raum; Berlin ^{2}1972

[Fey88]   R. P. Feynman: What do you care what other people think? — Further Adventures of a curious character; New York 1988

[For84]   O. Forster: Analysis 3 — Integralrechnung im $\mathbb{R}^n$ mit Anwendungen; Braunschweig ^{3}1984

[GW93]   P. Gritzmann, J. M. Wills: Finite Packing and Covering; Seiten 861–897 in:
           P. M. Gruber, J. M. Wills (Hrsg.): Handbook of Convex Geometry; Amsterdam 1993

[Had55]   H. Hadwiger: Altes und Neues über konvexe Körper; Basel 1955

[HW85]   A. I. Hollemann, E. Wiberg: Lehrbuch der anorganischen Chemie; Berlin $^{91-100}$1985

[Kit86]   Ch. Kittel: Introduction to Solid State Physics; New York ^{6}1986

[Knö96]   H. Knörrer: Geometrie; Braunschweig/Wiesbaden 1996

[Kop89]   K. Kopitzki: Einführung in die Festkörperphysik; Stuttgart ^{2}1989

[Pen89]   R. Penrose: The Emperor's New Mind — Computers, Minds, and the Law
           of Physics; Oxford 1989

[Rog64]   C. A. Rogers: Packing and Covering; Cambridge 1964

[Sch91]   R.-H. Schulz: Codierungstheorie; Braunschweig/Wiesbaden 1994

[Wyc74]   W. G. Wyckoff: Crystal Structures; New York ^{4}1974

[Zon96]   C. Zong: Strange Phenomena in Convex and Discrete Geometry; New
           York 1996

Aufsätze in Fachzeitschriften, Diplomarbeiten u. ä.

[BBEB90]   J. V. Barth, H. Brune, G. Ertl, R. J. Behm: Scanning tunneling micro-
           scopy observations on the reconstructed Au(111) surface: Atomic struc-
           ture, long-range superstructure, rotational domains, and surface defects;
           in:
           Phys. Rev B; **42** (1990), 9307–9317

[BGW82]   U. Betke, P. Gritzmann, J. M. Wills: Slices of L. Fejes Tóth's Sausage
           Conjecture; in:
           Mathematika; **29** (1982), 194–201

[BH97]   U. Betke, M. Henk: The sausage conjecture for $d \geq 42$; in:
           Discrete Comp. Geom.; in press

[BHW94a]   U. Betke, M. Henk, J. M. Wills: Finite and infinite packings; in:
           J. reine angew. Mathe.; **453**, 165–191

[BHW94b]   U. Betke, M. Henk, J. M. Wills: Sausages are good packings; in:
           Report No. 265 d. Instituts für Mathematik an der Universität Siegen;
           (1994)

[Fej75]   L. Fejes Tóth: Research Problem 13; in:
           Periodica Math. Hung.; **6** (1975), 197–199

[Gau31]   C. F. Gauß: Untersuchungen über die Eigenschaften der positiven ternä-
           ren quadratischen Formen von L. A. Seeber, Dr. der Philosophie, ordent-
           licher Professor der Physik an der Universität Freiburg; Göttingersche
           gelehrte Anzeigen (9. Juli 1831); in:
           Werke II; (1876), 188–196

[GW92]   P. M. Gandini, J. M. Wills: On Finite Sphere-Packings; in:
           Math. Pannonica; **3** (1992), 19–29

[GZ92]   P. M. Gandini, A. Zucco: On the Sausage Catastrophe in 4-Space; in:
           Mathematika; **39** (1992), 274–278

[Hal94]   T. C. Hales: The Status of the Kepler Conjecture; in:
            The Mathematical Intelligencer; **16**(3) (1994), 47–58

[Hen95]   M. Henk: Finite and Infinite Packings (Habilitationsschrift); Siegen 1995

[Hil02]   D. Hilbert: Problem 18 — Building up of Space from Congruent Poly-
            hedra; in:
            Bull. AMS; **8** (1902), 437–479

[Hsi93]   W.-Y. Hisang: On the sphere packing problem and the proof of Kepler's
            conjecture; in:
            Int. J. Math.; **4**(5) (1993), 739–831

[KW87]   K. Kirchner, G. Wengerodt: Die dichteste Packung von 36 Kreisen in
            einem Quadrat; in:
            Beiträge Algebra Geom.; **25** (1987), 147–159

[Lag73]   J. L. Lagrange: Recherches d'arithmetique, Nouv. Mem. Acad. Roy. Sc.
            Belle Lettres; Berlin 1773; 265–312; in:
            Oeuvres III; 693–758

[Lep92]   M. Leppmeier: Kupfer-Unterpotentialabscheidung auf Gold(111) in He-
            xafluorophosphat — eine in-situ-Untersuchung mit dem Rastertunnelmi-
            kroskop (1. Staatsexamensarbeit); München 1992

[Lep94]   M. Leppmeier: Ein Extremalprinzip zur Beschreibung des potentialab-
            hängigen Phasenübergangs von der (1×2)-rekonstruierten zur unrekon-
            struierten Au(111)-Fläche in Elektrolytlösungen (unveröffentlichtes Ma-
            nuskript); 1994

[Lep95]   M. Leppmeier: Kugelpackungen und Wurstkatastrophen — Ein Elemen-
            tarisierungsversuch als Pluskurs Mathematik in der Obersufe (2. Staats-
            examensarbeit); Landshut 1995

[Lep97]   M. Leppmeier: Kugelpackungen und Wurstkatastrophen oder Zur Theorie
            der finiten und infiniten Packungen; in:
            A. Beutelspacher, N. Henze, U. Kulisch, H. Wußing (Hrsg.): Überblicke
            Mathematik 1996/1997; Braunschweig/Wiesbaden (1997)

[Mag93]   O. M. Magnussen: In-situ Rastertunnelmikroskop — Untersuchungen zu
            Rekonstruktion, Anionenabsorption und Unterpotentialabscheidung auf
            Goldelektroden (Dissertation); Ulm 1993

[Mel94]   H. Melissen: Densest Packing of Six Equal Circles in a Square; in:
            El. Math.; **49** (1994), 27–31

[Ole61]   N. Oler: An Inequality in the Geometry of Numbers; in:
            Acta. Math.; **105** (1961), 19–48

[Pei94]   R. Peikert: Dichteste Packungen von gleichen Kreisen in einem Quadrat;
            in:
            El. Math.; **49** (1994), 16–26

[Sch97]   U. Schnell: Parametric Density, Wulff-Shape and Crystal Growth; in:
          in Druck;

[Slo84]   N. J. A. Sloane: Kugelpackungen im Raum; in:
          Spektrum der Wissenschaft; **3** (1984), 120–131

[Ste92a] I. Stewart: Has the sphere packing problem been solved?; in:
          Science; **5** (1992), 16

[Ste92b] I. Stewart: Mathematische Unterhaltungen; in:
          Spektrum der Wissenschaft; **9** (1992), 12–15

[Ste93]   I. Stewart: A Bounding Fool Beats the Wrap; in:
          Scientific American; **6** (1993), 109–111

[Thu10]   A. Thue: Über die dichteste Zusammenstellung von kongruenten Kreisen
          in einer Ebene; in:
          Norske Vid. Sellsk. Skr.; **1** (1910), 1–9

[Weg84]   G. Wegner: Extremale Groemerpackungen; in:
          Stud. Sci. Math. Hung.; **19** (1984), 299–302

[Weg86]   G. Wegner: Über endliche Kreispackungen in der Ebene; in:
          Stud. Sci. Math. Hung.; **21** (1986), 1–28

[Wen83]   G. Wengerodt: Die dichteste Packung von 16 Kreisen in einem Quadrat;
          in:
          Beiträge Algebra Geom.; **16** (1983), 173–190

[Wen87]   G. Wengerodt: Die dichteste Packung von 25 Kreisen in einem Quadrat;
          in:
          Ann. Univ. Sci. Budapest Eötvös Sec. Math.; **30** (1987), 3–15

[Wil85]   J. M. Wills: On the Density of Finite Packings; in:
          Acta Math. Hung.; **46** (1985), 205–210

[Wil90]   J. M. Wills: Kugellagerungen und Konvexgeometrie; in:
          Jber. d. Dt. Math.-Verein; **92** (1990), 21–46

[Wil93]   J. M. Wills: Finite Sphere Packings and Sphere Coverings; in:
          Rendiconti del Seminario Matematico di Messina Serie II; Supplemento
          al n. **2** (1993), 91–97

[Wil96]   J. M. Wills: Parametric Density and Wulff-Shape; in:
          Mathematika; **43** (1996), 229–236

[Wil97]   J. M. Wills: Finite Sphere Packings and the Methods of Blichfeldt and
          Rankin; in:
          Acta Math. Hung.; **75** (1997), 313–318

Stichwortverzeichnis